江苏联合职业技术学院院本教材
经学院教材审定委员会审定通过

自动化生产线安装与调试

主　编　陈友明
副主编　王　迪　韩　留
　　　　薛　峰　蔡煜灿
主　审　滕士雷

北京理工大学出版社
BEIJING INSTITUTE OF TECHNOLOGY PRESS

内容简介

本教材将自动化生产线按各个模块分别讲解，包括设备的安装、接线、程序编写以及设备的调试等内容。能够模拟实际应用中的自动化生产线，具有一定的代表性，通过对该设备的学习，能够熟悉机械技术、气动技术、传感检测技术、变频调速、人机界面组态、PLC 编程以及自动化生产线整体控制等。本书以项目为载体，注重技能及综合应用能力的培养，循序渐进、全面、系统地介绍了自动化生产线的组建与调试。

本书适合作为高职高专、中职中专院校相关课程的教材，也可作为工程技术人员研究自动化生产线组建与调试的参考用书。

图书在版编目（CIP）数据

自动化生产线安装与调试 / 陈友明主编. --北京：北京理工大学出版社，2021.8（2021.10 重印）

ISBN 978-7-5763-0153-3

Ⅰ.①自… Ⅱ.①陈… Ⅲ.①自动生产线—安装—高等职业教育—教材②自动生产线—调试方法—高等职业教育—教材 Ⅳ.①TP278

中国版本图书馆 CIP 数据核字（2021）第 164300 号

出版发行 / 北京理工大学出版社有限责任公司
社　　址 / 北京市海淀区中关村南大街 5 号
邮　　编 / 100081
电　　话 /（010）68914775（总编室）
（010）82562903（教材售后服务热线）
（010）68944723（其他图书服务热线）
网　　址 / http：//www. bitpress. com. cn
经　　销 / 全国各地新华书店
印　　刷 / 北京国马印刷厂
开　　本 / 787 毫米 × 1092 毫米　1/16
印　　张 / 14
字　　数 / 330 千字
版　　次 / 2021 年 8 月第 1 版　2021 年 10 月第 3 次印刷
定　　价 / 39.00 元

责任编辑 / 张鑫星
文案编辑 / 张鑫星
责任校对 / 周瑞红
责任印制 / 施胜娟

江苏联合职业技术学院院本教材出版说明

江苏联合职业技术学院自成立以来，坚持以服务经济社会发展为宗旨、以促进就业为导向的职业教育办学方针，紧紧围绕江苏经济社会发展对高素质技术技能型人才的迫切需要，充分发挥“小学院、大学校”办学管理体制创新优势，依托学院教学指导委员会和专业协作委员会，积极推进校企合作、产教融合，积极探索五年制高职教育教学规律和高素质技术技能型人才成长规律，培养了一大批能够适应地方经济社会发展需要的高素质技术技能型人才，形成了颇具江苏特色的五年制高职教育人才培养模式，实现了五年制高职教育规模、结构、质量和效益的协调发展，为构建江苏现代职业教育体系、推进职业教育现代化做出了重要贡献。

面对新时代中国特色社会主义建设的宏伟蓝图，我国社会主要矛盾已经转化为人们日益增长的美好生活需要与发展不平衡不充分之间的矛盾，这就需要我们有更高水平、更高质量、更高效益的发展，实现更加平衡，更加充分的发展，才能全面建成社会主义现代化强国。五年制高职教育的发展必须服从、服务于国家发展战略，以不断满足人们对美好生活需要为追求目标，全面贯彻党的教育方针，全面深化教育改革，全面实施素质教育，全面落实立德树人根本任务，充分发挥五年制高职贯通培养的学制优势，建立和完善五年制高职教育课程体系，健全德能并修、工学结合的育人机制，着力培养学生的工匠精神、职业道德、职业技能和就业创业能力，创新教育教学方法和人才培养模式，完善人才培养质量监控评价制度，不断提升人才培养质量和水平，努力办好人民满意的五年制高职教育，为决胜全面建成小康社会，实现中华民族伟大复兴的中国梦贡献力量。

教材建设是人才培养工作的重要载体，也是深化教育教学改革，提高教学质量的重要基础。目前，五年制高职教育教材建设规划性不足、系统性不强、特色不明显等问题一直制约着内涵发展、创新发展和特色发展的空间。为切实加强学院教材建设与规范管理，不断提高学院教材建设与使用的专业化、规范化和科学化水平，学院成立了教材建设与管理工作领导小组和教材审定委员会，统筹领导、科学规划学院教材建设与管理工作。制订了《江苏联合职业技术学院教材建设与使用管理办法》和《关于院本教材开发若干问题的意见》，完善了教材建设与管理的规章制度；每年滚动修订《五年制高等职业教育教材征订目录》，统一组织五年制高职教育教材的征订、采购和配送；编制了学院“十三五”院本教材建设规划，组织 18 个专业和公共基础课程协作委员会推进院本教材开发，建立了一支院本教材开发、编写、审定队伍；创建了江苏五年制高职教育教材研发基地，与江苏凤凰职业教育图书有限公司、苏州大学出版社、北京理工大学出版社、南京大学出版社、上海交通大学出版社等签订了战略合作协议，协同开发独具五年制高职教育特色的院本教材。

今后一个时期，学院在推动教材建设和规范管理工作的基础上，将紧密结合五年制高职教育发展新形势，主动适应江苏地方社会经济发展和五年制高职教育改革创新的需要，以学院18个专业协作委员会和公共基础课程协作委员会为开发团队，以江苏五年制高职教育教材研发基地为开发平台，组织具有先进教学思想和学术造诣较高的骨干教师，依照学院院本教材建设规划，重点编写出版约600本有特色、能体现五年制高职教育教学改革成果的院本教材，努力形成具有江苏五年制高职教育特色的院本教材体系。同时，加强教材建设质量管理，树立精品意识，制订五年制高职教育教材评价标准，建立教材质量评价指标体系，开展教材评价评估工作，设立教材质量档案，加强教材质量跟踪，确保院本教材的先进性、科学性、人文性、适用性和特色性建设。学院教材审定委员会组织各专业协作委员会做好对各专业课程（含技能课程、实训课程、专业选修课程等）教材进行出版前的审定工作。

本套院本教材较好地吸收了江苏五年制高职教育最新理论和实践研究成果，符合五年制高职教育人才培养目标定位要求。教材内容深入浅出，难易适中，突出“五年贯通培养、系统设计”专业实践技能经验积累培养，重视启发学生思维和培养学生运用知识的能力。教材条理清楚，层次分明，结构严谨，图表美观、文字规范，是一套专门针对五年制高职教育人才培养的教材。

学院教材建设与管理工作领导小组

学院教材审定委员会

2017年11月

序　言

为深入贯彻党的十九大精神和全国教育大会部署，落实党中央、国务院关于教材建设的决策部署，提升五年制高等职业教育电气自动化技术专业教学质量，深化江苏联合职业技术学院智能控制类专业群教学改革成果，并最大限度共享这一优秀成果，学院智能控制专业协作委员会特组织优秀教师及相关专家，全面、优质、高效地修订及新开发了本系列规划教材。

本系列教材所具特色如下：

➢ 教材培养目标、内容结构符合高等职业学校专业教学标准及学院专业标准中制定的各课程人才培养目标，符合最新颁发的相关国家职业技能标准及有关行业、企业职业技能鉴定规范。

➢ 体现产教深度融合。教材编写邀请行业企业技术人员、能工巧匠深度参与，确保理论知识和技能点的选取与国家职业技能标准，行业、企业职业技能鉴定规范和岗位要求紧密对接，紧跟产业发展趋势和行业人才需求，职业特点鲜明。

➢ 体现以能力为本位。教材删除与学生将来从事的工作相关度不大的纯理论性的教学内容以及繁冗的计算，以学生的“行动能力”为出发点组织教材内容，将基础理论知识教学与技能培养过程有机融合，有机融入专业精神、职业精神和工匠精神，强化学生职业素养养成和专业技术积累，并着重培养学生的专业核心技术综合应用能力、实践能力和创新能力。

➢ 体现“以学生为中心”、“教学做合一”的教学思想。在遵循职业教育国家教学标准的前提下，针对职业教育生源多样化特点，合理设计教学项目，注重分类施教、因材施教，可灵活适应项目式、案例式、模块化等不同教学方式的要求。

➢ 教材编写围绕深化教学改革和“互联网＋职业教育”发展需求，对纸质材料编写、配套资源开发、信息技术应用进行了一体化设计，初步实现教材立体化呈现。

本系列教材在组织编写过程中，得到了江苏联合职业技术学院各位领导的大力支持与帮助，并在学院智能控制专业协作委员会全体成员的一直努力下，顺利完成出版。由于各参与编写作者及编审委员会专家时间相对仓促，加之行业技术更新较快，教材中难免有不当之处，也请广大读者予以批评指正，再次一并表示感谢！我们将不断完善与提升本系列教材的整体质量，使其更好地服务于学院智能控制类专业及全国其他高等职业院校相关专业的教育教学，为培养新时期下的高技能人才做出应有的贡献。

江苏联合职业技术学院智能控制协作委员会

2021. 4

前　　言

一、编写背景

随着我国智能科技的不断创新和发展，企业的生产方式也发生了巨大的改变，从生产过程都依靠人力生产的传统生产制造模式到逐步使用自动化生产设备代替人工的智能自动化生产。机械设备、电子生产、石油化工、轻工纺织、饮食、医药、军工制造、汽车业等企业的发展都离不开自动化生产线的主导和支撑作用，自动化生产线是现代工业的生命线。自动化生产线具备高科技的自动化成分、统一的控制系统、严格的生产节奏等运行特征，实现了整个生产系统物质与信息传递的自动化，使得全部生产过程保持高度的连续性和稳定性，显著地缩短了生产周期，使产品的生产过程达到最优的调度控制，大大满足了生产厂商的生产要求。

二、主要内容

本书以亚龙 YL－335B 型自动化生产线为实训设备，着重讲解了该自动化生产线的安装、调试。本书以能力培养为目标，力求突出自动化生产线综合技术的实用性。本书从实际应用出发，按模块进行编写，在内容安排上，每个项目都可以单独成为一个整体，各模块既独立又相互关联，将机械技术、气动技术、传感检测技术、变频调速、人机界面组态、PLC 编程以及自动化生产线整体控制等技术整合起来，形成一本涵盖完整的自动化生产线综合技术的实用教材。

三、编写特点

本书在内容与呈现形式上理论和实践并重、规范与创新兼备，紧扣产业发展与企业人才需求。整体架构以项目为主线，紧扣高职学生的学习特点和认知规律，将基础知识和方法先进行阐述，后对项目进行分解讲解，最后进行整体分析，注重吸收最新的教学理念，对实际教学内容进行整合和优化。

本书定位更加强调“以就业为导向”，紧密依托行业或企业优势，建立产、学、研密切结合的运行机制，充分体现“以就业为导向，以能力为本位，以学生为中心”的风格，更具有实用性和前瞻性。改变传统的理论说教模式，将知识点贯穿于整个项目过程中，充分体现以学生为主体、教师为主导的“教、学、做”合一，“做中学，做中教”的现代职业教育理念；注重培养企业管理理念，强调安全第一，养成良好的职业岗位规范。编写充分体现了与职业技能鉴定接轨、与企业人才需求接轨、具有规范性和创新性。

四、编写团队

本书由淮安生物工程高等职业学校陈友明主持编写，负责全书的整体设计、内容选定和统稿；项目一、项目二由陈友明、江苏省无锡交通高等职业技术学校蔡煜灿编写；项目三由江苏省泗阳中等专业学校薛峰编写；项目四由泰州机电高等职业技术学校韩留编写；项目五由淮安市高级职业技术学校王迪编写。本书由无锡机电高等职业技术学院滕士雷主审。

本书在编写过程中，参阅了大量的资料，在此对作者表示感谢。

由于编者水平有限，书中难免有不妥之处，敬请广大读者批评指正。

编　者

目录

项目一　认识自动化生产线 …… 1

任务 1.1　了解自动化生产线 …… 1

1.1.1　自动化生产线基本概述 …… 1

1.1.2　自动化生产线发展概况 …… 2

1.1.3　自动化生产线典型应用 …… 3

1.1.4　自动化生产线发展趋势 …… 4

任务 1.2　认知 YL－335B 型自动化生产线 …… 5

1.2.1　YL－335B 的基本组成 …… 6

1.2.2　YL－335B 的基本功能 …… 7

1.2.3　YL－335B 的电气系统组成 …… 10

1.2.4　YL－335B 的供电电源 …… 12

1.2.5　YL－335B 的气源装置 …… 13

项目二　自动化生产线中的核心技术 …… 15

任务 2.1　自动化生产线中传感器技术 …… 15

2.1.1　磁性开关的简介与应用 …… 16

2.1.2　电感式接近开关的简介与应用 …… 17

2.1.3　光电开关的简介与应用 …… 18

2.1.4　光纤式光电接近开关的简介与应用 …… 21

2.1.5　光电编码器的简介与应用 …… 23

任务 2.2　YL－335B 中的气动技术 …… 25

2.2.1　气源及气源处理装置的认知 …… 25

2.2.2　气动执行元件的认知 …… 27

2.2.3　气动控制元件的认知 …… 30

任务 2.3　PLC 在 YL－335B 中的应用 …… 33

2.3.1　YL－335B 设备中的可编程控制器 …… 34

2.3.2　PLC 系统设计方法 …… 36

2.3.3　认知 PLC 内置高速计数器 …… 38

2.3.4　认知模拟量适配器 FX3U－3A－ADP …… 40

任务 2.4 变频器控制电动机 …… 46
2.4.1 交流异步电动机的使用 …… 47
2.4.2 三菱 FR－E740 型变频器的使用 …… 48
任务 2.5 伺服电动机控制技术 …… 59
2.5.1 认知交流伺服电动机及驱动器 …… 59
2.5.2 伺服电动机及驱动器的硬件接线 …… 61
2.5.3 伺服驱动器的参数设置与调整 …… 63
2.5.4 认知 PLC 的定位控制 …… 66
任务 2.6 触摸屏技术 …… 70
2.6.1 TPC7062K 人机界面的硬件连接 …… 71
2.6.2 MCGS 嵌入版生成的用户应用系统 …… 72
2.6.3 组态示例 …… 73

项目三 自动化生产线单机安装与调试 …… 80
任务 3.1 自动化生产线供料单元 …… 80
3.1.1 供料单元的装配 …… 81
3.1.2 供料单元的电路与气路连接 …… 84
3.1.3 供料单元的编程与单机调试 …… 86
任务 3.2 自动化生产线加工单元 …… 92
3.2.1 加工单元的装配 …… 92
3.2.2 加工单元的气路与电路连接 …… 96
3.2.3 加工单元的编程与单机调试 …… 99
任务 3.3 自动化生产线装配单元 …… 101
3.3.1 装配单元的装配 …… 102
3.3.2 装配单元的气路与电路连接 …… 106
3.3.3 装配单元的编程与单机调试 …… 110
任务 3.4 自动化生产线分拣单元 …… 113
3.4.1 分拣单元的装配 …… 113
3.4.2 分拣单元的电路与气路连接 …… 117
3.4.3 分拣单元的编程与单机调试 …… 120
任务 3.5 自动化生产线输送单元 …… 124
3.5.1 输送单元的装配 …… 124
3.5.2 输送单元的电路与气路连接 …… 131
3.5.3 输送单元的编程与单机调试 …… 134

项目四 自动化生产线全线安装与调试 …… 142
任务 4.1 自动化生产线设备安装 …… 142
4.1.1 自动化生产线输送单元的安装 …… 143
4.1.2 自动化生产线供料单元的安装 …… 143

4.1.3 自动化生产线装配单元的安装 …… 145
4.1.4 自动化生产线加工单元的安装 …… 145
4.1.5 自动化生产线分拣单元的安装 …… 147
任务 4.2 自动化生产线电路与气路连接 …… 147
4.2.1 自动化生产线电路连接 …… 148
4.2.2 自动化生产线气路连接 …… 154
任务 4.3 自动化生产线程序编制 …… 156
4.3.1 自动化生产线从站控制程序 …… 157
4.3.2 自动化生产线主站控制程序 …… 158
任务 4.4 自动化生产线触摸屏设计 …… 165
4.4.1 自动化生产线欢迎画面组态 …… 167
4.4.2 自动化生产线主画面组态 …… 170
任务 4.5 自动化生产线联机测试 …… 174
4.5.1 自动化生产线单机运行模式测试 …… 175
4.5.2 自动化生产线全线运行模式测试 …… 177
4.5.3 自动化生产线异常工作状态测试 …… 178

项目五 自动化生产线拓展知识 …… 180
任务 5.1 工业组态 …… 180
5.1.1 组态王软件介绍 …… 181
5.1.2 组态王软件的应用 …… 184
任务 5.2 工业机器人 …… 194
5.2.1 工业机器人介绍 …… 194
5.2.2 工业机器人的应用 …… 199
任务 5.3 机器视觉系统 …… 203
5.3.1 机器视觉系统介绍 …… 203
5.3.2 机器视觉系统的应用 …… 205
任务 5.4 柔性生产线 …… 207
5.4.1 柔性生产线介绍 …… 207
5.4.2 柔性生产线工艺设计的主要原则 …… 209

参考文献 …… 214

项目一　认识自动化生产线

任务 1.1　了解自动化生产线

任务提出

自动生产线是指由自动化机器体系实现产品工艺过程的一种生产组织形式。它是在连续流水线的进一步发展的基础上形成的。其特点是：加工对象自动地由一台机床传送到另一台机床，并由机床自动地进行加工、装卸、检验等；工人的任务仅是调整、监督和管理自动线，不参加直接操作；所有的机器设备都按统一的节拍运转，生产过程是高度连续的。

任务分析

1. 知识目标

了解自动化生产线的概念，了解自动生产线的发展概况以及自动化生产线的发展趋势。

2. 技能目标

熟悉自动化生产线的典型应用，以及了解自动化生产线所包含的各个领域的知识。

3. 情感目标

培养学生团队合作精神。

根据任务驱动，培养学生分析问题、解决问题的能力。

任务实施

自动化生产线主要用于机械制造、石油化工、轻工纺织、食品制药、汽车生产、电子信息等领域，它在现代化工业进程中发挥着非常重要的作用。

1.1.1　自动化生产线基本概述

随着工业生产的发展和工厂规模的日益扩大，产品产量不断提高，原来的单机生产已经不能满足现代生产需求。规模大的现代化工厂都将由电子计算机、智能机器人、各种高级的自动化机械以及智能型检测、控制、调节装置等按产品生产工艺的要求而组合成全自动生产系统进行生产作业。

这种全自动生产系统是在流水生产线的基础上发展起来的，它不仅要求线体上各种机械加工装置能自动地完成预定的各道工序及工艺过程，使产品成为合格的制品，而且要求在装卸工件、定位夹紧、工件在工序间的输送、工件的分拣以及包装都能自动地进行，使其按照规定的程序自动地完成工作，它能进一步提高生产效率和改善劳动条件，因此在工业生产应用中发展很快。

人们把这种按工艺线路排列的若干自动机械，用自动输送装置连成一个整体，并用控制系统按要求控制的、具有自动操纵产品的输送、加工、检测等综合能力的生产线称作自动化生产线，简称自动线，如啤酒灌装自动化生产线、纸板箱自动化生产线、香皂自动形成包装生产线等。

自动化生产线除了具有生产流水线的一般特征外，还具有更严格的生产节奏和协调性。

自动化生产线主要由自动生产机械、运输储存装置和自动控制系统三大部分组成，其中自动生产机械是最基本的工艺设备，而运输储存装置则是必要的辅助装置，它们都依靠自动控制系统来完成确定的工作循环。所以，运输储存装置和自动控制系统乃是区别流水线和自动化生产线的重要标志。当今出现的自动化生产线，逐渐采用了系统论、信息论、控制论和智能论等现代科学，应用各种新技术来检测生产质量和控制生产工艺过程的各个环节。

1.1.2 自动化生产线发展概况

从20世纪20年代开始，随着汽车、滚动轴承、小型电动机和缝纫机等工业发展，机械制造中开始出现自动化生产线，最早出现的是组合机床自动线。在此之前，首先是在汽车工业中出现了流水生产线和半自动化生产线，随后发展成为自动线。第二次世界大战后，在工业发达国家的机械制造业中，自动线的数目出现了急剧增加。

采用自动线进行生产的产品应有足够大的产量；产品设计和工艺应先进、稳定、可靠，并在较长时间内保持基本不变。在大批、大量生产中采用自动线能提高劳动生产率，稳定和提高产品质量，改善劳动条件，缩减生产占地面积，降低生产成本，缩短生产周期，保证生产均衡性，有显著的经济效益。

自动线中设备的连接方式有刚性连接和柔性连接两种。在刚性连接自动线中，工序之间没有储料装置，工件的加工和传送对过程有严格的节奏性。当某一台设备发生故障而停歇时，会引起全线停工。因此，对刚性连接自动线中各种设备的工作可靠性要求高。

在柔性连接自动线中，各工序（或工段）之间设有储料装置，各工序节拍不必严格一致，某一台设备短暂停歇时，可以由储料装置在一定时间内起调剂平衡的作用，因而不会影响其他设备正常工作。综合自动线、装配自动线和较长的组合机床自动线常采用柔性连接。

切削加工自动线在机械制造业中发展最快、应用最广。主要有：用于加工箱体、壳体等零件的组合机床自动线；用于加工轴类、盘环类等零件的由通用、专门化或专用自动机床组成的自动线；旋转体加工自动线；用于加工工序简单小型零件的转子自动线等。

自动线的工件传送系统一般包括机床上下料装置、传送装置和储料装置。在旋转体加工自动线中，传送装置包括重力输送式或强制输送式的料槽或料道，提升、转位和分配装置等。有时采用机械手完成传送装置的某些功能。在组合机床自动线中当工件有合适的输送基面时，采用直接输送方式，其传送装置有各种步进式输送装置、转位装置和翻转装置等。对于外形不规则、无合适的输送基面的工件，通常装在随行夹具上定位和输送，这种情况下要增设随行夹具的返回装置。

自动线的控制系统主要用于保证线内的机床、工件传送系统以及辅助设备按照规定的工作循环和联锁要求正常工作，并设有故障寻检装置和信号装置。为适应自动线的调试和正常运行的要求，控制系统有三种工作状态：调整、半自动和自动。在调整状态时可手动操作和调整，实现单台设备的各个动作；在半自动状态时可实现单台设备的单循环工作；在自动状态时自动线能连续工作。

控制系统有“预停”控制机能，自动线在正常工作情况下需要停车时，能在完成一个工作循环、各机床的有关运动部件都回到原始位置后才停车。自动线的其他辅助设备是根据工艺需要和自动化程度设置的，如有清洗机工件自动检验装置、自动换刀装置、自动排屑系统和集中冷却系统等。为提高自动线的生产效率，必须保证自动线的工作可靠性。影响自动线工作可靠性的主要因素是加工质量的稳定性和设备工作可靠性。

1.1.3　自动化生产线典型应用

1. 塑壳式断路器自动化生产线

图 1－1 所示为塑壳式断路器自动化生产线，包括自动上料、自动铆接、五次通电检查、瞬时特性检查、延时特性检查、自动打标等工序，每个单元都有独立的控制、声光报警等功能，采用网络技术将生产线构成一个完善的网络系统，大大提高了劳动生产率和产品质量。

图 1－1　塑壳式断路器自动化生产线

2. 日化产品自动灌装线

图 1－2 所示为日化产品自动灌装线，主要完成上料、灌装、封口、检测、打标、包装、码垛等几个生产过程，实现集约化大规模生产的要求。

图 1－2　日化产品自动灌装线

3. 汽车装配自动化生产线

图 1－3 所示为汽车装配自动化生产线，它将输送系统、随行夹具和在线专机、测试设备有机的组合，以满足汽车零件的装配要求。汽车装配流水线的传输方式可以是同步传输的（刚性式），也可以是非同步传输的（柔性式），根据配置的选择，实现汽车零件手工装配或半自动装配，装配线在汽车的批量生产中不可或缺。

图 1－3　汽车装配自动化生产线

1.1.4　自动化生产线发展趋势

目前，国内外自动线的主要发展趋势呈现出以下特点：

（1）高速化。

提高自动化生产线速度是提高生产效率的主要途径。据报道，在国外，卷烟自动生产线生产能力达到 4 000 支/min，糖果包装达 1 200 粒/min，工业缝纫机达 7 500 r/min，而我国现有水平卷烟自动生产线达 1 000 支/min，糖果包装达 500 粒/min，工业缝纫机达 3 000 r/min。由此可见，高速化是自动化生产线发展的一个重要趋势和目标。

（2）综合自动化。

生产过程自动化是现代生产线的重要标志。在自动化机械中，采用机、电、液、气相结合的综合自动化，可使自动化轻工机械的结构进一步简化。另外，采用电子自控技术，使其不仅能自动的完成加工工艺操作和辅助操作，而且能自动检测、自动判断记忆、自动发现和排除故障、自动分选和剔除废品，可大大提高自动机械的自动化程度。

近年来包装工业得到了较大的发展，逐渐发展成为独立的工业部门。而现代包装进一步的自动化不只是单纯包装操作，已发展成为包括包装容器的制作、包装物品的计量、包装材料商标图案的印刷、包装产品的检测以及执行包装操作的多种工艺任务的综合自动化。

（3）广泛采用“工业机械手”和“工业机器人”。

“工业机械手”包括通用型和专用型两种。通用型机械手能改变工作程序以适应产品的改变。当前国外“工业机械手”已发展到利用微型计算机进行控制，使机械手具有所谓“视觉”和“触觉”等功能；已经有“工业机器人”应用在自动化生产线上。

（4）采用生产自动线。

用传送装置和控制装置把几台单机有机地连接在一起，组成生产自动线，也是当前发展的一个重要趋势，这可以进一步提高劳动生产率，降低成本，改善劳动条件。

数字控制机床、工业机器人和电子计算机等技术的发展，以及成组技术的应用，将使自动线的灵活性更大，可实现多品种、中小批量生产的自动化。多品种可调自动线降低了自动线生产的经济批量，因而在机械制造业中的应用越来越广泛，并向更高度自动化的柔性制造系统发展。

自动生产线的建立已为产品生产过程的连续化、高速化奠定了基础。今后不但要求有更多的不同产品和规格的生产自动线，并且还要实现产品生产过程的自动化，即向自动化生产车间和自动化生产工厂的方向发展。

任务 1.2　认知 YL－335B 型自动化生产线

任务提出

亚龙 YL－335B 型自动化生产线的工作目标是：将供料单元料仓内的工件送往加工单元的物料台，完成加工操作后，把加工好的工件送往装配单元的物料台，然后把装配单元料仓内的不同颜色的小圆柱工件嵌入到物料台上的工件中，完成装配后的成品送往分拣单元分拣输出，分拣单元根据工件的材质、颜色进行分拣。

任务分析

1. 知识目标

了解亚龙 YL－335B 型自动化生产线的结构。

2. 技能目标

熟悉亚龙 YL－335B 型自动化生产线的各个部件，掌握 YL－335B 的电气控制系统。

3. 情感目标

培养学生团队合作精神。

根据任务驱动，培养学生分析问题、解决问题的能力。

任务实施

亚龙 YL－335B 型自动化生产线综合了多种技术，包括气动控制技术、机械技术、传感器应用技术、PLC 控制和组网、步进电动机位置控制、变频器技术以及触摸屏技术等。

1.2.1 YL－335B 的基本组成

亚龙 YL－335B 型自动化生产线由五个工作单元组成，分别是供料单元、加工单元、装配单元、输送单元和分拣单元，其外观如图 1－4 所示。每一个工作单元可以单独运行，自成一个独立的系统，同时也是整个系统的一个子单元。

图 1－4　YL－335B 外观

其中，每一工作单元都可自成一个独立的系统，同时也都是一个机电一体化的系统。各个单元的执行机构基本上以气动执行机构为主，但输送单元的机械手装置整体运动则采取伺服电动机驱动、精密定位的位置控制，该驱动系统具有长行程、多定位点的特点，是一个典型的一维位置控制系统。分拣单元的传送带驱动则采用了通用变频器驱动三相异步电动机的交流传动装置。位置控制和变频器技术是现代工业企业应用最为广泛的电气控制技术。

在 YL－335B 设备上应用了多种类型的传感器，分别用于判断物体的运动位置、物体通过的状态、物体的颜色及材质等。传感器技术是机电一体化技术中的关键技术之一，是现代工业实现高度自动化的前提之一。

在控制方面，YL－335B 采用了基于 RS485 串行通信的 PLC 网络控制方案，即每一工作单元由一台 PLC 承担其控制任务，各 PLC 之间通过 RS485 串行通信实现互连的分布式控制方式。用户可根据需要选择不同厂家的 PLC 及其所支持的 RS485 通信模式，组建成一个小型的 PLC 网络。小型 PLC 网络以其结构简单，价格低廉的特点在小型自动化生产线仍然有着广泛的应用，在现代工业网络通信中仍占据相当的份额。另一方面，掌握基于 RS485 串行通信的 PLC 网络技术，将为进一步学习现场总线技术、工业以太网技术等打下良好的基础。

1.2.2　YL－335B 的基本功能

亚龙 YL－335B 型自动化生产线通过五个 PLC 联网通信，实现产品的供料、加工、装配、输送以及最后的分拣过程。YL－335B 型自动化生产线供料单元料仓内的工件通过机械手搬运至加工单元的物料台，加工单元完成模拟加工后，由机械手搬运至装配单元的物料台，装配单元实现了将小圆柱嵌入到物料台上的工件中，完成装配后，继续由机械手搬运至分拣单元进行分拣，分拣单元根据工件的材质以及颜色进行工件的分拣，通过推杆将工件分别推入到相应的料槽内。YL－335B 各工作单元在实训台上的分布如图 1－5 所示。

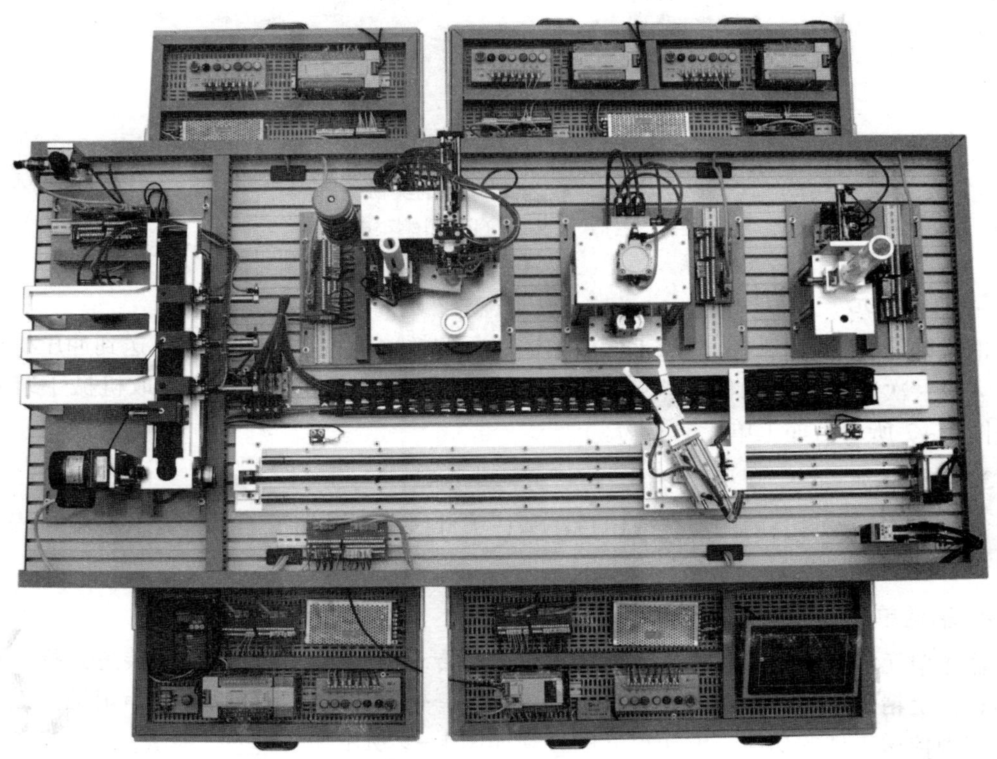

图 1－5　YL－335B 各工作单元在实训台上的分布

1. 供料单元

供料单元是 YL－335B 中的起始单元，在整个系统中起着向系统中的其他单元提供原料的作用。具体的功能是：按照需要将放置在料仓中待加工工件（原料）自动地推出到物料台上，以便输送单元的机械手将其抓取，输送到其他单元上。图 1－6 所示为供料单元的实物。

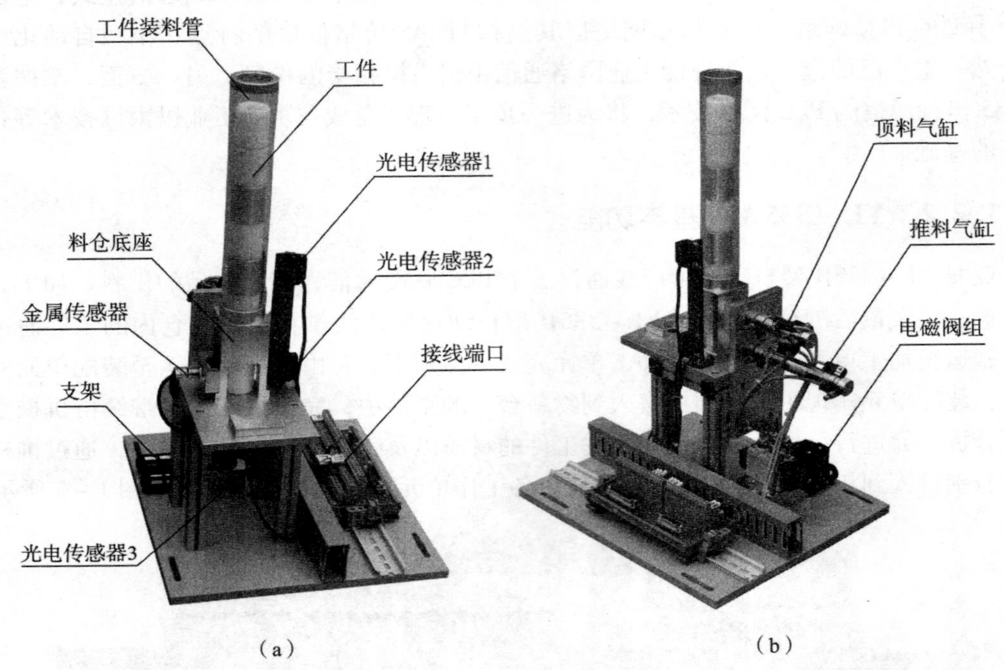

图 1－6 供料单元的实物

（a）正视图；（b）侧视图

2. 加工单元

把该单元物料台上的工件（工件由输送单元的抓取机械手装置送来）送到冲压机构下面，完成一次冲压加工动作，然后再送回到物料台上，待输送单元的抓取机械手装置取出。图 1－7 所示为加工单元的实物。

3. 装配单元

完成将该单元料仓内的黑色或白色小圆柱工件嵌入到已加工的工件中的装配过程。装配单元总装实物如图 1－8 所示。

4. 输送单元

输送单元的基本功能：该单元通过直线运动传动机构驱动抓取机械手装置到指定单元的物料台上精确定位，并在该物料台上抓取工件，把抓取到的工件输送到指定地点然后放下，实现传送工件的功能。输送单元的外观如图 1－9 所示。

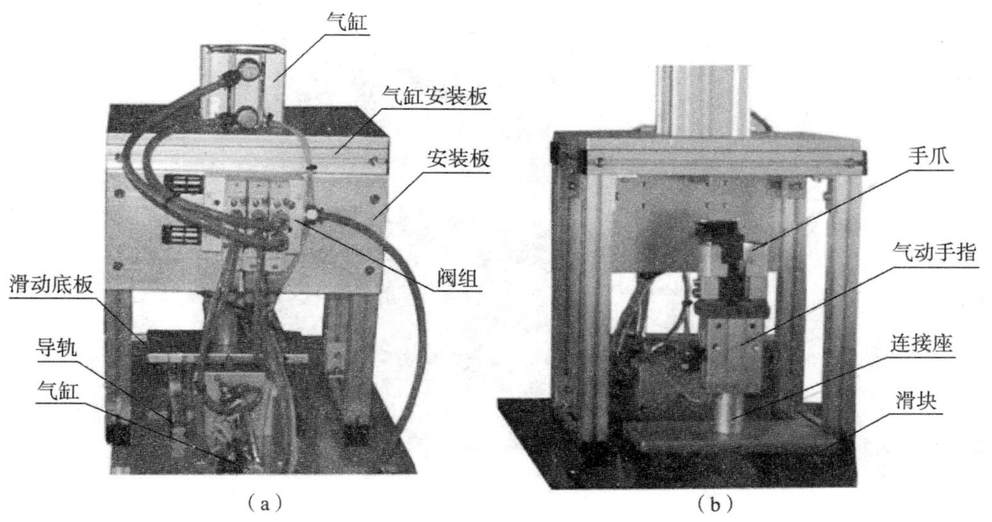

图 1-7　加工单元的实物

（a）后视图；（b）前视图

图 1-8　装配单元总装实物

（a）前视图；（b）后视图

图 1－9　输送单元的外观

5. 分拣单元

分拣单元的基本功能：完成将上一单元送来的已加工、装配的工件进行分拣，使不同颜色的工件从不同的料槽分流的功能。图 1－10 所示为分拣单元实物。

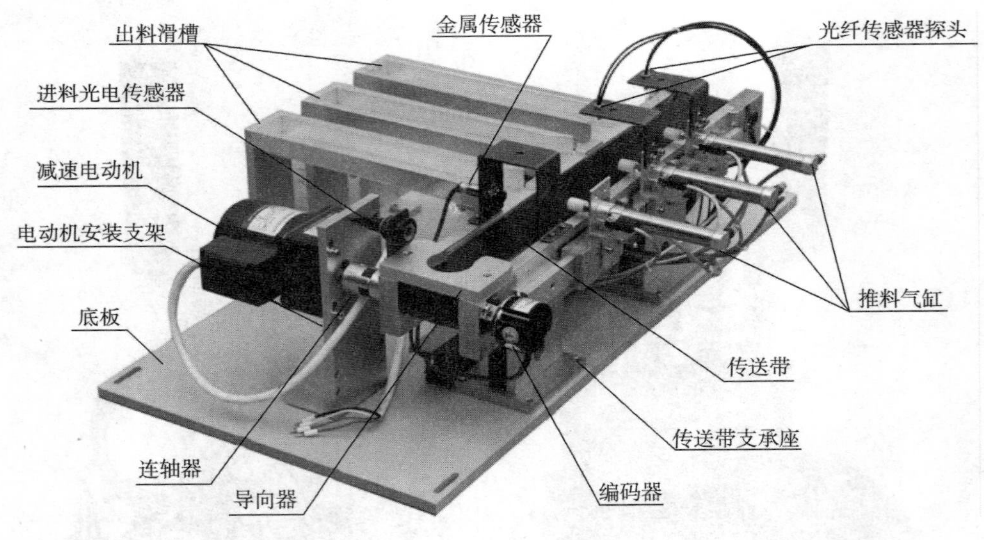

图 1－10　分拣单元实物

1.2.3　YL－335B 的电气系统组成

YL－335B 设备中的各工作单元的结构特点是机械装置和电气控制部分是相对分离的。每一工作单元机械装置整体安装在底板上，而控制工作单元生产过程的 PLC 装置则安装在工作台两侧的抽屉板上。因此，工作单元机械装置与 PLC 装置之间的信息交换是一个关键的问题。YL－335B 的解决方案是：机械装置上的各电磁阀和传感器的引线均连接到装置侧的接线端口上。PLC 的 I/O 引出线则连接到 PLC 侧的接线端口上。两个接线端口间通过多芯信号电缆互连。图 1－11 和图 1－12 分别所示为装置侧接线端口和 PLC 侧接线端口。

图 1－11　装置侧接线端口

图 1－12　PLC 侧接线端口

装置侧接线端口的接线端子采用三层端子结构，上层端子用以连接 DC 24 V 电源的 +24 V 端，底层端子用以连接 DC 24 V 电源的 0 V 端，中间层端子用以连接各信号线。

PLC 侧接线端口的接线端子采用两层端子结构，上层端子用以连接各信号线，其端子号与装置侧的接线端口的接线端子相对应。底层端子用以连接 DC 24 V 电源的 +24 V 端和 0 V 端。

装置侧接线端口和 PLC 侧接线端口之间通过专用电缆连接。其中 25 针接头电缆连接 PLC 的输入信号，15 针接头电缆连接 PLC 的输出信号。

YL－335B 的每一工作单元都可自成一个独立的系统，同时也可以通过网络互连构成一个分布式的控制系统。

（1）当工作单元自成一个独立的系统时，其设备运行的主令信号以及运行过程中的状态显示信号来源于该工作单元按钮指示灯模块。按钮指示灯模块如图 1－13 所示，模块上的指示灯和按钮的端脚全部引到端子排上。

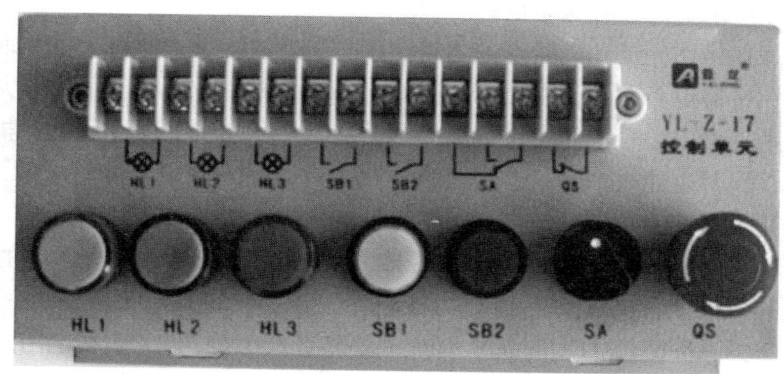

图 1－13　按钮指示灯模块

模块盒上器件包括：

①指示灯（DC 24 V）：黄色（HL1）、绿色（HL2）、红色（HL3）各一只。

②主令器件：绿色常开按钮 SB1 一只；

红色常开按钮 SB2 一只；

选择开关 SA（一对转换触点）；

急停按钮 QS（一个常闭触点）。

（2）当各工作单元通过网络互连构成一个分布式的控制系统时，对于采用三菱 FX 系列 PLC 的设备，YL－335B 的标准配置是采用了基于 RS485 串行通信的 N：N 通信方式。YL－335B 的通信网络如图 1－14 所示。

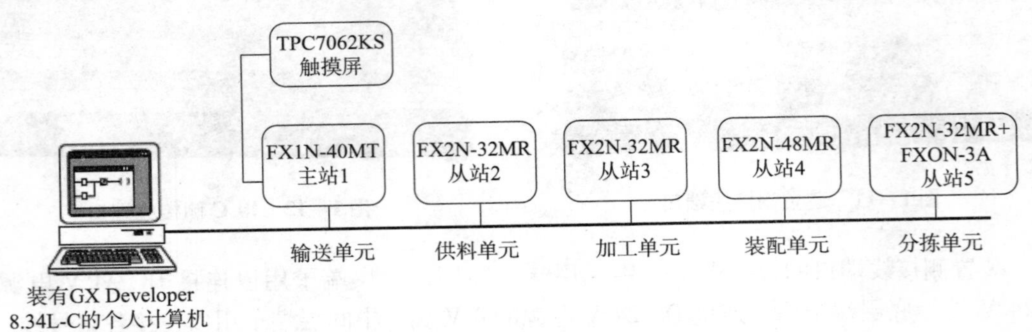

图 1－14　YL－335B 的通信网络

各工作单元 PLC 配置如下：

①输送单元：FX3U－40MT 主单元，共 24 点输入，16 点晶体管输出。

②供料单元：FX3U－32MR 主单元，共 16 点输入，16 点继电器输出。

③加工单元：FX3U－32MR 主单元，共 16 点输入，16 点继电器输出。

④装配单元：FX3U－48MR 主单元，共 24 点输入，24 点继电器输出。

⑤分拣单元：FX3U－32MR 主单元，共 16 点输入，16 点继电器输出。

（3）人机界面。

系统运行的主令信号（复位、启动、停止等）通过触摸屏人机界面给出。同时，人机界面上也显示系统运行的各种状态信息。

人机界面是在操作人员和机器设备之间作双向沟通的桥梁。使用人机界面能够明确指示并告知操作员机器设备目前的状况，使操作变得简单生动，并且可以减少操作上的失误，即使是新手也可以很轻松的操作整个机器设备。使用人机界面还可以使机器的配线标准化、简单化，同时也能减少 PLC 控制器所需的 I/O 点数，降低生产的成本，同时由于面板控制的小型化及高性能，相对地提高了整套设备的附加价值。

YL－335B 采用了昆仑通态（MCGS）TPC7062KS 触摸屏作为它的人机界面。TPC7062KS 是一款以嵌入式低功耗 CPU 为核心（主频 400 MHz）的高性能一体化工控机。该产品采用了 7 英寸高亮度 TFT 液晶显示屏（分辨率 800×480），四线电阻式触摸屏（分辨率 4 096×4 096），同时还预装了微软嵌入式实时多任务操作系统 WinCE. NET（中文版）和 MCGS 嵌入式组态软件（运行版）。

1.2.4　YL－335B 的供电电源

外部供电电源为三相五线制 AC 380 V/220 V，图 1－15 所示为供电电源模块一次回路原理图。图 1－15 中，总电源开关选用 DZ47LE－32/C32 型三相四线漏电开关。系统各主要负载通过自动开关单独供电。其中，变频器电源通过 DZ47C16/3P 三相自动开关供电；各工作单元 PLC 均采用 DZ47C5/2P 单相自动开关供电。此外，系统配置 4 台 DC 24 V 6 A

开关稳压电源分别用作供料、加工、装配、分拣及输送单元的直流电源。图 1－16 所示为配电箱设备安装图。

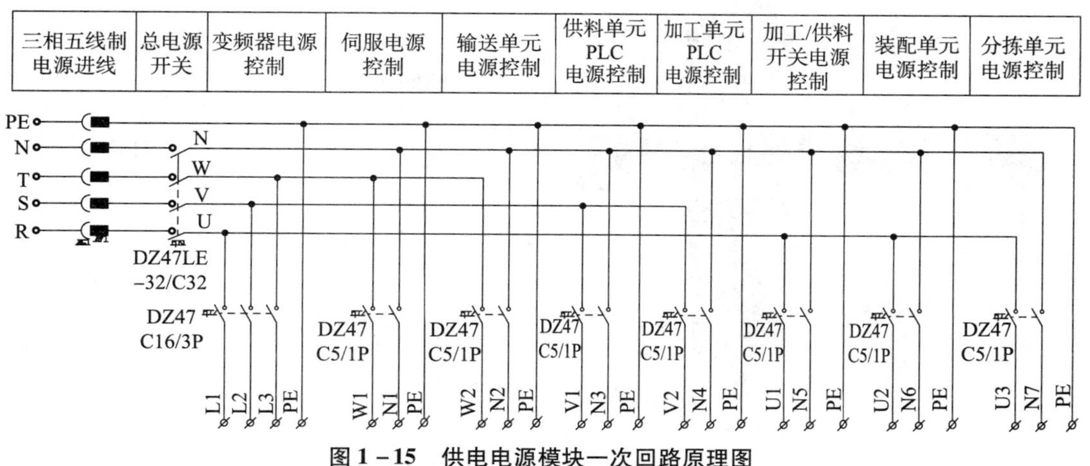

图 1－15 供电电源模块一次回路原理图

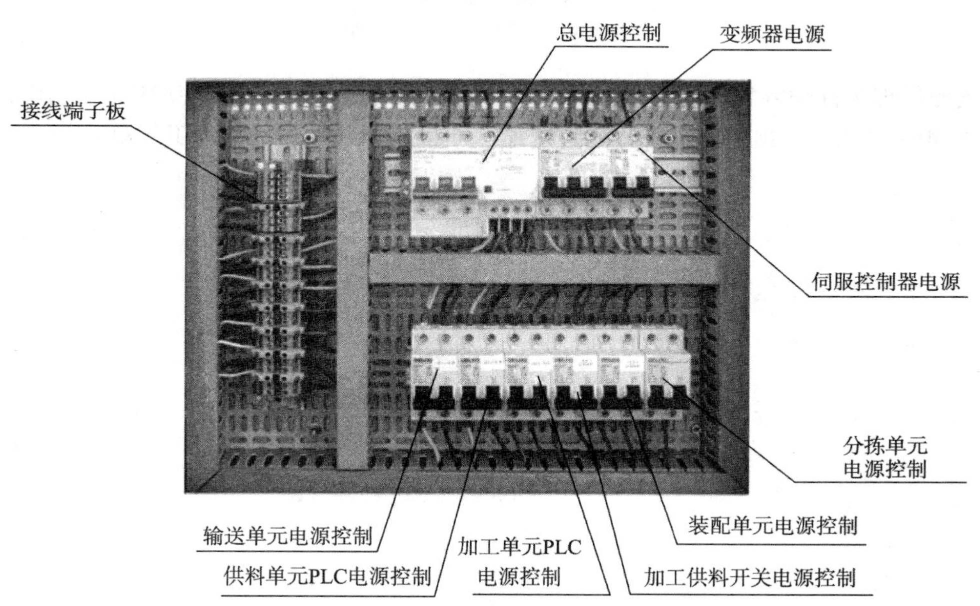

图 1－16 配电箱设备安装图

1.2.5 YL－335B 的气源装置

YL－335B 的气源处理组件及其气动原理如图 1－17 所示。气源处理组件是气动控制系统中的基本组成器件，它的作用是除去压缩空气中所含的杂质及凝结水，调节并保持恒定的工作压力。在使用时，应注意经常检查过滤器中凝结水的水位，在超过最高标线以前，必须排放，以免被重新吸入。气源处理组件的气路入口处安装一个快速气路开关，用于启/闭气源，当把气路开关向左拔出时，气路接通气源，反之把气路开关向右推入时气路关闭。

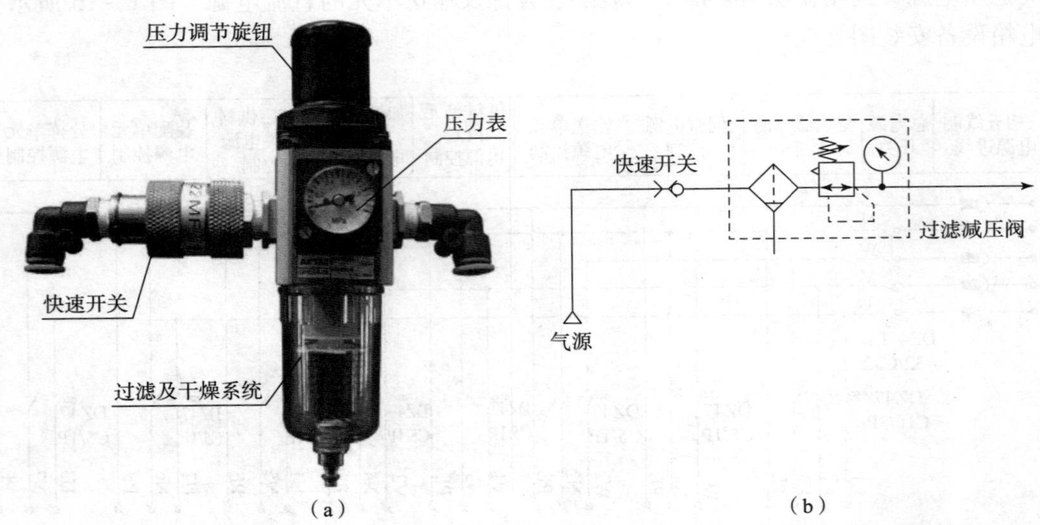

图 1-17　YL-335B 的气源处理组件及其气动原理

(a) 气源处理组件实物图；(b) 气动原理图

气源处理组件输入气源来自空气压缩机，所提供的压力为 0.6 ~ 1.0 MPa，输出压力为 0 ~ 0.8 MPa 可调。输出的压缩空气通过快速三通接头和气管输送到各工作单元。

项目二　自动化生产线中的核心技术

任务2.1　自动化生产线中传感器技术

任务提出

传感器像人的眼睛、耳朵、鼻子等感官器件，是自动化生产线中的检测和感知元件，能检测到被测物体并且按照一定的规律转换成电信号输出。在YL－335B自动化生产线中主要用到了磁性开关、电感式接近开关、光电接近开关、光纤传感器和旋转编码器等五种传感器。本项目的主要工作任务是掌握自动化生产线中磁性开关、光电接近开关、电感式接近开关、光纤传感器和旋转编码器等的结构、特点和电气端口特性，能对各传感器在自动化生产线中进行安装与调试。

任务分析

1. 知识目标

掌握自动化生产线中磁性开关、光电接近开关、电感式接近开关、光纤传感器和光电编码器等传感器的结构、特点及电气端口特性。

2. 技能目标

能够熟练的进行磁性开关、光电接近开关、电感式接近开关、光纤传感器和旋转编码器等在自动化生产线中的安装与调试。

3. 情感目标

培养学生团队合作精神；

根据任务驱动，培养学生分析问题、解决问题的能力。

任务实施

根据自动化生产线中传感器的任务分析，将任务分为五个模块，一是磁性开关的简介与应用，二是电感式接近开关的简介与应用，三是光电开关的简介与应用，四是光纤式光电传感器的简介与应用，五是光电编码器的简介与应用。

2.1.1 磁性开关的简介与应用

1. 磁性开关简介

磁性开关是一种非接触式的位置检测开关，具有检测时不会磨损和损伤检测对象、响应速度快等优点，常常用于检测磁场或磁性物质的存在。其实物图及电气符号如图 2-1 所示。

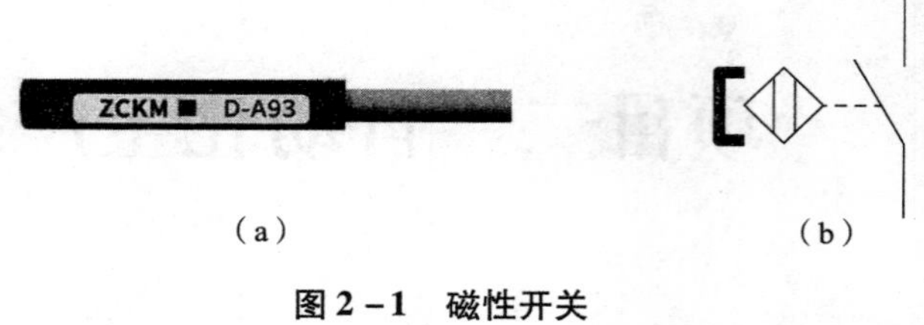

图 2-1 磁性开关

(a) 实物；(b) 电气符号

在 YL-335B 自动化生产线中，磁性开关用于对各类气缸的位置进行检测。图 2-2 所示为带磁性开关气缸的工作原理。当气缸中随活塞移动的磁环靠近开关时，舌簧开关的两根簧片被磁化而相互吸引，触点闭合；当磁环移开开关后，簧片失磁，触点断开。触点闭合或断开时发出电控信号，在 PLC 的自动控制中，可以利用该信号判断推料及顶料缸的运动状态或所处的位置，以确定工件是否被推出或气缸是否返回。

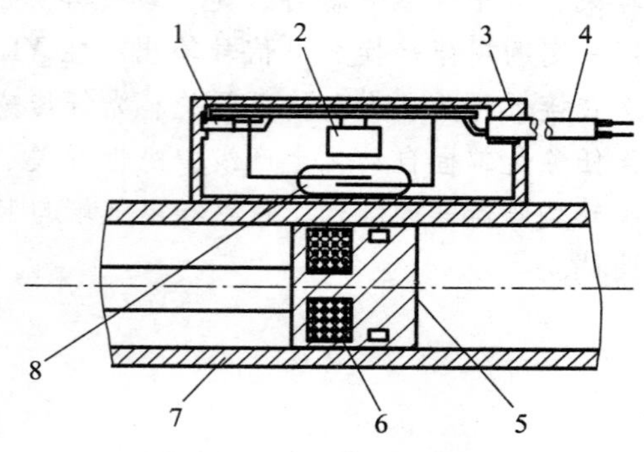

图 2-2 带磁性开关气缸的工作原理

1—动作指示灯；2—保护电路；3—开关外壳；4—导线；5—活塞；6—磁环（永久磁铁）；7—缸筒；8—舌簧开关

2. 磁性开关的安装与调试

1）电气接线与检查

磁性开关的电气接线重点是考虑传感器的尺寸、位置、安装方式、布线工艺、电缆长度以及周围工作环境对传感器工作的影响。如图 2-3 所示，磁性开关有蓝色和棕色 2 根引出线，使用时蓝色引出线应连接到 PLC 输入公共端，棕色引出线应连接到 PLC 输入端。

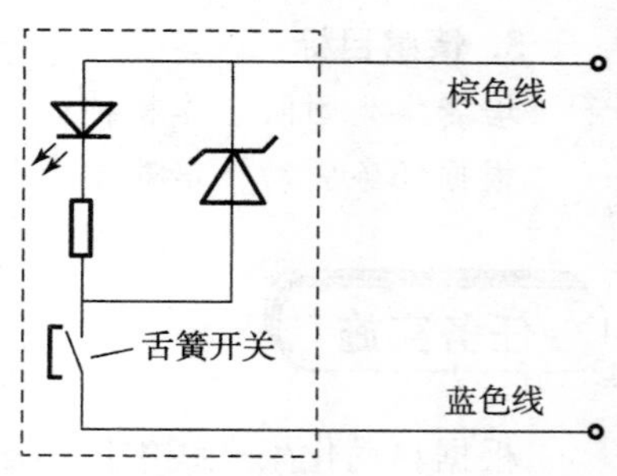

图 2-3 磁性开关内部电路

在磁性开关上设置有 LED，用于显示传感器的信号状态，供调试与运行监视时观察。当气缸活塞靠近，接近开关输出动作，输出“1”信号，LED 亮；当没有气缸活塞靠近，接近开关输出不工作，输出“0”信号，LED

不亮。

2）磁性开关在气缸上的安装与调试

磁性开关与气缸配合使用，如果安装不合理，会使气缸的动作不正确。当气缸活塞移向磁性开关，并接近到一定距离时，磁性开关才能够“感知”到，开关才会动作，通常把这个距离叫作检出距离。

在气缸上安装磁性开关时，磁性开关的安装位置可以调整，调整方法是松开它的紧定螺栓，让磁性开关顺着气缸滑动，到达指定位置后，再旋紧固定螺栓即可。

2.1.2 电感式接近开关的简介与应用

电感式接近开关是利用电涡流效应制造的传感器。电涡流效应是指，当金属物体处于一个交变的磁场中，在金属内部会产生交变的电涡流，该涡流又会反作用于产生它的磁场的一种物理效应。如果这个交变的磁场是由一个电感线圈产生的，则这个电感线圈中的电流就会发生变化，用于平衡涡流产生的磁场。

利用这一原理，以高频振荡器（LC 振荡器）中的电感线圈作为检测元件，当被测金属物体接近电感线圈时产生了涡流效应，引起振荡器振幅或频率的变化，由传感器的信号调理电路（包括检波、放大、整形、输出等电路）将该变化转换成开关量输出，从而达到检测目的。所以这种接近开关所能检测的物体必须是金属物体，其工作原理如图 2－4 所示。

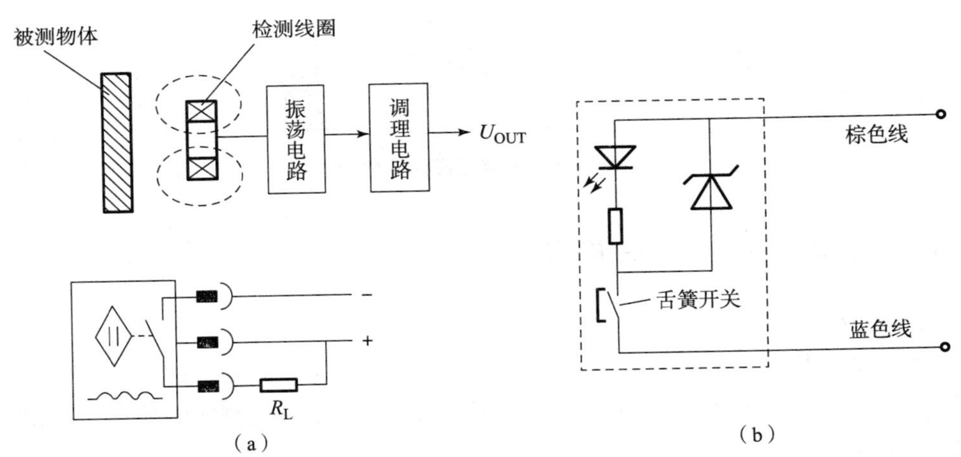

图 2－4 电感式接近开关工作原理及图形符号

（a）电感式接近开关工作原理；（b）图形符号

常见的电感式接近开关的外形有圆柱形、螺旋形、长方形和 U 形等几种。

在自动化生产线的供料单元中，为了检测待加工工件是否为金属材料，在供料竖管的管底侧面安装了一个圆柱形电感式传感器，如图 2－5（a）所示。输送单元的原点开关则采用长方体电感式接近开关，如图 2－5（b）所示。

在接近开关的选用和安装中，必须认真考虑检测距离、设定距离，保证生产线上的传感器可靠动作。安装距离注意说明如图 2－6 所示。

（a）

（b）

图 2－5　电感式传感器

（a）供料单元上的电感式传感器；（b）输送单元上的原点开关

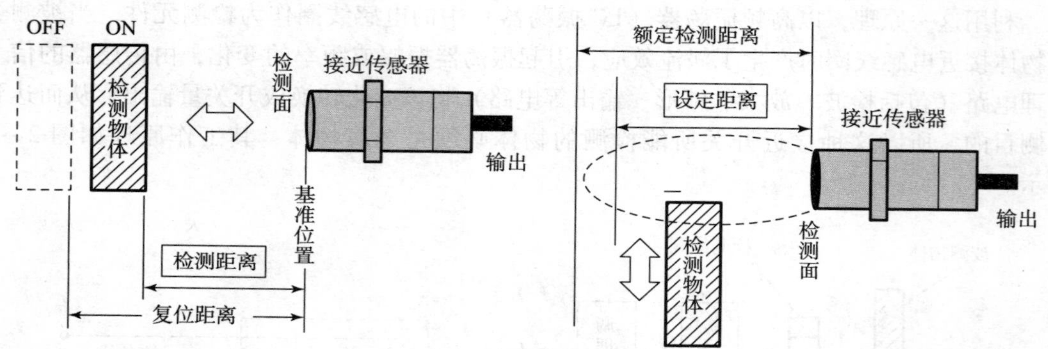

图 2－6　安装距离注意说明

2.1.3　光电开关的简介与应用

1. 光电开关的简介

1）光电式接近开关的类型

光电式接近开关（简称光电开关）是利用光的各种性质，检测物体的有无和表面状态的变化等的输出形式为开关量的传感器。

光电式接近开关主要由光发射器和光接收器构成。如果光发射器发射的光线因检测物体不同而被遮掩或反射，到达光接收器的量将会发生变化。光接收器的敏感元件将检测出这种变化，并转换为电气信号进行输出。其大多使用可视光（主要为红色，也用绿色、蓝色来判断颜色）和红外光。

按照接收器接收光的方式不同，光电式接近开关可分为对射式、反射式和漫射式 3 种，如图 2－7 所示。

2）漫射式光电开关

漫射式光电开关是利用光照射到被测物体上后反射回来的光线而工作的，由于物体反射的光线为漫射光，故称为漫射式光电开关。它的光发射器（投光器）与光接收器（受

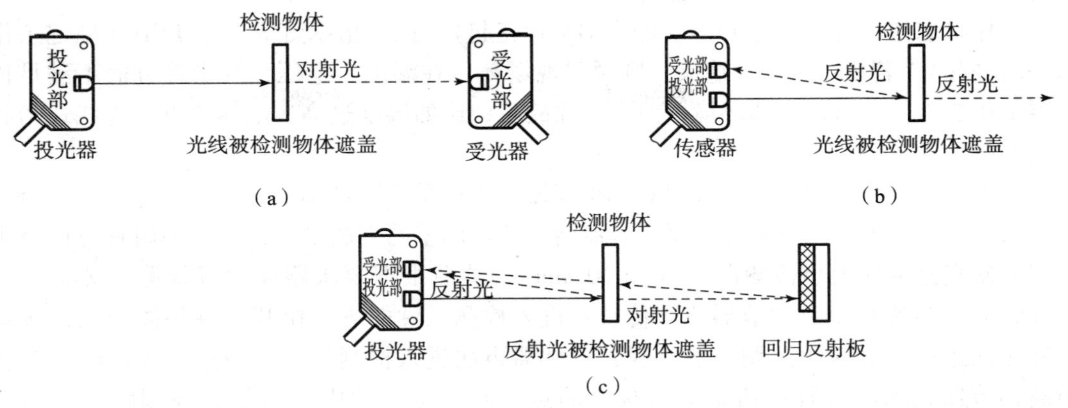

图 2－7 光电式接近开关

(a) 对射式；(b) 漫射式（漫反射式）；(c) 回归反射式

光器）处于同一侧位置，且为一体化结构。在工作时，光发射器始终发射检测光，若接近开关前方一定距离内没有物体，则没有光被反射到接收器，接近开关处于常态而不动作；反之若接近开关的前方一定距离内出现物体，只要反射回来的光强度足够，则接收器接收到足够的漫射光就会使接近开关动作而改变输出的状态。图 2－7（b）所示为漫射式光电开关的工作原理示意图。供料单元中，用来检测工件不足或工件有无的漫射式光电接近开关选用 OMRON 公司的 E3Z－LS63 型放大器内置型光电开关（细小光束型，NPN 型晶体管集电极开路输出）。

2. 光电开关在生产线中的应用

（1）生产线中用来检测工件不足或工件有无的光电开关是一种小型、可调节检测距离、放大器内置的漫射式光电传感器。该光电开关的外形和电气符号如图 2－8 所示。

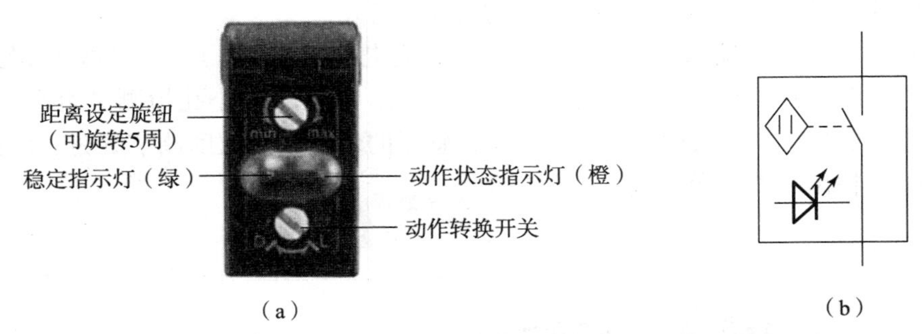

图 2－8 光电开关的外形和电气符号

(a) 光电开关外形；(b) 光电开关电气符号

动作转换开关的功能是用来选择光电开关的动作输出模式：当受光元件接收到反射光时输出为 ON，此时成为 L 模式（LIGHT ON）或受光模式；另一个动作输出模式是在反射光未能接收到时输出为 ON，则称为 D 模式（DARK ON）或遮光模式。选择哪一种检测模式取决于编程要求的考虑。选择 L 模式，则物料被检测到时开关动作；而发生欠料或者缺料时，开关不动作，这一点在编程时需注意。

工作状态指示灯为橙色 LED（输出 ON 时亮起），稳定指示灯为绿色 LED（稳定工作状态时亮起）。若稳定指示灯熄灭，则说明现场环境在温度、电压、灰尘等方面不满足传感器工作要求。此时，应从环境方面去排除故障，比如温度过高、电压过低、光线过暗和过亮等。

距离是通过距离设定旋钮实现的，距离设定旋钮是 5 回转调节器，调整距离时注意逐步轻微旋转，否则若充分旋转距离调节器会空转。调整的方法是，首先按逆时针方向将距离调节器充分旋到最小检测距离（约 20 mm），然后根据要求距离放置检测物体，按顺时针方向逐步旋转距离调节器找到传感器进入检测条件的点；拉开检测物体距离，按顺时针方向进一步旋转距离调节器，找到传感器再次进入检测状态，一旦进入，向后旋转距离调节器直到传感器回到非检测状态的点。两点之间的中点为稳定检测物体的最佳位置。

图 2 - 9 所示为光电开关的电路原理框图，将光电开关棕色线接 PLC 输入模块电源“+”端，蓝色线接 PLC 输入模块电源“-”端，黑色线接 PLC 输入点。

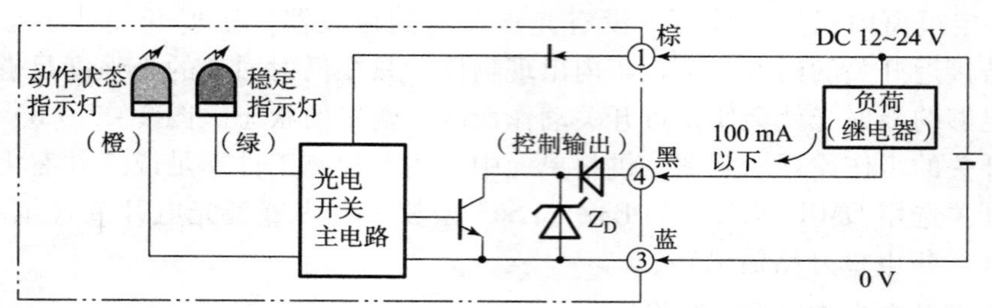

图 2 - 9　光电开关的电路原理框图

该传感器也用于 YL - 335B 的一些其他检测，例如装配单元料仓的缺料检测和回转台上料盘芯件的有无检测、加工单元加工台物料检测等。

（2）还有一种用来检测物料台上有无物料的光电接近开关，是一个圆柱形漫射式光电接近开关，如图 2 - 10 所示。工作时向上发出光线，从而透过小孔检测是否有工件存在，在机械与电气安装初步完成后，可通过微调传感器的位置和灵敏度调节旋钮，使被测物体在传感器的“检出距离”范围内。

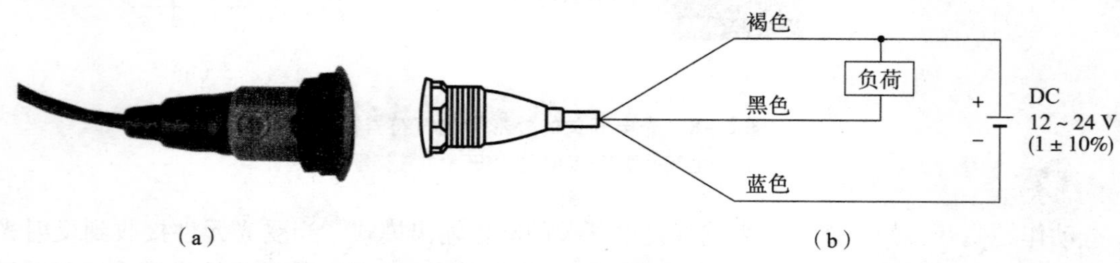

图 2 - 10　圆柱形漫射式光电接近开关外形及接线图

（a）外形；（b）接线图

2.1.4　光纤式光电接近开关的简介与应用

1. 光纤式光电接近开关简介

光纤式光电接近开关也是光电传感器的一种，它由光纤单元、放大器两部分组成。其工作原理示意图如图 2-11 所示。投光器和受光器均在放大器内，投光器发出的光线通过一条光纤内部从端面（光纤头）以约 60°的角度扩散，照射到检测物体上；同样，反射回来的光线通过另一条光纤的内部回送到受光器。

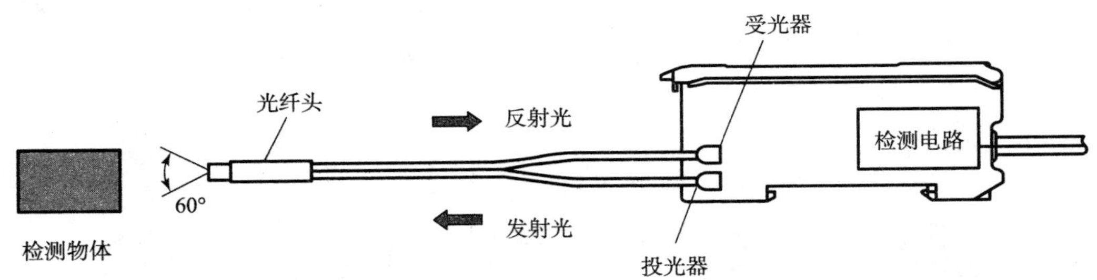

图 2-11　光纤式光电开关工作原理示意图

光纤式光电开关属于光纤传感器的一种。因为光纤传感器的传感部分（光纤）中完全没有任何的电气部分，所以相对于传统传感器来说，光纤传感器具有抗电磁干扰、可以工作于恶劣环境、传输距离远、使用寿命长等优点，且光纤头体积较小，可以被放置在较小的空间内。这样我们可以将光纤头放置在危险恶劣环境下，而将光纤放大器放置在安全场所下进行使用。

2. 光纤式光电开关在自动化生产线中的应用

在自动化生产线的分拣单元中的传送带上方装有两个光纤式光电开关，在光纤头的尾端部分分成两条光纤，使用时分别插入放大器的两个光纤孔。

1）电气与机械安装

光纤式光电开关是精密器件，使用时务必注意它的安装和拆卸方法。下面就以 YL-335B 上的光纤式光电开关的装卸过程为例说明。

（1）放大器单元的安装和拆卸。

图 2-12 所示为一个放大器的安装过程。

拆卸时，以相反的过程进行。注意，在连接了光纤的状态下，请不要从 DIN 导轨上拆卸。

（2）光纤的装卸。

进行连接或拆下的时候，一定要切断电源。然后按下面方法进行装卸，有关安装部位如图 2-13 所示。

①安装光纤：抬高保护罩，提起固定按钮，将光纤顺着放大器单元侧面的插入位置记号进行插入，然后放下固定按钮。

②拆卸光纤：抬起保护罩，提升固定按钮时可以将光纤取下来。

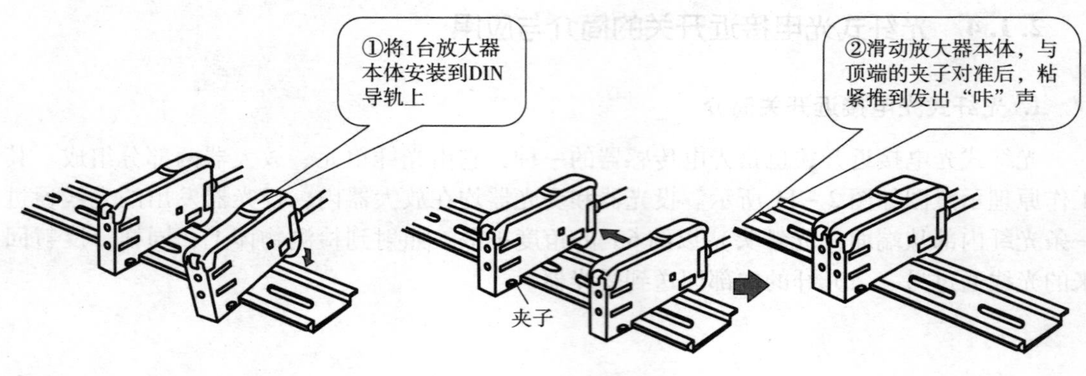

图 2－12　放大器的安装过程

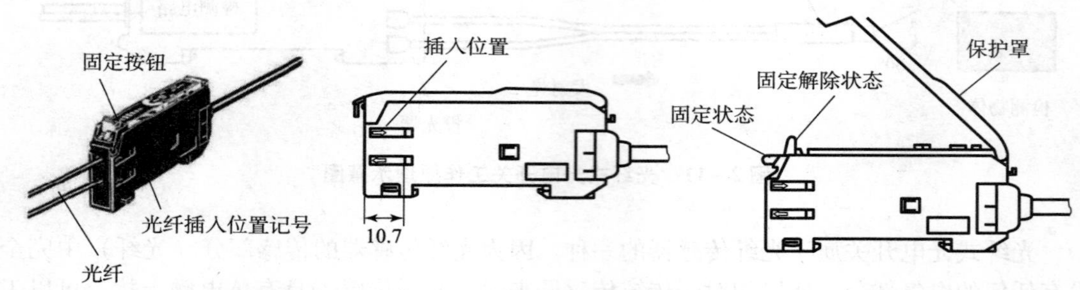

图 2－13　光纤的装卸示意图

最后根据图 2－14 进行电气接线，根据导线的颜色连接相应的电源极性和信号输出线。

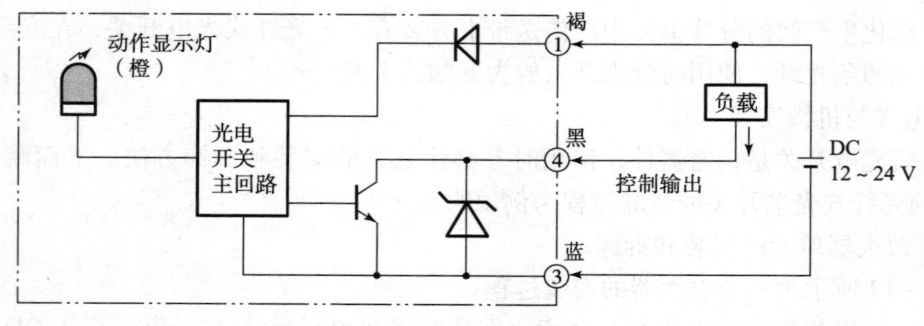

图 2－14　光纤传感器电路框图

2）灵敏度的调整

光纤式光电开关的放大器的灵敏度调节范围较大。当光纤传感器灵敏度调得较小时，反射性较差的黑色物体，光电探测器无法接收到反射信号；而反射性较好的白色物体，光电探测器就可以接收到反射信号。反之，若调高光纤传感器灵敏度，则即使对反射性较差的黑色物体，光电探测器也可以接收到反射信号。

图 2－15 所示为光纤放大器，使用螺丝刀调节其中部的 8 旋转灵敏度高速旋钮就能进

行放大器灵敏度调节（顺时针旋转灵敏度增大）。调节时，会看到“入光量显示灯”发光的变化。当探测器检测到物料时，“动作显示灯”会亮，提示检测到物料。

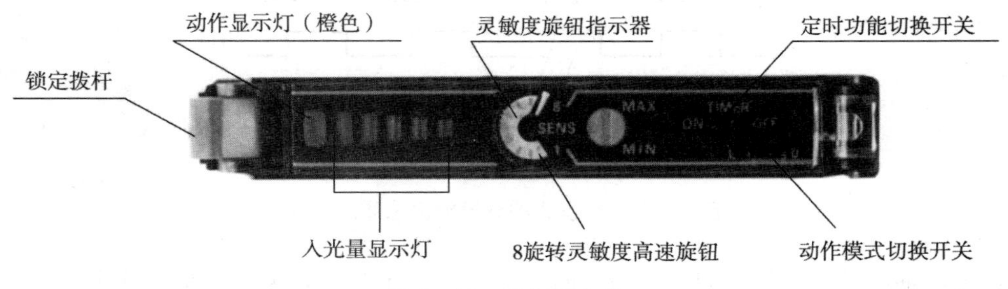

图 2－15　光纤放大器

2.1.5　光电编码器的简介与应用

光电编码器是通过光电转换，将输出至轴上的机械、几何位移量转换成脉冲或数字信号的传感器，主要用于速度或位置（角度）的检测。一般来说，根据光电编码器产生脉冲的方式的不同，可以分为增量式、绝对式以及复合式三大类。生产线上常采用的是增量式光电编码器。

增量式光电编码器其结构是由光栅盘和光电检测装置组成的。光栅盘是在一定直径的圆板上等分地开通若干个长方形狭缝。由于光电码盘与电动机同轴，电动机旋转时，光栅盘与电动机同速旋转，经发光二极管等电子元件组成的检测装置检测输出若干脉冲信号，其原理示意图如图 2－16 所示；通过计算每秒旋转编码器输出脉冲的个数就能反映当前电动机的转速。

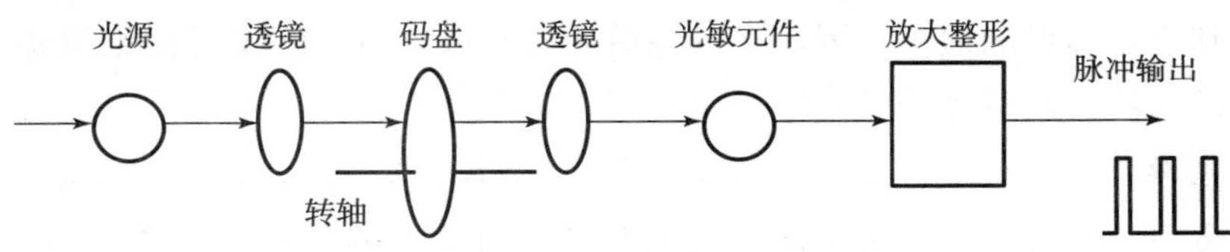

图 2－16　光电编码器原理示意图

光电编码器的码盘条纹决定了传感器的最小分辨角度（分辨角＝360°/条纹数）。假设条纹数为 500，则分辨角 $\alpha=360°/500=0.72°$。为了提供旋转方向的信息，增量式编码器通常利用光电转换原理输出三组方波脉冲 A、B 和 Z 相；A、B 两组脉冲相位差 90°。当 A 相脉冲超前 B 相时为正转方向，而当 B 相脉冲超前 A 相时则为反转方向。Z 相为每转一个脉冲，用于基准点定位，如图 2－17 所示。

YL－335B 分拣单元使用了这种具有 A、B 两相 90°相位差的通用型旋转编码器，用于计算工件在传送带上的位置。编码器直接连接到传送带主动轴上。该旋转编码器的三相脉冲采用 NPN 型集电极开路输出，分辨率 500 线，工作电源 DC 12～24 V。本工作单元没有使用 Z 相脉冲，A、B 两相输出端直接连接到 PLC 的高速计数器输入端。信号输出线分别为绿色、白色和黄色三根引出线，其中黄色线为 Z 相输出线。编码器在出厂时，旋转的方

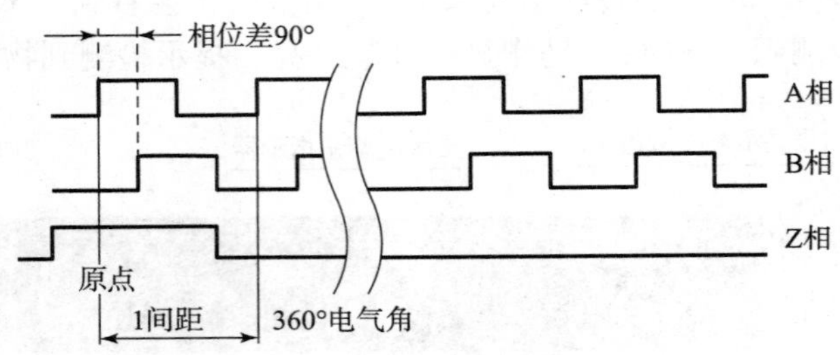

图 2－17　增量式编码器输出脉冲示意图

向规定是从轴侧看顺时针方向旋转为正向，这时绿色线输出信号将超前白色线输出信号为 90°，因此规定绿色线为 A 相线，白色线为 B 相线。然而我们在分拣单元传送带的实际情况下，正转时电动机的转向恰恰相反，为了确保传送带正向运行时，PLC 的高速计数器的计数为增计数，在实际接线时需将白色线作为 A 相线使用，绿色线作为 B 相线使用，分别接入 PLC 的相应输入点。此外，传送带不需要起始零点信号，故 Z 相不需接入。

计算工件在传送带上的位置时，需确定每两个脉冲之间的距离即脉冲当量。分拣单元主动轴的直径为 $d=43$ mm，则减速电动机每旋转一周，皮带上工件移动距离 $L=\pi\cdot d=3.14\times43=136.35$（mm），故脉冲当量 μ 为 $\mu=L/500\approx0.273$（mm）。

例如，当工件从下料口中心线移到第一个推杆中心点的距离为 164 mm 时，旋转编码器发出 600 个脉冲。

应该指出的是，上述脉冲当量的计算只是理论上的。实际上各种误差因素不可避免，例如传送带主动轴直径（包括皮带厚度）的测量误差，传送带的安装偏差、张紧度，分拣单元整体在工作台面上定位偏差等，都将影响理论计算值。因此理论计算值只能作为估算值。脉冲当量的误差所引起的累积误差会随着工件在传送带上运动距离的增大而迅速增加，甚至达到不可容忍的地步。因而在分拣单元安装调试时，除了要仔细调整尽量减少安装偏差外，尚须现场测试脉冲当量值。

◈ 任务总结

各种类型的自动化生产线上所使用的传感器种类繁多，这里没有全部予以介绍，每种传感器的使用场合与要求不同，检测距离、安装方式、输出端口电气特性等都不相同，这需要我们认真阅读传感器的产品手册，并且在安装调试中与执行机构、控制器等相关环境进行综合考虑。在这里还要重点提醒一点，很多时候自动化生产线不能正常工作的原因就是因为传感器安装调试不到位引起的，因此在机械部分安装完毕后进行电气调试时，第一步就是进行传感器的安装与调试。

◈ 拓展案例

1. 查阅自动化生产线中涉及的传感器的产品手册，讲一讲各个传感器的特点。
2. 为何本自动化生产线选择这些传感器？
3. 如果是你，你会如何选择传感器？

任务 2.2　YL－335B 中的气动技术

任务提出

气动技术是自动化生产线 YL－335B 设备上实现各种控制的重要手段之一。气动技术是以压缩空气作为动力源，进行能量传递或者信号传递的工程技术。工业生产中气动技术被应用的十分广泛。很多气动器件被安装在 YL－335B 自动化生产线设备上。具体的可以分为气源装置、控制元件、执行元件和辅助元件部分。本任务的主要目标是让学生掌握常见气动元件的功能和特性，并能够按规范使用气动元件连接成气路，构成气动系统。

任务分析

1. 知识目标

掌握自动化生产线中各类气动元件的功能与特性。

2. 技能目标

能够按照规范熟练地使用气动元件，连接气路，构成气动系统在自动化生产线中的安装与调试。

3. 情感目标

培养学生团队合作精神。

根据任务驱动，培养学生分析问题、解决问题的能力。

任务实施

根据 YL－335B 中的气动技术的任务分析，将任务分为三个模块，一是气源及气源处理装置的认知，二是气动执行元件的认知，三是气动控制元件的认知。

2.2.1　气源及气源处理装置的认知

1. 气源装置

气源装置是用来产生具有足够压力和流量的压缩空气并将其净化、处理及存储的一套装置。在 YL－335B 设备中配置的气源装置是小型气泵，其主要元件如图 2－18 所示，其主要元件的主要功能为：

空气压缩机用于将电能转变为气压能；

储气罐则用来储存空压机压缩产生的压缩空气；

气源开关用于输出储气罐里的压缩空气，减少输出气流的压力脉动，使输出气流具有流量连续性和气压稳定性；

压力表显示储气罐内的压力，压力控制则由压力开关通过设定的最高压力停止电动

图 2-18　气泵主要元件

机，在设定的最低压力重新激活电动机加压来实现；

过载安全保护器是当压力超过允许限度时，排出压缩空气，使压力回归允许限度内；

主管道过滤器则是用来清除主要管道内灰尘、水分和油分等杂质，使输出的压缩空气得到净化。

2. 气源处理组件

从空压机输出的压缩空气，含有大量的水分、油和粉尘等污染物，空气质量不良是气动系统出现故障的主要因素，会使气动系统的可靠性和使用寿命大大降低，由此造成的损失会大大超过气源处理装置的成本和维护费用。因此，压缩空气进入气动系统前，应使用气源处理组件进行二次过滤。

气源处理组件包括空气过滤器、压力调节阀、油雾器。为得到多种功能，将空气过滤器、调节阀和油雾器等元件进行不同的组合，就构成了空气组合元件。各元件之间采用模块式组合的方式连接。图 2-19 所示为气动三联件。

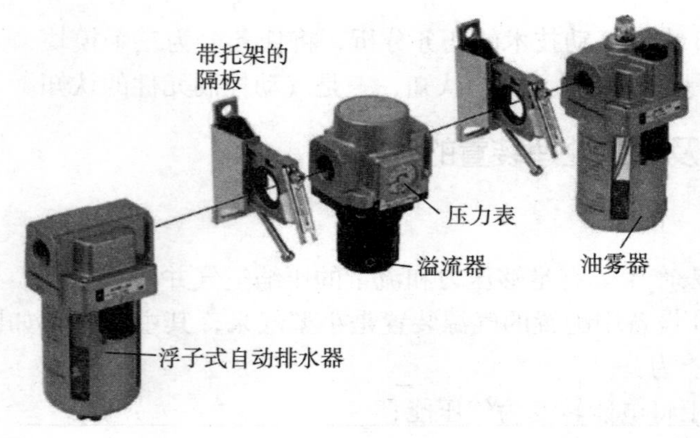

图 2-19　气动三联件

有些品牌的电磁阀和气缸能够实现无油润滑（靠润滑脂实现润滑功能），便不需要使用油雾器。这时只需把空气过滤器和减压阀组合在一起，可以称为气动二联件。YL-

335B 的所有气缸都是无油润滑气缸，所以使用的气源处理组件是空气过滤器和减压阀组合在一起的气动二联件，如图 2－20 所示。

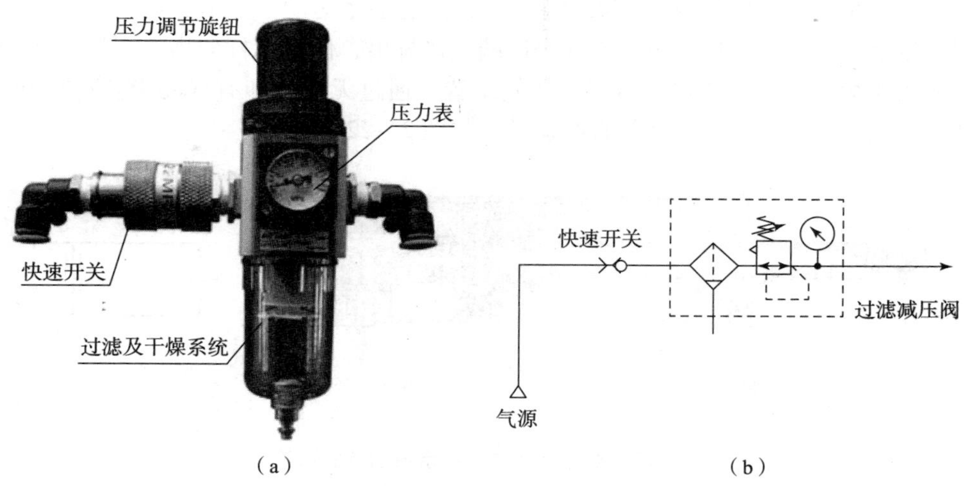

图 2－20　YL－335B 的气源处理组件

（a）气源处理组件实物；（b）气动回路原理图

在使用时，应注意经常检查过滤器中凝结水的水位，在超过最高标线以前，必须排放，以免被重新吸入。

2.2.2　气动执行元件的认知

气缸和气马达是气动系统常用的执行元件，在 YL－335B 中，只用到了气缸，其包括笔形气缸、薄型气缸、摆动气缸、导向气缸、气动手爪等，如图 2－21 所示。

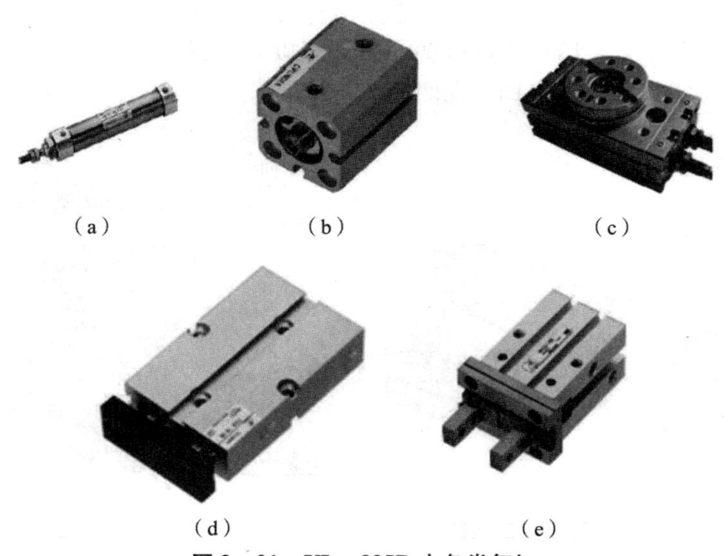

图 2－21　YL－335B 中各类气缸

（a）笔形气缸；（b）薄型气缸；（c）摆动气缸；（d）导向气缸；（e）气动手爪

1. 笔形气缸

笔形气缸中的双作用气缸是应用最为广泛的气缸，其动作原理是：从无杆腔端的气口输入压缩空气时，若气压作用在活塞左端面上的力克服了运动摩擦力、负载等各种反作用力，则当活塞前进时，有杆腔内的空气经该端气口排出，使活塞杆伸出。同样，当有杆腔端气口输入压缩空气时，活塞杆缩回至初始位置。通过无杆腔和有杆腔交替进气和排气，活塞杆伸出和缩回，气缸实现往复直线运动，如图 2－22 所示。

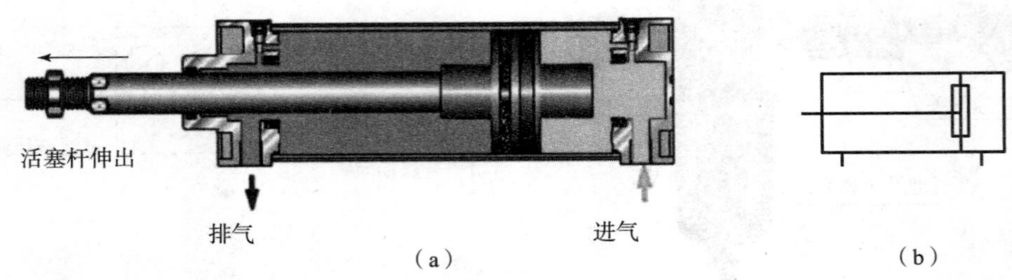

图 2－22 双作用气缸工作示意图及图形符号

(a) 工作示意图；(b) 图形符号

2. 薄型气缸

薄型气缸属于省空间气缸类，即气缸的轴向或径向尺寸比标准气缸有较大减小的气缸。其具有结构紧凑、质量轻、占用空间小等优点，如图 2－23 所示。

薄型气缸的特点是：缸筒与无杆侧端盖压铸成一体，杆盖用弹性挡圈固定，缸体为方形。这种气缸通常用于固定夹具和搬运中固定工件等。在 YL－335B 的加工单元中，薄型气缸用于冲压，这主要是考虑该气缸行程短的特点。

3. 摆动气缸

回转物料台的主要器件是摆动气缸，它是由直线气缸驱动齿轮齿条实现回转运动，回转角度能在 0°～90°和 0°～180°任意可调，而且可以安装磁性开关，检测旋转到位信号，多用于方向和位置需要变换的机构，如图 2－24 所示。

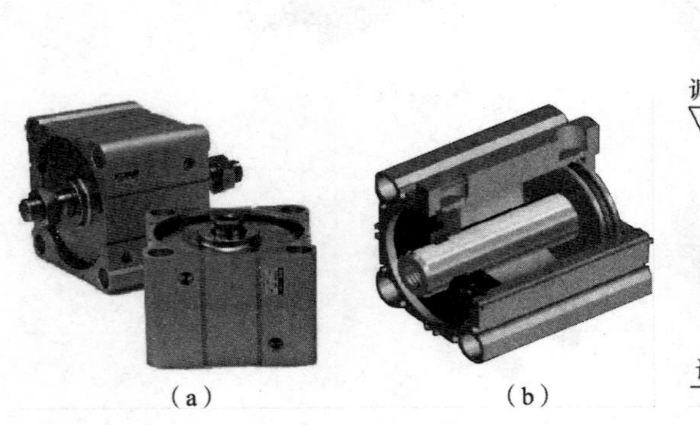

图 2－23 薄型气缸实物图及内部构造

(a) 实物图；(b) 内部构造

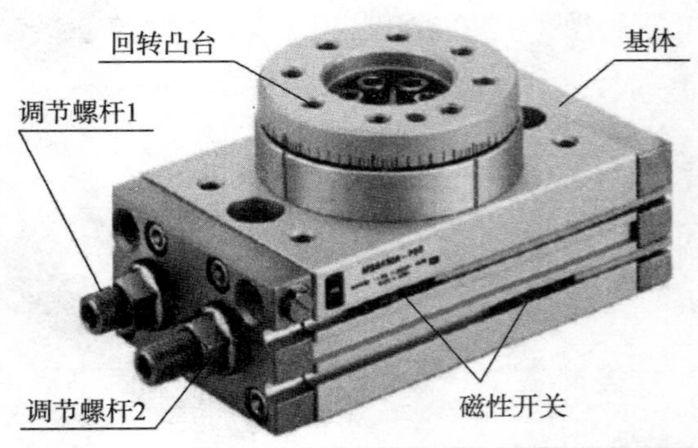

图 2－24 摆动气缸

摆动气缸的摆动回转角度能在0°～180°范围任意可调。当需要调节回转角度或调整摆动位置精度时，应首先松开调节螺杆上的反扣螺母，通过旋入和旋出调节螺杆，从而改变回转凸台的回转角度，调节螺杆1和调节螺杆2分别用于左旋和右旋角度的调整。当调整好摆动角度后，应将反扣螺母与基体反扣锁紧，防止调节螺杆松动，造成回转精度降低。

回转到位的信号是通过调整摆动气缸滑轨内的2个磁性开关的位置实现的，图2－25所示为磁性开关位置调整示意图。磁性开关安装在气缸体的滑轨内，松开磁性开关的紧定螺钉，磁性开关就可以沿着滑轨左右移动。确定开关位置后，旋紧紧定螺钉，即可完成位置的调整。

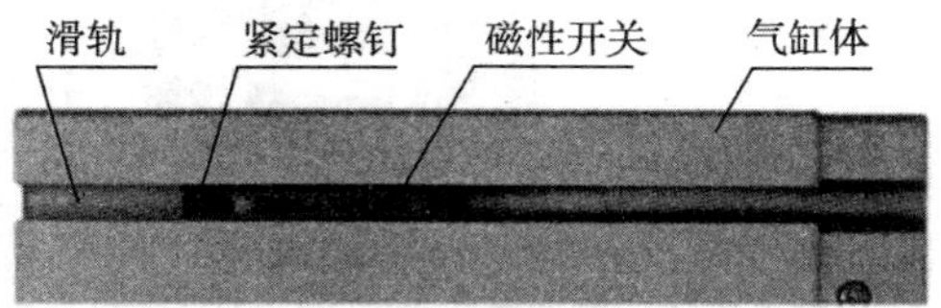

图2－25　磁性开关位置调整示意图

4. 导向气缸

导向气缸是指具有导向功能的气缸。导向气缸具有导向精度高，抗扭转力矩、承载能力强，工作平稳等特点。其导向结构有两种：一种是一体化的结构，另一种是标准气缸和导向装置的组合体。如图2－26（a）所示，输送单元使用其作为抓取机械手装置的手臂伸缩气缸。装配单元用于驱动装配机械手水平方向移动的导向气缸如图2－26（b）所示，该气缸由直线运动气缸带双导杆和其他附件组成。

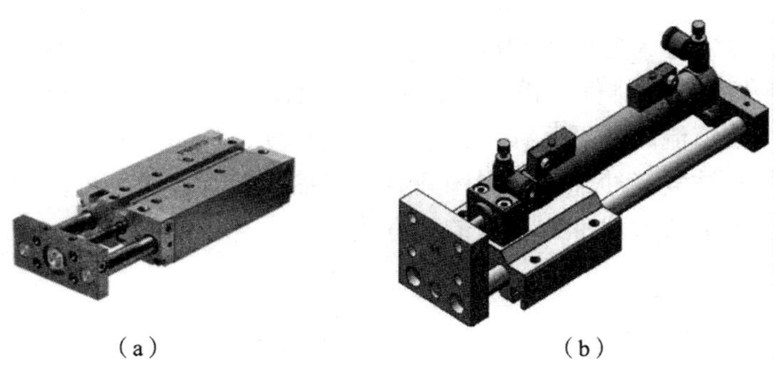

图2－26　导向气缸示意图

（a）一体化带导杆气缸；（b）组合型导向气缸

5. 气动手爪

气动手爪用于抓取、夹紧工件。气动手爪通常有滑动导轨型、支点开闭型和回转驱动型等工作方式。YL－335B的加工单元所使用的是滑动导轨型气动手爪，如图2－27（a）所示。其工作原理如图2－27（b）、（c）所示。

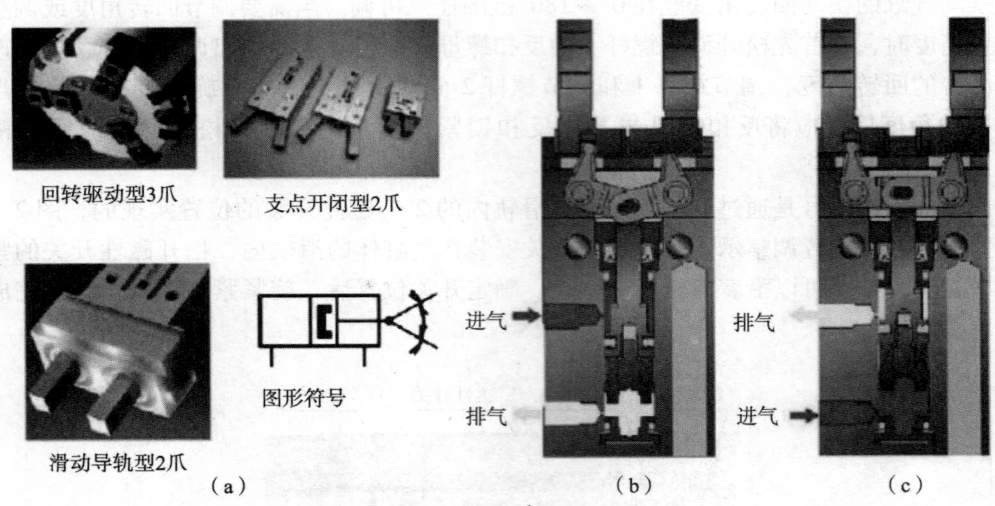

图 2-27　气动手爪实物和工作原理

(a) 实例及图形符号；(b) 气爪夹紧过程；(c) 气爪松开过程

2.2.3　气动控制元件的认知

在 YL-335B 中使用的气动控制元件主要分为流量控制阀和方向控制阀。

1. 流量控制阀

控制压缩空气流量的阀称为流量控制阀。在气动系统中，对气缸运动速度的控制、信号延时时间、油雾器的滴油量、气缓冲气缸的缓冲能力等，都是靠流量控制阀来实现的。

在 YL-335B 中主要的流量控制阀为节流阀，由单向阀和节流阀并联而成，用于控制气缸的运动速度，故常称为速度控制阀。单向阀的功能是靠单向型密封圈来实现的。如图 2-28 所示，当空气从气缸排气口排出时，单向密封圈在封堵状态，单向阀关闭，这时只能通过调节手轮，使节流阀杆上下移动，改变气流开度，从而达到节流作用。反之，在进气时，单向型密封圈被气流冲开，单向阀开启，压缩空气直接进入气缸进气口，节流阀不起作用。因此，这种节流方式称为排气节流方式。

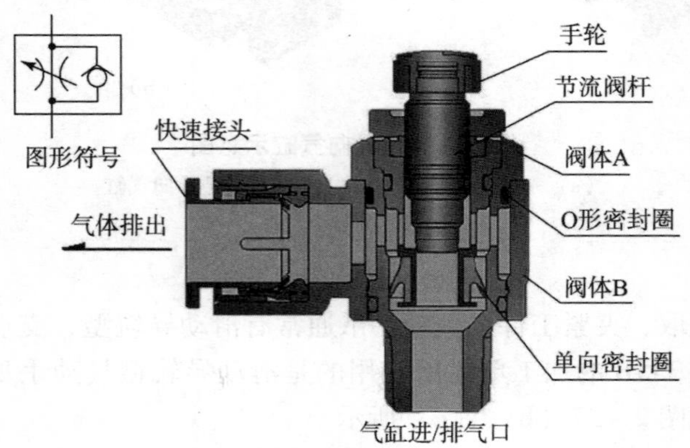

图 2-28　单向节流阀剖面图

上文提到的双作用气缸由于是利用压缩空气交替作用于活塞上实现伸缩运动的，回缩时压缩空气的有效作用面积较小，所以产生的力要小于伸出时产生的推力，这时就可以使用节流阀来对气缸的运动速度加以控制，使气缸的动作平稳可靠。如图 2－29 所示，在双作用气缸上装两个单向节流阀，当压缩空气从 A 端进气、从 B 端排气时，单向节流阀 A 的单向阀开启，向气缸无杆腔快速充气；由于单向节流阀 B 的单向阀关闭，有杆腔的气体只能经节流阀排气，调节节流阀 B 的开度，便可改变气缸伸出时的运动速度。反之，调节节流阀 A 的开度则可改变气缸缩回时的运动速度。这种控制方式叫作排气节流方式，活塞运行稳定，是最常用的方式。

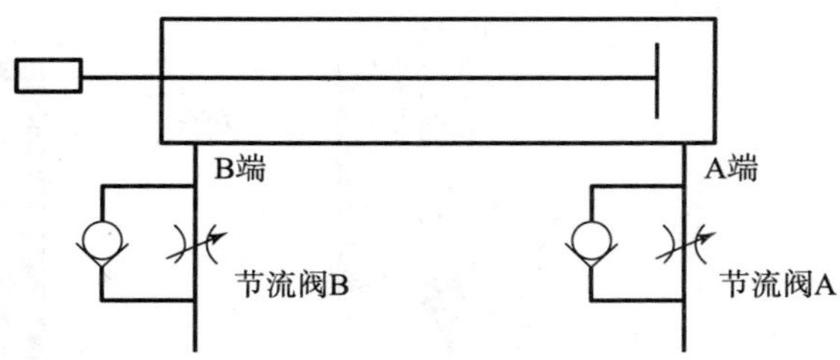

图 2－29　节流阀连接和调整原理示意图

节流阀上带有气管的快速接头，只要将合适外径的气管往快速接头上一插就可以将管连接好了，使用时十分方便。图 2－30 所示为安装了带快速接头的限出型气缸节流阀的气缸。

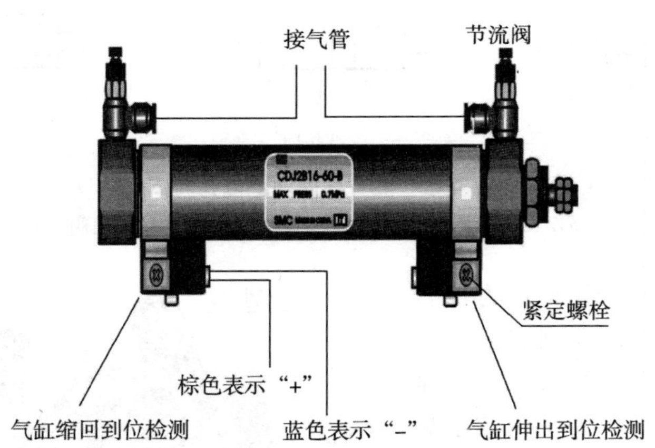

图 2－30　安装了气缸节流阀的气缸

2. 方向控制阀

方向控制阀是用来改变气流流动方向或者通断的控制阀，通常使用电磁换向阀。

电磁换向阀是利用其电磁线圈通电时，静铁芯对动铁芯产生电磁吸力使阀芯切换，达到改变气流方向的目的。图 2－31 所示为单电控二位三通电磁换向阀的工作原理。

“通”和“位”是换向阀的重要概念。不同的“通”和“位”构成了不同类型的气动电磁换向阀。“位”是指换向阀的阀芯的位置个数，也就是说这个阀有几种工作状态。例如二位阀或三位阀是指有两个或三个不同的工作位置。“通”是指换向阀本体上有各不相同且与系统中不同气管相连接的端口个数。不同气路之间只能通过阀芯移位时阀口的开关来沟通。例如三通阀或四通阀是指换向阀工作时，阀体有三个或者四个气口，也就是说这个阀是三通阀或者四通阀。

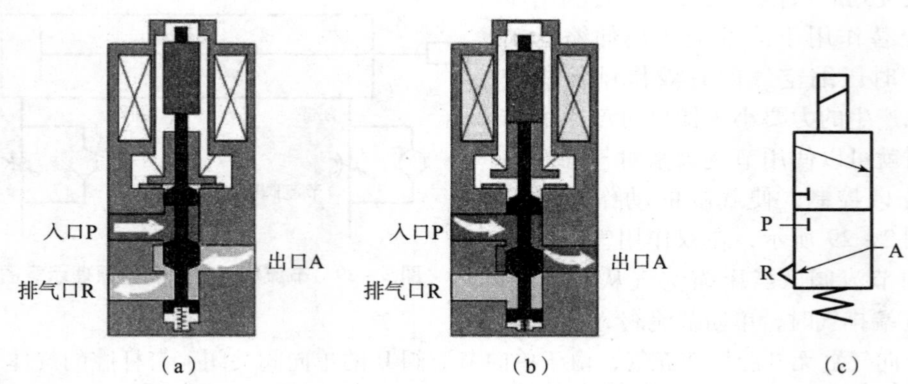

(a) (b) (c)

图 2-31 单电控二位三通电磁换向阀的工作原理

(a) 非通电时；(b) 通电时；(c) 图形符号

图 2-32 分别所示为二位三通、二位四通和二位五通单控电磁换向阀的图形符号，图形中有几个方格就是几位，方格中的“┬”和“┴”符号表示各端口互不相通。

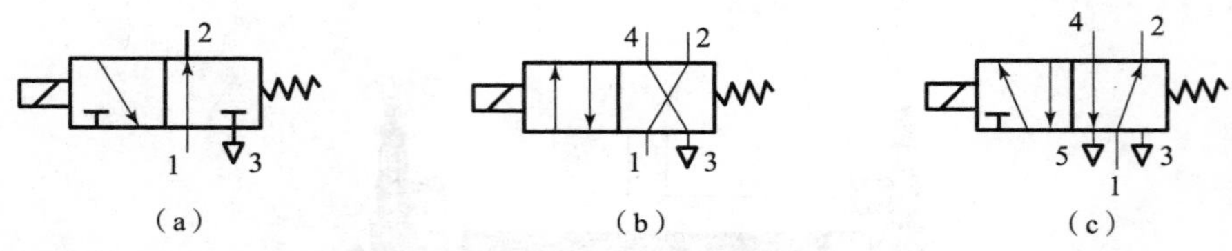

(a) (b) (c)

图 2-32 部分换向阀的图形符号

(a) 二位三通阀；(b) 二位四通阀；(c) 二位五通阀

YL-335B 所有工作单元的执行气缸都是双作用气缸，控制它们工作的电磁阀需要有两个工作口和两个排气口以及一个供气口，故使用的电磁阀均为二位五通电磁阀。而且采用了电子阀组连接方式，将多个阀与消声器、汇流板等集中在一起构成的一组控制阀的集成称为阀组，而每个阀的功能是彼此独立的，如图 2-33 所示。

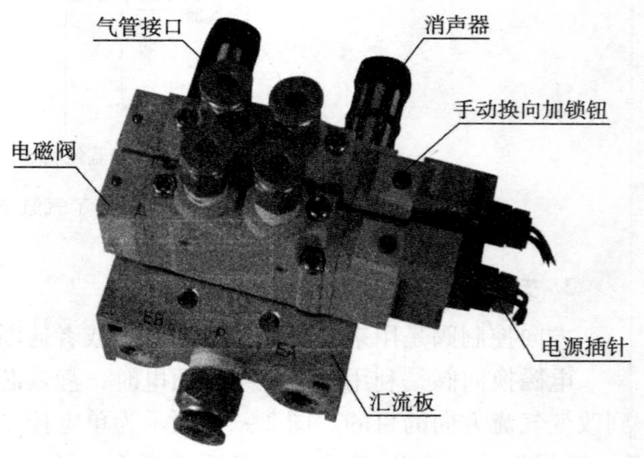

图 2-33 电磁阀组

在供料单元里，供料单元用了两个二位五通的单电控电磁阀。这两个电磁阀带有手动换向和加锁钮，有锁定（LOCK）和开启（PUSH）2 个位置。用小螺丝刀把加锁钮旋到 LOCK 位置时，手控开关向下凹进去，不能进行手控操作。只有在 PUSH 位置，可用工具向下按，信号为“1”，等同于该侧的电磁信号为“1”；常态时，手控开关的信号为“0”。在进行设备调试时，可以使用手控开关对阀进行控制，从而实现对相应气路的控制，以改变推料缸等执行机构的控制，达到调试的目的。

在输送单元的气动部分还使用了两位五通双电控阀，双电控电磁阀与单电控电磁阀的区别在于，对于单电控电磁阀，在无电控信号时阀芯在弹簧力的作用下会复位，而对于双电控电磁阀，在两端都无电控信号时阀芯的位置是取决于前一个电控信号。

在这里值得注意的是，双电控电磁阀的两个电控信号不能同时为“1”，即在控制过程中不允许两个线圈同时得电，否则，可能会造成电磁线圈烧毁，当然，在这种情况下阀芯的位置是不确定的。图 2－34 所示为双电控电磁阀。

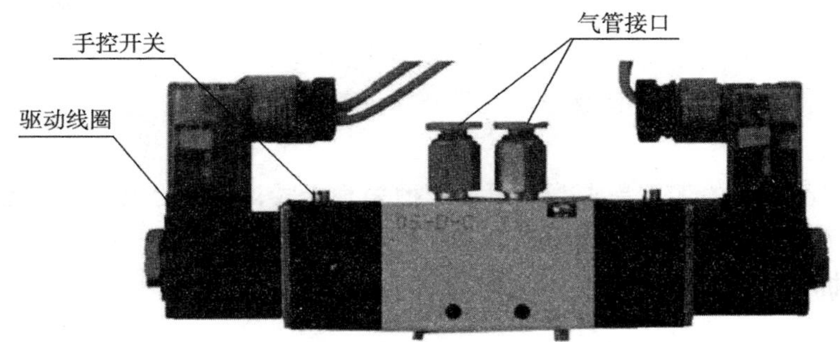

图 2－34　双电控电磁阀

任务总结

气动系统的基本组成部分为：产生压缩空气、传输压缩空气、使压缩空气做功。而且安装维护方便，工作介质无污染，成本低，使用安全，具有防火、防爆、耐潮等特点，通过上文讲解，使学生熟练地使用气动元件，连接气路，构成气动系统在自动化生产线中的安装与调试。

拓展案例

1. 查阅资料，了解当前国内外主要气动元件生产厂家。
2. 思考在设计气路时应如何选择气动元件。
3. 查阅资料，了解当代气动技术的发展趋势。

任务 2.3　PLC 在 YL－335B 中的应用

任务提出

PLC 是一种专为工业环境下应用程序设计的控制器，是一种数字运算操作的电子系统。PLC 是在电气控制技术和计算机技术的基础上开发出来的，并逐渐发展成为以微处理器为核心，将自动化技术、计算机技术、通信技术融为一体的新型工业控制装置。在

YL－335B 自动化生产线中，PLC 作为控制大脑，指挥着生产线的每一个动作，是自动化生产线的核心部件。本项目的主要目标是掌握 PLC 的工作原理、外部端口特性、输入输出口的选择原则、PLC 系统设计步骤与方法，认知 PLC 基本单元内置的高速计数器以及模拟量适配器。

任务分析

1. 知识目标

掌握 PLC 的工作原理、外部端口特性、输入输出口的选择原则、PLC 系统设计方法，认知 PLC 基本单元内置的高速计数器以及模拟量适配器。

2. 技能目标

能够分析控制系统的工艺要求，使用合理的编程方式，选择合适的数字量、模拟量输入输出点数，应用常用指令编写相应控制系统程序。

3. 情感目标

培养学生团队合作精神。

根据任务驱动，培养学生分析问题、解决问题的能力。

任务实施

根据 PLC 在自动化生产线的任务分析，将任务分为四个模块，一是 YL－335B 设备中的可编程控制器，二是 PLC 系统设计方法，三是认知 PLC 内置高速计数器，四是认知模拟量适配器 FX3U－3A－ADP。

2.3.1 YL－335B 设备中的可编程控制器

大多数类型的 PLC 都能满足 YL－335B 自动化生产线的控制要求。根据目前小型 PLC 的市场格局，以及各院校 PLC 教学所采用的主流机型，YL－335B 设备的标准配置以西门子系列和三菱 FX 系列 PLC 为主。本书仅介绍采用三菱 FX 系列 PLC 的 YL－335B 设备。

早期采用三菱 FX 系列 PLC 的 YL－335B 设备，选型为 FX2N 和 FX1N 系列。目前这两个系列的产品已经淘汰，被升级产品 FX3U 和 FX3G 系列所代替，YL－335B 设备上的配置也升级为 FX3U 系列。

三菱 FX3U 系列 PLC 是三菱公司开发的第三代小型 PLC，相对于 FX2N 系列，除了能够兼容 FX2N 系列所有的功能，且在基本性能上也有很大的提升，比如：FX3U 的编程元件数量比 FX2N 多，内部继电器达到 7 680 点，状态继电器达到 4 096 点，定时器达到 512 点，同时还增加了部分应用指令，如图 2－35 所示。

（1）系列名称：表示各子系列的名称，如 3U、5U 等

（2）输入/输出点数：表示的是 PLC 输入/输出的总点数。

（3）单元功能：包含基本单元 M，输入/输出混合扩展单元与扩展模块 E 等。

（4）输出形式：包含 R 继电器输出、T 晶体管输出、S 双向可控硅输出。

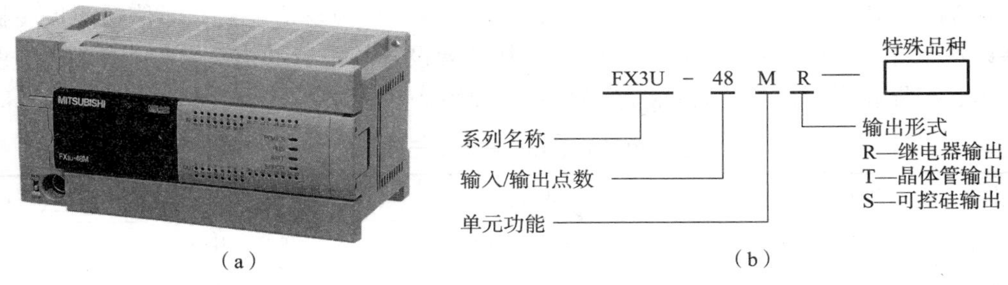

图 2－35　三菱 FX3U 示意图

(a) 三菱 FX3U 实物图；(b) 三菱 FX 系列 PLC 的型号含义

(5) 特殊品种：表示电源输入和输出类型，比如 D 表示 DC 电源，DC 输入；A1 表示 AC 电源，AC 输入；无记号表示 AC 电源，DC 输入。

除此之外，FX3U 系列 PLC 还具有丰富的扩展能力，FX3U 系列 PLC 具有各种扩展设备，如图 2－36 所示。

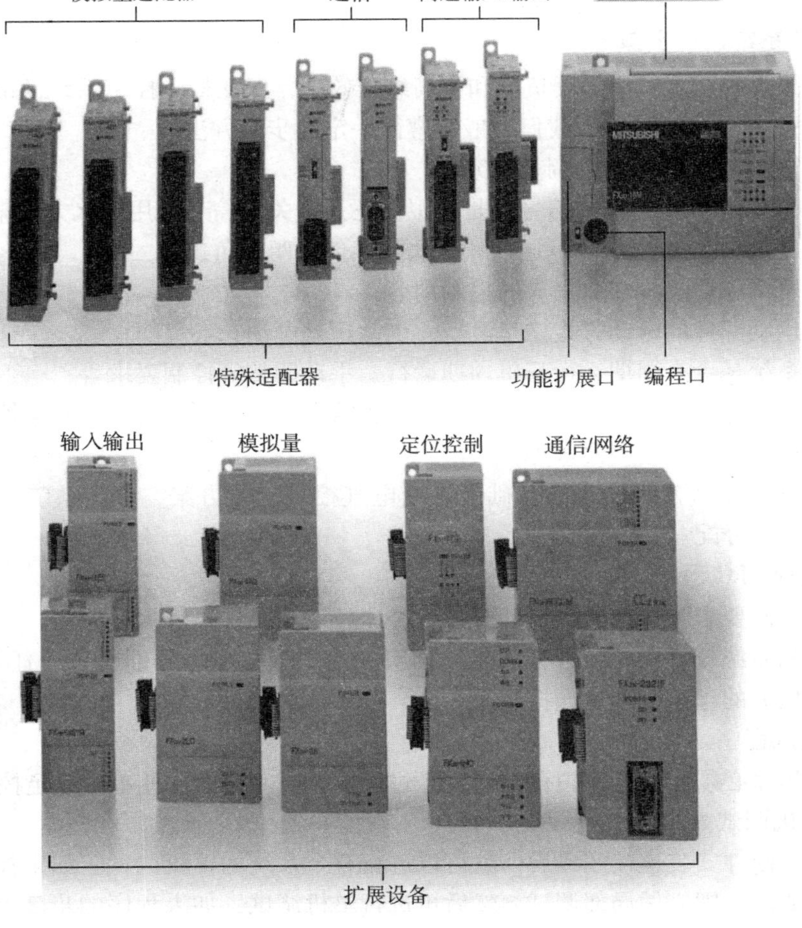

图 2－36　FX3U 系列 PLC 的各种扩展设备

在 YL－335B 中 FX3U 作为控制器，使用了通信、模拟量适配器，通信功能扩展板等扩展设备。各工作单元的 FX3U 基本单元及其扩展设备的配置如表 2－1 所示，这些设备的使用、编程和调试将在后面的章节做详细的介绍。

表 2－1　各工作单元的 FX3U 基本单元及其扩展设备的配置

工作单元	FX3U 基本单元	扩展设备	说明
供料单元	FX3U－32MR	FX3U－485BD	485BD 用于网络通信
装配单元	FX3U－48MR	FX3U－485BD	485BD 用于网络通信
加工单元	FX3U－32MR	FX3U－485BD	485BD 用于网络通信
分拣单元	FX3U－32MR	FX3U－485BD＋FX3U－3A－ADP	FX3U－3A－ADP 实现变频器的模拟量控制
输送单元	FX3U－48MT	FX3U－485BD＋FX3U－485－ADP	FX3U－485－ADP 用于连接触摸屏 485 端口

2.3.2　PLC 系统设计方法

1. PLC 系统设计步骤

为了在最大程度上减小编程负担和提高编程效率，保证整个控制系统的准确性和稳定性，在设计一个 PLC 系统时，我们一般会遵循一定的步骤方法。

（1）对控制任务做深入的调查研究。

①弄清哪些是 PLC 的输入信号，是模拟量还是开关量信号，用什么方式来获取信号；

②哪些是 PLC 的输出信号，通过什么执行元件去驱动负载；

③弄清整个工艺过程和欲完成的控制内容；

④了解运动部件的驱动方式，是液压、气动还是电动；

⑤了解系统是否有周期运行、单周期运行、手动调整等控制要求等；

⑥了解哪些量需要监控、报警、显示，是否需要故障诊断，需要哪些保护措施等；

⑦了解是否有通信连网要求等。

（2）在深入了解控制要求的基础上确定电气控制总体方案，确定系统的硬件构成和 PLC 的输入输出分配。

（3）设计 PLC 程序。

①根据控制要求，拟订几个设计方案，经比较后选择出最佳编程方案。

②当控制系统较复杂时，可分成多个相对独立的子任务，分别对各子任务进行编程，最后将各子任务的程序合理地连接起来。

（4）调试程序。

编写的程序必须先进行模拟调试后，经过反复调试和修改，使程序满足控制要求。

（5）整机调试。

将系统软硬件安装连接完成后，就可以进行整个系统的整机调试。如果控制系统是由几个部分组成的，则应做局部调试，然后再进行整机调试；如果程序的步序太多，则可先进行分段运行调试，然后再整机调试。调试中发现的问题，可以逐一排除，直到调试成功。

（6）编写技术文件。

整理程序清单并保存程序，编写元件明细表，整理电气原理图及主回路电路图，整理相关的技术参数，编写实习报告或者控制系统说明书等。

2. PLC 系统设计基本方法

不同编程人员面对同一个工程有着不同的编程方式，因而当我们需要开发程序的时候，如何得出最优解法是需要靠我们不断地累积与钻研的，下面介绍一些比较常用的编程手法与思路，以供大家参考。

1）翻译法

翻译法即是继电器电路转换法，就是将继电器电路图转换成与原有功能相同的 PLC 内部的梯形图。这种等效转换是一种简便快捷的编程方法。其主要优点在于：原继电控制系统经过长期使用和考验，已经被证明能完成系统要求的控制功能；继电器电路图与 PLC 梯形图在表示方法和分析方法上有很多相似之处，因此根据继电器电路图来设计梯形图简单快捷；还有这种设计方法一般不需要改动外部接线，保持了原有的外部特性，操作人员不用改变长期形成的操作习惯，如图 2－37 所示。此类方法主要用于对旧设备、旧控制系统的技术改造。

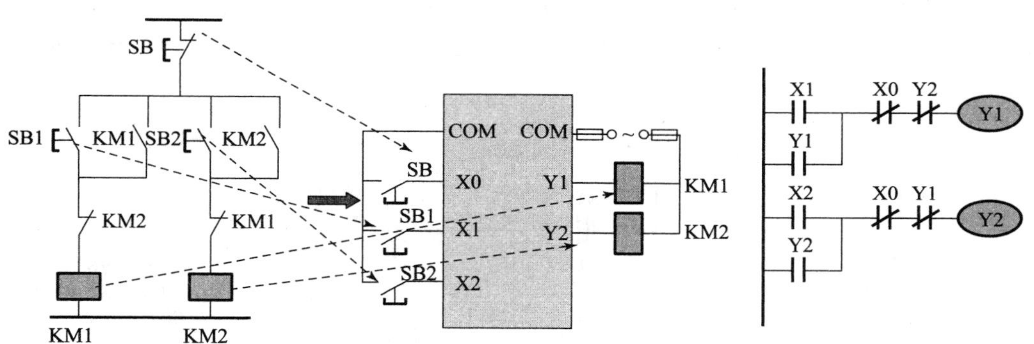

图 2－37　正反转继电器转换法示意图

2）逻辑设计法

此类设计方法以布尔逻辑代数为理论基础，以逻辑变量“0”或“1”作为研究对象，以“与”“或”“非”三种基本逻辑运算为分析依据，对电气控制线路进行逻辑运算，把触点的“通、断”状态用逻辑变量“0”或“1”来表示。对于开关量逻辑比较繁复的情况，使用逻辑设计法可以简化程序的步数，缩短编程时间，让编程人员对于程序的构架搭建得更加清晰易懂，如表 2－2 所示。

表 2－2　逻辑关系举例

“与”逻辑关系	$L(Y1)=X0\cdot X1\cdot X2\cdot \overline{M1}$	X0 X1 X2 M1 Y1

续表

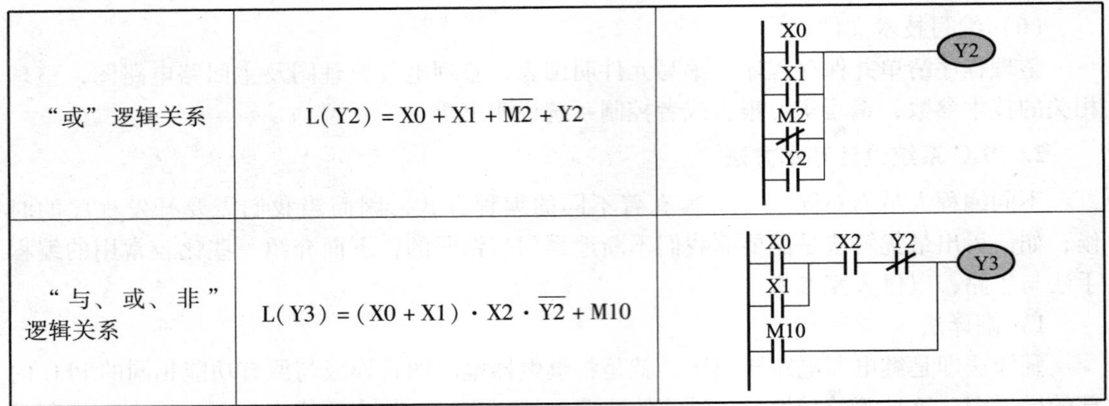

“或”逻辑关系	$L(Y2) = X0 + X1 + \overline{M2} + Y2$	X0 X1 M2 Y2 Y2
“与、或、非”逻辑关系	$L(Y3) = (X0 + X1) \cdot X2 \cdot \overline{Y2} + M10$	X0 X2 Y2 Y3 X1 M10

3）顺序控制设计法

顺序控制设计法就是按照生产工艺预先规定的顺序，在各个输入信号的作用下，根据内部状态和时间的顺序，在生产过程中各个执行机构自动的、有序地进行操作。使用顺序控制设计程序时，首先应根据系统的工艺过程画出顺序控制功能图，然后根据顺序控制功能图设计梯形图。

顺序控制设计法其实就是将系统的一个工作周期划分为若干个顺序相连的阶段，这些阶段我们称之为“步”，并用编程元件（状态继电器 S 或者辅助继电器 M）来表示各步，如图 2－38 所示。

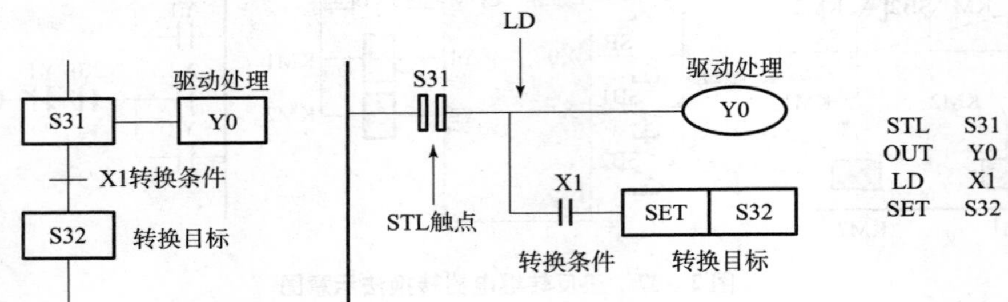

图 2－38 顺序控制示意图

顺序控制设计法用转换条件控制各步的编程元件，让它们的状态按一定的顺序变化，然后再用代表各步中的编程元件去控制 PLC 的各输出位，即驱动处理。

2.3.3 认知 PLC 内置高速计数器

1. FX3U 系列 PLC 的高速计数器的用途和分类

FX3U 系列 PLC 内置有 21 点高速计数器 C235 ~ C255，相对于普通计数器，高速计数器用于频率高于机内扫描频率的机外脉冲计数，由于计数信号频率高，计数以中断方式进行，计数器的当前值等于设定值时，计数器的输出接点立即工作。其作为高速计数器输入的 PLC 输入端口有 X000 ~ X007，且 X000 ~ X007 不能重复使用，即若某一个输入端已被某个高速计数器占用时，它就不能被其他的高速计数器所使用。

根据计数方式的不同，高速计数器可分为以下三种类型：

C235～C245共11个高速计数器用作单相单计数输入的高速计数，即每一个计数器占用1点高速计数输入点，计数方向可以是加序或者减序计数，取决于对应的特殊辅助继电器M8×××的状态。例如C245占用X002作为高速计数输入点，当对应的特殊辅助继电器M8245被接通时，做减计数，反之则为加计数。C245还占用X003和X007分别作为该计数器的外部复位和置位输入端。

C246～C250共5个高速计数器用作单相双计数输入的高速计数，即每一计数器占用2点高速计数输入，其中1点为加计数输入，另一点为减计数输入。例如C250占用X003作为加计数输入，占用X004作为减计数输入，另外占用X005作为外部复位输入端，占用X007作为外部置位输入端。同样，计数器的计数方向也可以通过编程对应的特殊辅助继电器M8×××状态指定。

C251～C255共5个高速计数器用作双相双计数输入的高速计数，即每一计数器占用2点高速计数输入，其中1点为A相计数输入，另1点为与A相相位差90°的B相计数输入。A相和B相相位信号决定了计数器是加计数还是减计数。当A相位ON时，对B相的上升沿进行加计数，B相的下降沿作为减计数，即当A相领先于B相时为加计数，反之为减计数。

在YL－335B自动化生产线的分拣单元中我们使用的是具有A、B两相90°相位差的旋转编码器，且Z相脉冲并没有使用，所以我们在这里应选择的高速计数器应是双相双计数类型。此类高速计数器与输入点的关系如表2－3所示，表中，“A”为A相输入；“B”为B相输入；“R”为复位输入；“S”为启动输入。

表2－3　双相双计数高速计数器与输入点的配套关系

计数器编号	X000	X001	X002	X003	X004	X005	X006	2007
C251	A	B						
C252	A	B	R					
C253				A	B	R		
C254	A	B	R				S	
C255				A	B	R		S

2. 高速计数器的基本编程

高速计数器中的双相双计数高速计数器如图2－39所示，当X011接通时，C251计数开始。由表2－2可知，其输入来自X0（A相）和X1（B相）。只有当计数使当前值超过设定值，则Y2为ON。如果0X10接通，则计数器复位。根据不同的计数方向，Y3为ON（增计数）或为OFF（减计数），即用M8251～M8255，可监视C251～C255的加/减计数状态。

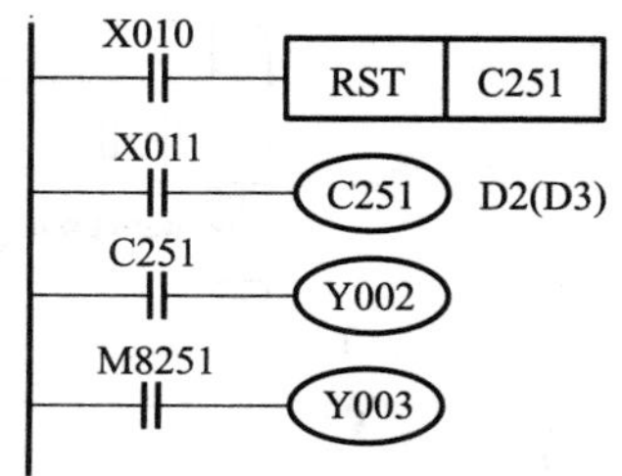

图2－39　双相双计数高速计数器

从分拣单元工作来看，高速计数器的编程仅要求能接收旋转编码器的脉冲信号进行计数，提供工件在传送带上位移的信息，以及能对所使用的高速计数器进行复位操作，如图2－40所示。

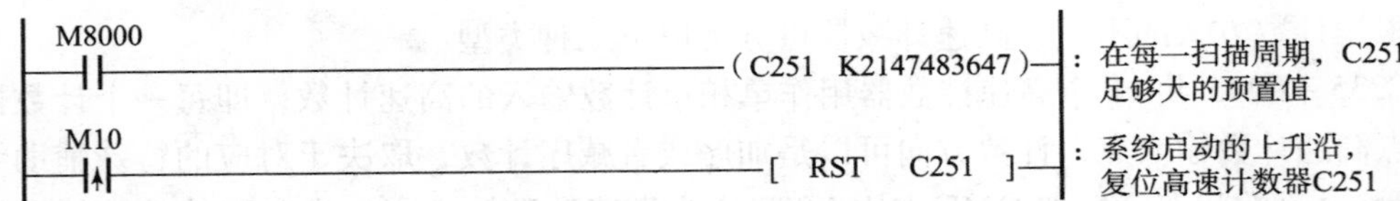

图 2-40 实现高速计数器计数和复位操作梯形图

高速计数器 C251 计数开始只需使用 M8000 将其选定即可。C251 一旦开始计数，输入 X000 和 X001 即被指定为它的计数输入端，X000 和 X001 的输入滤波时间将会自动从 10 ms 变为 50 μs，以便实现高速计数。

M10 为 ON 时执行 RST 指令，C251 将被复位。复位指令起了用软件指定原点的作用，若复位后，重复计数，则 C251 将从 0 开始计数。

2.3.4 认知模拟量适配器 FX3U-3A-ADP

YL-335B 中的分拣单元的出厂配置为：变频器驱动使用模拟量控制，通过 D/A 变换实现变频器的模拟电压输入以达到连续调速的目的；通过 A/D 转换采集变频器实时输出的模拟电压，以便在人机界面上显示变频器当前输出频率。

我们早期的 YL-335B 中的分拣单元使用的是 FX2N 系列，所以使用的模拟量模块为 FX0N-3A。现在我们使用的 PLC 为 FX3U 系列，所以我们选择模拟量模块为 FX3U-3A-ADP 的模拟量适配器。

FX3U-3A-ADP 是连接在 FX3U 系列 PLC 的左侧，可获得 2 通道的电压/电流数据并输出 1 通道的电压/电流数据的模拟量适配器。

1. FX3U-3A-ADP 的安装

FX3U-3A-ADP 模拟量适配器外形如图 2-41 所示。图 2-42 所示为 FX3U-3A-

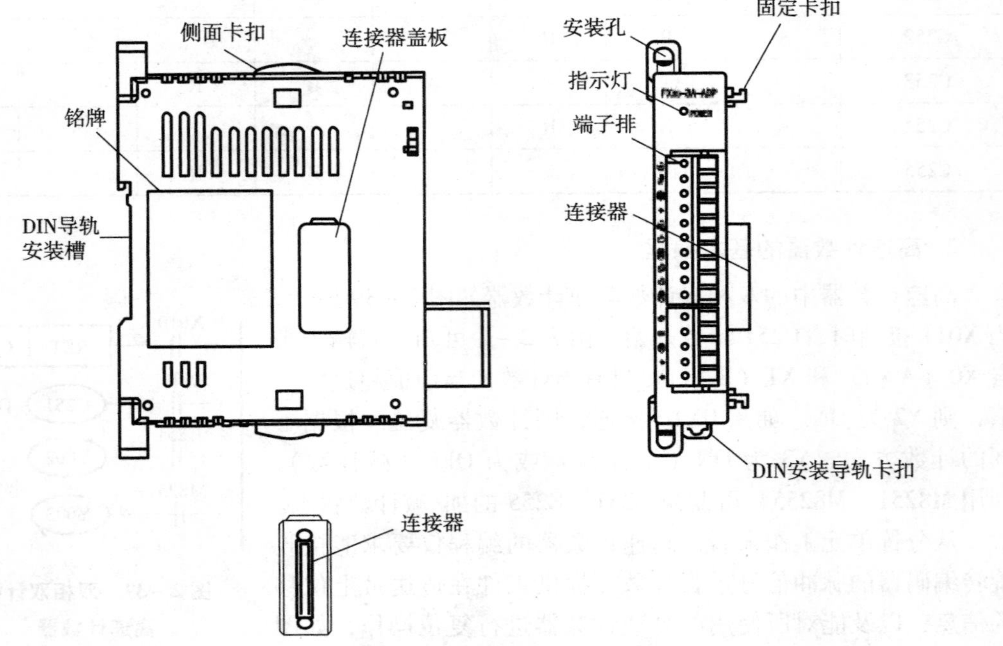

图 2-41 FX3U-3A-ADP 模拟量适配器的外形

ADP 连接到 FX3U 系列 PLC 基本单元的示意图。在这里我们需要注意的是，连接特殊适配器时，需要预先安装连接器转换适配器或者功能扩展板。在 YL－335B 中，一般使用 FX3U－485－BD 功能扩展板安装在 FX3U 系列 PLC 的基本单元上，然后把模拟量适配器连接器插入功能扩展板的连接处；把模拟量适配器固定用卡口嵌入基本单元左侧对应矩形孔，然后按下基本单元左侧两处卡扣就可固定。

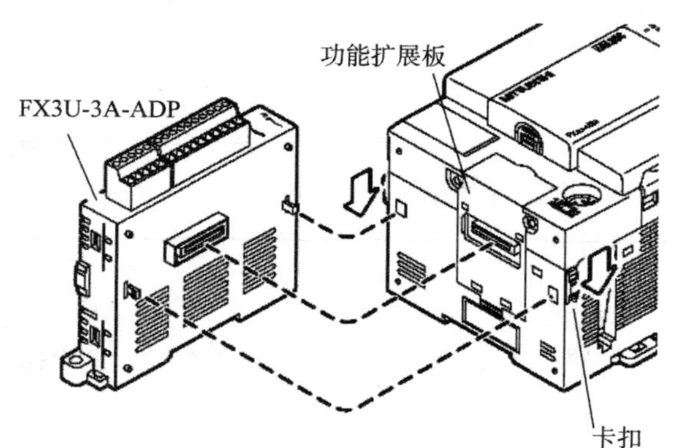

图 2－42　FX3U－3A－ADP 连接到 PLC 基本单元示意图

2. FX3U－3A－ADP 的主要性能

FX3U－3A－ADP 具有两路输入通道和一路输出通道，模拟量输入和输出方式均可以选择电压或电流，取决于用户接线方式。

FX3U－3A－ADP 主要性能如表 2－4 所示。

表 2－4　FX3U－3A－ADP 主要性能

项目	电压输入	电流输入	电压输出	电流输出
通道数	2 通道		1 通道	
模拟量输入输出范围	DC 0～10 V 输入电阻 198.7 kΩ	DC 4～20 mA 输入电阻 250 kΩ	DC 0～10 V 外部负载 5 kΩ～10 MΩ	DC 4～20 mA 外部负载≤500Ω
最大绝对输入	－0.5 V，＋15 V	－2 mA，＋30 mA	—	—
数字量输入输出	12 位 二进制			
综合精度（0～55℃）	针对满量程 10 V（1±1.0%）（±100 mV）	针对满量程 16 mA（1±1.0%）（±160 μA）	针对满量程 10 V（1±1.0%）（±100 mV）	针对满量程 16 mA（1±1.0%）（±100 μA）
输入输出特性	4 080 4 000 数字量输出 10.2 V 0　10 V 模拟量输入	3 280 3 200 数字量输出 20.4 mA 0 4 mA　20 mA 模拟量输入	10 V 模拟量输出 4 080 0　4 000 数字量输入	20 mA 模拟量输出 4 mA 4 080 0　4 000 数字量输入

续表

项目	电压输入	电流输入	电压输出	电流输出
分辨率	2.5 mV (0 ~ 10 V/0 ~ 4 000)	5 μA (4 ~ 20 mA/0 ~ 3 200)	2.5 mV (10 V × 1/4 000)	4 μA (16 mA × 1/4 000)
转换时间	使用 FX3U/FX3UC 系列 PLC 时，80 μs × 使用输入通道数 + 40 μs × 使用输出通道数（每个运算周期更新数据）			
绝缘方式	1. 模拟量输入/输出部分和可编程控制器之间，通过光电耦合器隔离； 2. 电源和模拟量输入之间，通过 DC/DC 转换器隔离； 3. 各通道间不隔离			
输入输出占用点数	0 点（与可编程控制器的最大输入输出点数无关）			

3. 接线

FX3U－3A－ADP 的外部工作电源/模拟量 I/O 信号等接线均连接到其上的欧式端子排上。FX3U－3A－ADP 各端子排列如图 2－43 所示。

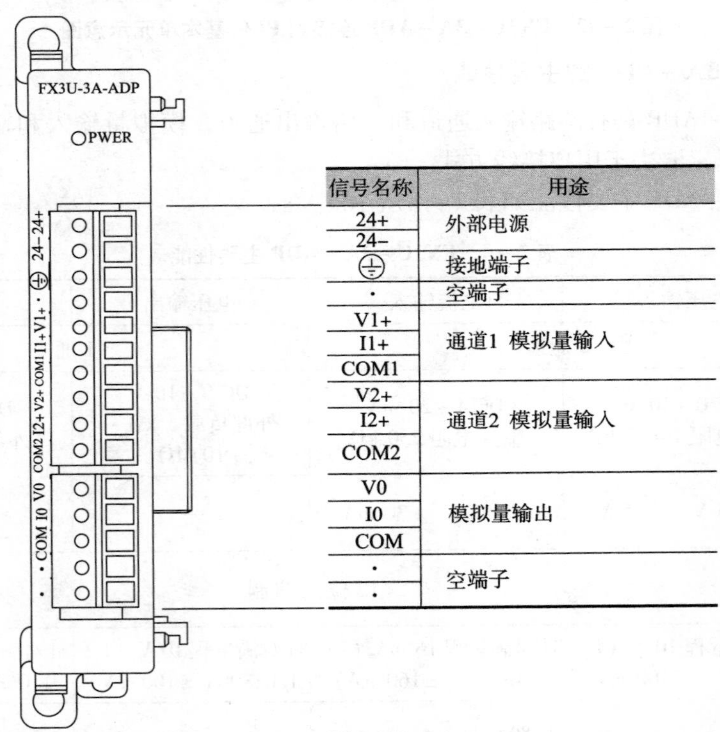

图 2－43　FX3U－3A－ADP 各端子排列

在这里需要说明的是适配器的电源要求为 DC 24 ×（1 ± 10%） V，90 mA，由外部电源供给，需要在端子排上连接 DC 24 V 电源供电；数字电路电源要求为 DC 5 V，30 mA，由 PLC 主单元的内部电路供给。外部电源接线时应将接地端子和 PLC 基本单元的接地端子一起连接到 D 类接地（100 Ω 以下）的供给电源的接地上。

模拟量输入在每个通道中都可以使用电压输入、电流输入，其接线图如图 2－44 所

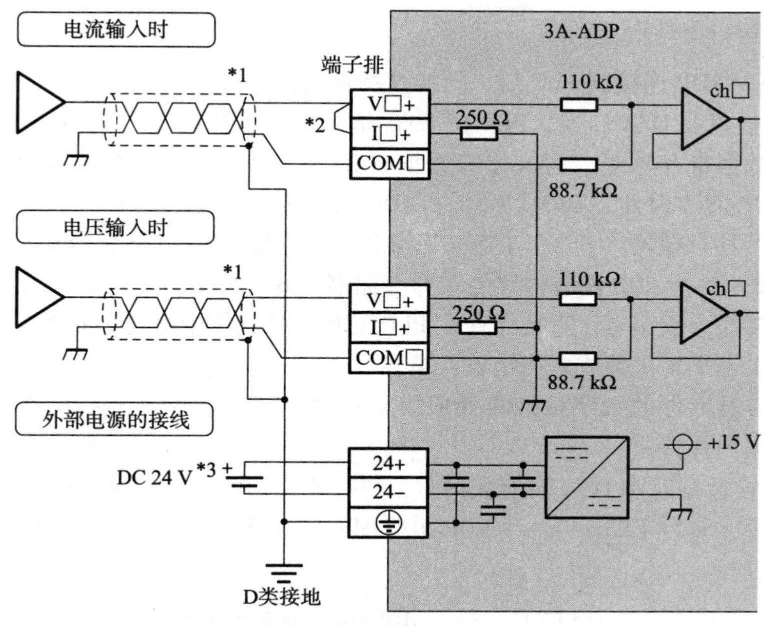

图 2－44　模拟量输入接线图

示。接线需要注意如下事项：

模拟量的输入线需使用两芯的屏蔽双绞电缆，需要与其他动力线或者易于受感应的线分开布线。

使用电流输入时，端子 Vin 和 Iin 需要短接。

模拟量输出接线，同样是使用两芯的屏蔽双绞接线电缆，需要与其他动力线或者易于受感应的线分开布线。屏蔽线应在信号接收侧进行单侧接地，其输出接线图如图 2－45 所示。

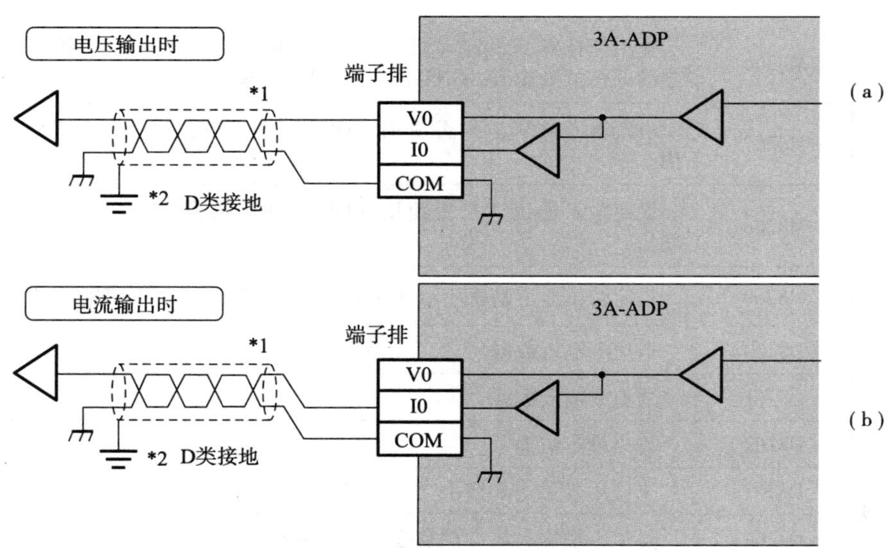

图 2－45　模拟量输出接线图

（a）电压输出时；（b）电流输出时

4. 程序编写

FX3U－3A－ADP 连接到 PLC 后，转换及特殊数据寄存器的更新时序为每个运算周期都执行 A/D 转换以及 D/A 转换，PLC 在 END 指令中指示执行 A/D 转换，读出 A/D 转换值，写入特殊数据寄存器中，写入特殊数据寄存器中的输出设定数据值执行 D/A 转换，更新模拟量输出值。因此，FX3U－3A－ADP 转换数据的获取与写入，并不需要使用 FROM－TO 等缓冲存储器（BFM）的读/写指令，只需要使用 MOV 指令即可。

因为 FX3U－3A－ADP 没有内置的缓冲存储器（BFM），在 A/D 转换数据时，输入的模拟量数据被转换为数字量，直接保存在 PLC 的特殊软元件中；通过向某些特殊软元件写入数值，可以设定平均次数或者指定输入模式（电压输入或电流输入）。而在 D/A 转换数据时，输入特殊软元件的数字量被转换成模拟量输出，并且通过某些特殊软元件写入数值，可以设定输出保持。

在 A/D 转换数据时和 D/A 转换数据时，特殊软元件的分配都是依照从 PLC 基本单元开始的连接顺序，每台 FX3U－3A－ADP 可分配的特殊辅助继电器、特殊数据寄存器各 10 个，如表 2－5 所示。

表 2－5　连接一台 FX3U－3A－ADP 的特殊软元件分配　　R：读出/W：写入

<table>
<tr><th>特殊软元件</th><th>软元件编号</th><th>内容</th><th>读写状态</th></tr>
<tr><td rowspan="10">特殊辅助继电器</td><td>M8260</td><td>通道 1 输入模式切换（OFF：电压输入；ON 电流输入）</td><td>R/W</td></tr>
<tr><td>M8261</td><td>通道 2 输入模式切换（OFF：电压输入；ON 电流输入）</td><td>R/W</td></tr>
<tr><td>M8262</td><td>输出模式切换（OFF：电压输入；ON 电流输入）</td><td>R/W</td></tr>
<tr><td>M8263</td><td rowspan="3">未使用（请不要使用）</td><td rowspan="3">—</td></tr>
<tr><td>M8264</td></tr>
<tr><td>M8265</td></tr>
<tr><td>M8266</td><td>输出保持解除设定（OFF：PLC 从 RUN→STOP 时，保持之前的模拟量输出；ON：PLC STOP 时，输出偏置值）</td><td>R/W</td></tr>
<tr><td>M8267</td><td>设定输入通道 1 是否使用（OFF：使用通道；ON：不使用）</td><td>R/W</td></tr>
<tr><td>M8268</td><td>设定输入通道 2 是否使用（OFF：使用通道；ON：不使用）</td><td>R/W</td></tr>
<tr><td>M8269</td><td>设定输出通道是否使用（OFF：使用通道；ON：不使用）</td><td>R/W</td></tr>
<tr><td rowspan="6">特殊数据寄存器</td><td>D8260</td><td>通道 1 输入数据</td><td>R</td></tr>
<tr><td>D8261</td><td>通道 2 输入数据</td><td>R</td></tr>
<tr><td>D8262</td><td>输出设定数据</td><td>R/W</td></tr>
<tr><td>D8263</td><td>未使用（请不要使用）</td><td>—</td></tr>
<tr><td>D8264</td><td>通道 1 平均次数（设定范围：1～4 095）</td><td>R/W</td></tr>
<tr><td>D8265</td><td>通道 2 平均次数（设定范围：1～4 095）</td><td>R/W</td></tr>
</table>

续表

特殊软元件	软元件编号	内容	读写状态
	D8266	未使用（请不要使用）	—
	D8267	错误状态	R/W
	D8268	机型代码 =50	R
	D8269		

如表 2 -5 所示，我们可以通过特殊辅助继电器来设定 FX3U -3A -ADP 的输入为电压还是电流，如图 2 -46 所示。

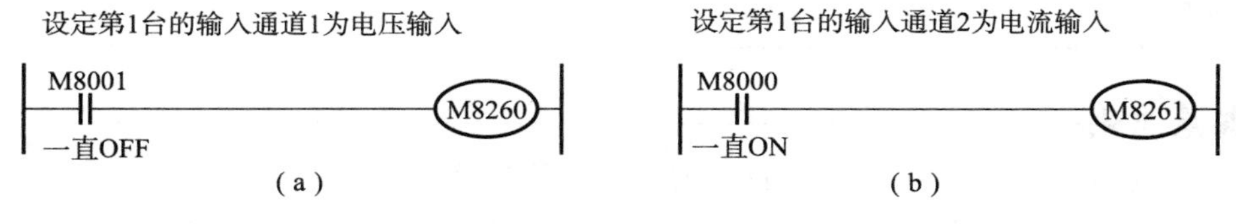

图 2 -46 输入模式的切换

（a）电压输入；（b）电流输入

同样也可以通过特殊辅助继电器来设定 FX3U -3A -ADP 的输出为电压输出还是电流输出，如图 2 -47 所示。

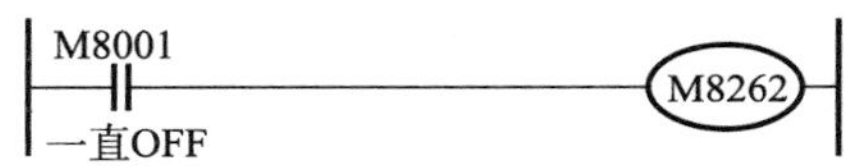

图 2 -47 输出模式切换

将 FX3U -3A -ADP 中转换的输入数据保存在特殊数据寄存器中，如图 2 -48 所示。

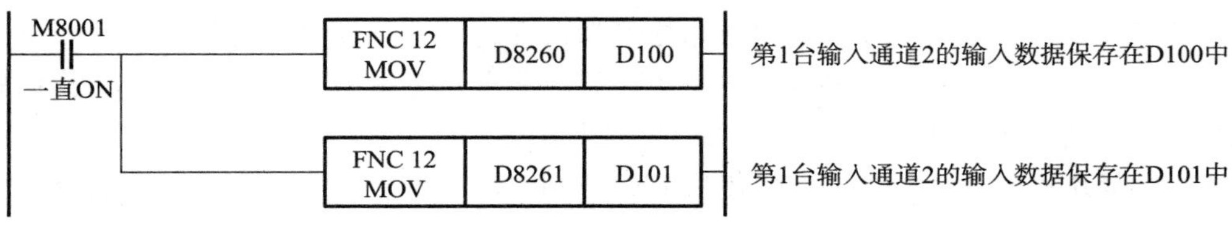

图 2 -48 输入数据

在这里我们要注意的是输入的数据为读出专用，所以不要通过顺控程序或者人机界面、编程软件的软元件监控等执行当前值的写入。即使不在 D100、D101 中保存输入数据，也可以在定时器、计数器的设定值或者 PID 指令中直接使用 D8260、D8261。

FX3U -3A -ADP 将输出数据中设定的数字值进行 D/A 转换，并输出模拟量值的程序编写，如图 2 -49 所示。

在图 2 -49 的例程中，D102 的值可以用人机界面或者顺控程序指定。

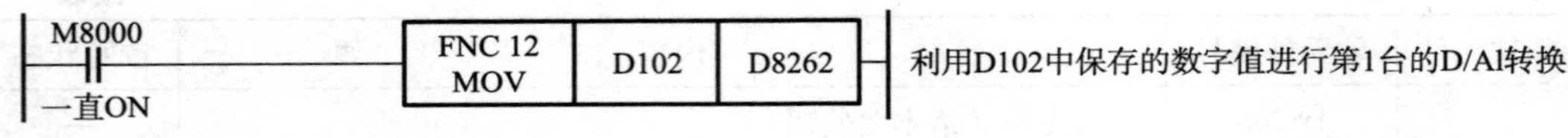

图 2－49　输出数据

任务总结

通过对 FX3U 系列 PLC 的工作原理、外部端口特性、输入输出口的选择原则、PLC 系统设计步骤与方法、认知 PLC 基本单元内置的高速计数器以及模拟量适配器的介绍，使学生能够对 YL－335B 自动化生产线中使用的三菱 FX3U 系列 PLC 的工作原理、外部端口特性等了解，并了解 PLC 基本单元内置的高速计数器和模拟量适配器的基本应用。

拓展案例

1. 思考在 PLC 系统设计时，应如何选择系统的设计方法？

2. 使用高速计数器 C253 时，哪些输入端口会被占用？这些端口在 PLC 程序中起到什么么作用？

任务 2.4　变频器控制电动机

任务提出

在自动化生产线中，有许多机械运动控制就像人的手和足一样，用来完成机械运动和动作。实际上，自动化生产线中作为动力源的传动装置有各种电动机、气动装置和液压装置。在 YL－335B 中，分拣单元传送带的运动控制由交流电动机来完成。传送带动力为三相交流异步电动机，在运行中，不仅要求它可以改变速度，也需要改变方向。三相交流异步电动机利用电磁线圈把电能转换成电磁力，再依靠电磁力做功，从而把电能转换成转子的机械运动。交流电动机结构简单，可产生较大功率，在有交流电源的地方都可以使用。而在 YL－335B 的分拣单元中，我们使用 FR－E740 型变频器来控制三相交流电动机的速度和方向。本项目的主要任务是介绍三相交流异步电动机，讲解变频器的使用，其目的是使学生能够掌握异步电动机的控制方法，能够掌握 FR－E740 变频器安装和接线的基本技能、基本参数的含义，能够熟练使用操作面板进行参数设置以及控制电动机的运行。

任务分析

1. 知识目标

掌握异步电动机的控制方法以及变频器基本参数的含义。

2. 技能目标

能够掌握 FR－E740 型变频器安装与接线的基本技能；熟练使用操作面板进行参数设置以及控制电动机的运行。

3. 情感目标

培养学生团队合作精神。

根据任务驱动，培养学生分析问题、解决问题的能力。

任务实施

根据变频器控制电动机的任务分析，将任务分为两个模块，一是交流异步电动机的使用，二是三菱 FR－E740 型变频器的使用。

2.4.1　交流异步电动机的使用

YL－335B 分拣单元的传送带使用了带减速装置的三相交流异步电动机，如图 2－50 所示。

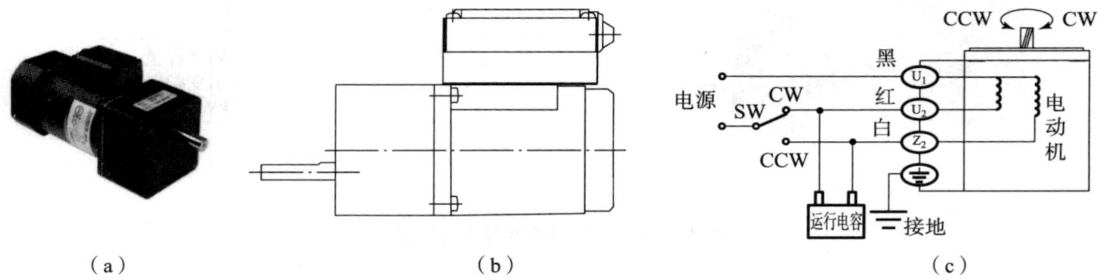

图 2－50　三相交流异步电动机

(a) 实物图；(b) 外形图；(c) 接线图

当三相交流异步电动机绕组电流的频率为 f，磁极对数为 p，则同步转速（r/min）可用 $n_0=60f/p$ 表示。异步电动机的转子转速 n 的计算公式如下：

$$n = \frac{60f}{p}(1 - s) \tag{2-1}$$

式中，s——转差率 $=(n_0-n)/n_0$。额定运行时，转差率一般在 0.01～0.06，即电动机的转速接近同步转速的。

从原理上看，三相交流异步电动机调速的办法可以有三种途径：改变输入频率 f；改变转差率 s；改变磁极对数 p。其中，变频器就是通过改变电动机输入电源的频率来实现调速的。而改变三相交流异步电动机的转向仅需要改变三相中的任意两相即可。

三相交流异步电动机在运行过程中需要注意，若是其中一相和电源断开，则变成单相运行，此时电动机仍会按原来方向运转，但若负载不变，三相供电变为单相供电，电流将变大，导致电动机过热，使用中要特别注意这种现象；三相交流异步电动机若在启动前有一相断电，将不能启动，此时只能听到嗡嗡的声音，长时间断电也会过热，必须尽快排除故障。还有需要注意的是外壳的接地线必须可靠地接大地，防止漏电引起人身安全。

2.4.2 三菱 FR－E740 型变频器的使用

在装配三菱 PLC 的 YL－335B 设备中，变频器选用三菱 FR－E700 系列变频器中的 FR－E740－0.75K－CHT 型变频器，该变频器额定电压等级为三相 400 V，适用容量 0.75 kW 及以下的电动机。

FR－E700 系列变频器是 FR－E500 系列变频器的升级产品，是一种小型、高性能变频器。在 YL－335B 设备上进行实训，所涉及的是使用通用变频器所必需的基本知识和技能，着重于变频器的接线、操作和常用参数的设置等方面。其外形和型号的定义如图 2－51 所示。

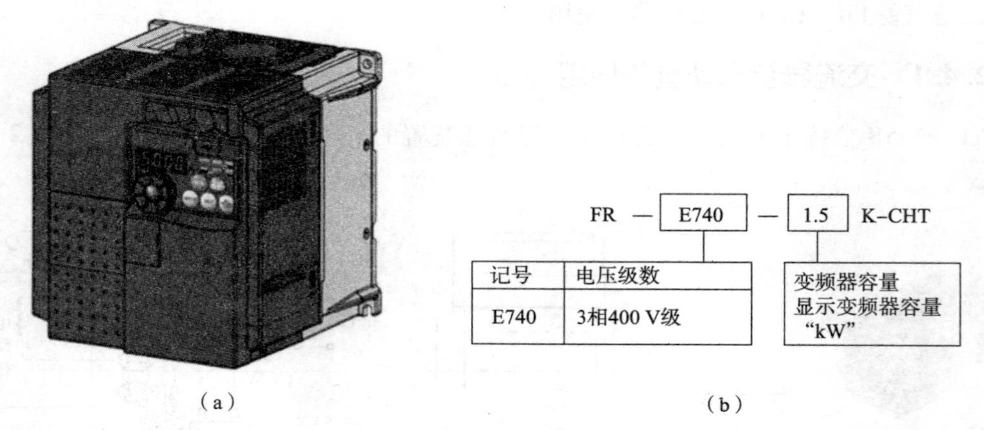

图 2－51 FR－E700 系列变频器

（a）变频器外形；（b）变频器型号的定义

1. FR－E740 型变频器的接线

打开 FR－E740 型变频器的前盖板，主电路端子排和控制电路端子排分布如图 2－52 所示。

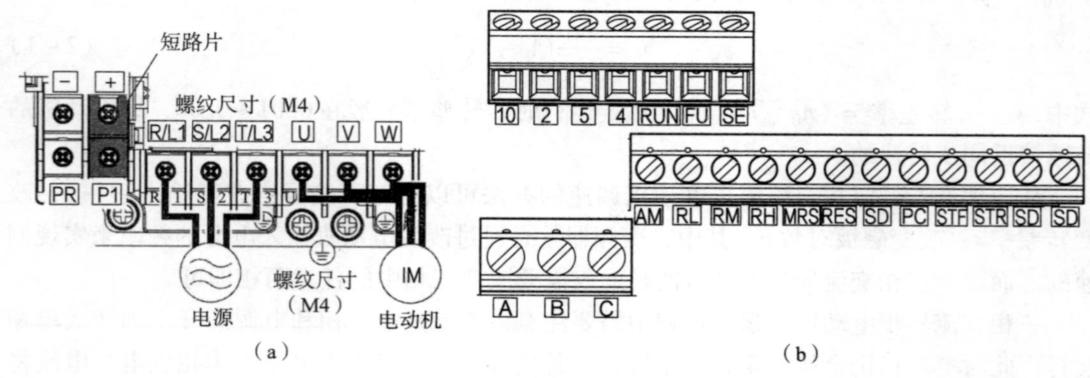

图 2－52 主电路端子排和控制电路端子排分布

（a）主电路端子排；（b）控制电路端子排

1）FR－E740 型变频器主电路的接线

变频器实现将工频电源转换为频率可变的交变电源，用以驱动有速度调整要求的交流电动机运转。通过变频器通常采用交－直－交方式把工频交流电变换为频率和电压均可调整的三相交流电，即首先将电网侧工频交流电整流成直流电，再将此直流电逆变成频率、电压均可控制的交流电。因此，变频器主电路接线主要有以下三个方面：

（1）电源连接。三相工频电源连接到电源接线端子上，由于新一代通用变频器的整流器都是由二极管三相桥构成的，因此可以不考虑电源的相序。

（2）电动机接线。电动机接线端子为 U、V、W，可按照转向要求调整相序。

（3）接地。接地端子 PE 必须可靠接地，并直接与电动机接地端子相连。

FR－E740 型变频器主电路的通用接线如图 2－53 所示。

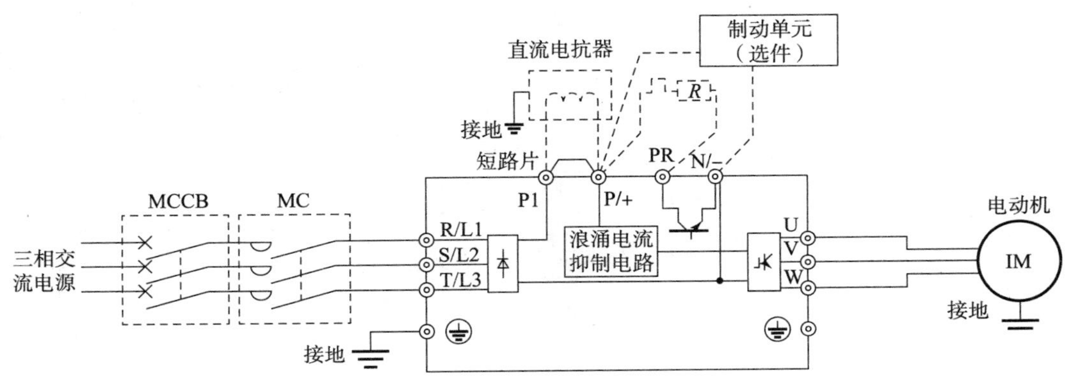

图 2－53　FR－E740 型变频器主电路的通用接线

图 2－53 中有关说明如下：

（1）主电路端子 P1、P/＋之间用来连接变频器直流回路的直流电抗器，P/＋和 PR 之间用来连接制动电阻，P/＋与 N/－之间用以连接制动单元选件，都是可选。YL－335B 设备均未使用，用虚线画出，故 P1、P/＋间短接，PR、N/－端子不接线。

（2）交流接触器 MC 用作变频器安全保护的目的，注意不要通过此交流接触器来启动或停止变频器，否则可能降低变频器寿命。在 YL－335B 系统中，没有使用这个交流接触器。

（3）进行主电路接线时，应确保输入、输出端不能接错，即电源线必须连接至 R/L1、S/L2、T/L3，绝对不能接 U、V、W，否则会损坏变频器。

2）FR－E740 型变频器控制电路的接线

变频器的控制电路一般包含输入电路、输出电路和辅助端口等部分。输入电路接收 PLC 的指令信号（开关量或者模拟量信号），输出电路输出变频器的状态信息（正常时开关量和模拟量输出、异常输出等），辅助端口包括通信端口、外接键盘端口等。FR－E740 型变频器控制电路简图如图 2－54 所示。

图 2－54 中有关说明如下：

（1）端子 10 与端子 5 之间向外提供＋5 V 电源，一般用作外接电位器的工作电源。

（2）以 PC 端为电源正极，SD 端为负极，向外提供＋24 V 电源，用作数字输入/输出

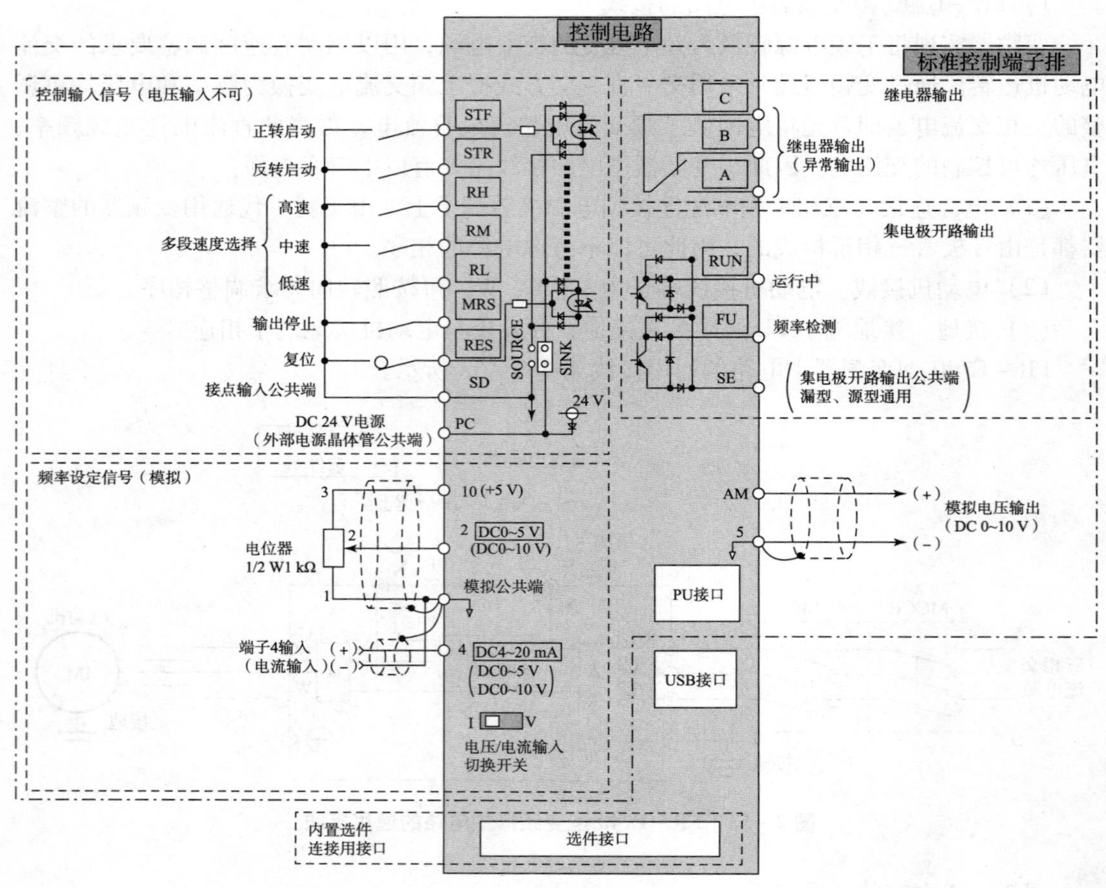

图 2-54　FR-E740 型变频器控制电路简图

端子工作电源和外接传感器电源。

（3）提供七路数字量输入端子（用端子默认功能的缩写命名），漏型输入时公共端为 SD，漏型跳线短接；源型输入时公共端为 PC，源型跳线短接。

（4）提供两路模拟量输入（不能同时使用），2-5 端在默认时为 DC 0~5 V 电压输入；4-5 端在默认时为 4~20 mA 电流输入。

（5）提供一路 0~10 V 的模拟电压输出（AM-5 端），默认设定为变频器当前输出频率。

（6）RUN、FU 为集电极开路输出的数字量输出端，公共端为 SE。

（7）异常输出时输出继电器接点，指变频器因保护功能动作时输出停止的 1c 接点输出。异常时：B-C 间不导通（A-C 间导通）；正常时：B-C 间导通（A-C 间不导通）。

（8）辅助端口包括 PU 端口、USB 端口。

YL-335B 分拣单元在出厂时只使用了部分控制端子：

（1）通过开关量输入端子接收 PLC 的启动/停止、正反转等命令信号；

（2）通过模拟量输入端子接收 PLC 的频率指令；

（3）通过模拟量输出端子输出变频器当前输出频率或电流、电压等状态信息。

分拣单元的调速控制，也可以采用几个开关端子的通断状态组合提供多段频率指令。

2. 认知 FR－E700 系列变频器的操作面板和参数设置

1）FR－E700 系列的操作面板

使用变频器之前，首先要熟悉它的操作面板，即面板显示和键盘操作单元（或称控制单元），并且按使用现场的要求合理设置参数，其中键盘的主要功能是向变频器的主控板发出各种指令和信号，而显示屏的主要功能就是接收主控板提供的各种数据进行显示，两者通常是结合在一起使用的。

FR－E700 系列变频器的参数设置，通常利用固定在其上的操作面板（不能拆下）实现，也可以使用连接到变频器 PU 端口的参数单元（FR－PU07）实现。使用操作面板可以进行运行方式、频率的设定，运行指令监视，参数设定，错误表示等。FR－E740 型变频器的操作面板如图 2－55 所示，其上半部为面板显示器，下半部为 M 旋钮和各种按键。它们的具体功能分别如表 2－6 和表 2－7 所示。

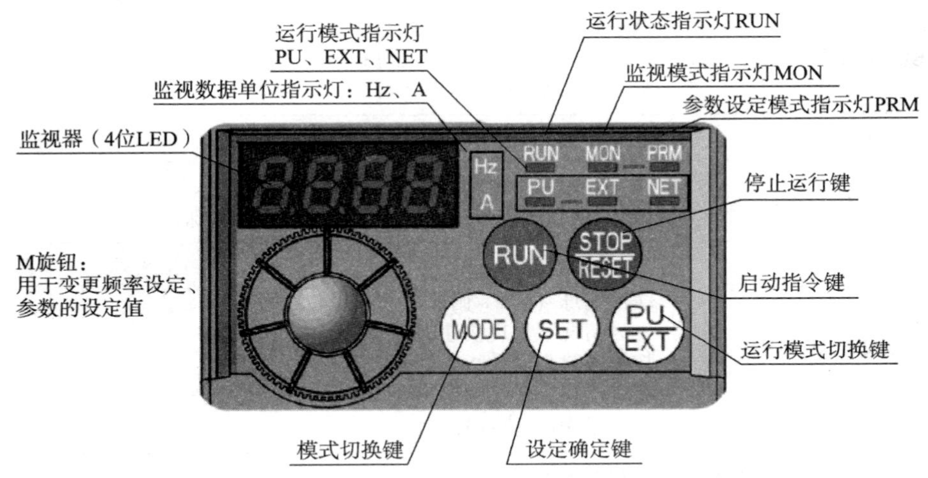

图 2－55　FR－E740 型变频器的操作面板

表 2－6　旋钮、按键功能

旋钮和按键	功能
M 旋钮（三菱变频器旋钮）	旋动该旋钮用于变更频率设定、参数的设定值。按下该旋钮可显示以下内容： 监视模式时的设定频率。 校正时的当前设定值。 报警历史模式时的顺序
模式切换键 MODE	用于切换各设定模式。和运行模式切换键同时按下也可以用来切换运行模式。长按此键（2 s）可以锁定操作
设定确定键 SET	各设定的确定。 此外，当运行中按此键则监视器出现以下显示： 运行频率 → 输出电流 → 输出电压 →（返回运行频率）

续表

旋钮和按键	功能
运行模式切换键 PU/EXT	用于切换 PU/外部运行模式。 使用外部运行模式（通过另接的频率设定电位器和启动信号启动的运行）时请按此键，使表示运行模式的 EXT 处于亮灯状态。切换至组合模式时，可同时按 MODE 键 0.5 s，或者变更参数 Pr. 79。
启动指令键 RUN	在 PU 模式下，按此键启动运行。 通过 Pr. 40 的设定，可以选择旋转方向
停止运行键 STOP/RESET	在 PU 模式下，按此键停止运转。 保护功能（严重故障）生效时，也可以进行报警复位

表 2－7　运行状态显示

显示	功能
运行模式指示灯	PU：PU 运行模式时亮灯； EXT：外部运行模式时亮灯； NET：网络运行模式时亮灯
监视器（4 位 LED）	显示频率、参数编号等
监视数据单位指示灯	Hz：显示频率时亮灯；A：显示电流时亮灯。 （显示电压时熄灯，显示设定频率监视时闪烁）
运行状态指示灯 RUN	当变频器动作中亮灯或者闪烁；其中： 缓慢闪烁（1.4 s 循环）——反转运行中。 下列情况下出现快速闪烁（0.2 s 循环）： 按键或输入启动指令都无法运行时； 有启动指令，但频率指令在启动频率以下时； 输入了 MRS 信号时
参数设定模式指示灯 PRM	参数设定模式时亮灯
监视模式指示灯 MON	监视模式时亮灯

2）FR－E700 系列变频器的参数设置

FR－E700 系列变频器提供了数百个参数供用户选用，通过参数设置赋予变频器一定的功能，以满足调速系统的运行要求。变频器参数的出厂设定值被设置为完成简单的变速运行。如果出厂设定值不能满足负载和操作要求，则要重新设定参数。实际工程中，只需要设定变频器的部分参数，就能满足控制要求。

由表 2－6 和表 2－7 可见，在变频器不同的运行模式下，各种按键、M 旋钮的功能各异。而所谓运行模式是指对输入到变频器的启动指令和设定频率的命令来源的指定。

一般来说，使用控制电路端子、在外部设置电位器和开关来进行操作的是“外部运行模式”，使用操作面板或参数单元输入启动指令、设定频率的是“PU 运行模式”，通过 PU 端口进行 RS－485 通信或使用通信选件的是“网络运行模式（NET 运行模式）”。在进行变频器操作以前，必须了解其各种运行模式，才能进行各项操作。

FR－E700 系列变频器通过参数 Pr. 79 的值来指定变频器的运行模式，设定值范围为

0，1，2，3，4，6，7；这 7 种运行模式的内容以及相关 LED 显示状态如表 2－8 所示。

表 2－8　运行模式的内容及相关 LED 显示状态

<table>
<tr><th>设定值</th><th colspan="2">内容</th><th>LED 显示状态</th></tr>
<tr><td>0</td><td colspan="2">外部/PU 切换模式，通过 PU/EXT 键可切换 PU 与外部运行模式。
注意：接通电源时为外部运行模式</td><td>外部运行模式：PU 运行模式：
EXT　PU</td></tr>
<tr><td>1</td><td colspan="2">固定为 PU 运行模式</td><td>PU</td></tr>
<tr><td>2</td><td colspan="2">固定为外部运行模式；
可以在外部、网络运行模式间切换运行</td><td>外部运行模式：网络运行模式：
EXT　NET</td></tr>
<tr><td rowspan="6">3</td><td colspan="2">外部/PU 组合运行模式 1</td><td rowspan="6">PU　EXT</td></tr>
<tr><td>频率指令</td><td>启动指令</td></tr>
<tr><td>用操作面板设定或用参数单元设定，或外部信号输入［多段速设定，端子 4－5 间（AU 信号 ON 时有效）］</td><td>外部信号输入（端子 STF、STR）</td></tr>
<tr><td colspan="2">外部/PU 组合运行模式 2</td></tr>
<tr><td>频率指令</td><td>启动指令</td></tr>
<tr><td>外部信号输入（端子 2、4、JOG、多段速选择等）</td><td>通过操作面板的 RUN 键或通过参数单元的 FWD、REV 键来输入</td></tr>
<tr><td>6</td><td colspan="2">切换模式
可以在保持运行状态的同时，进行 PU 运行、外部运行、网络运行的切换</td><td>PU 运行模式：PU
外部运行模式：EXT
网络运行模式：NET</td></tr>
<tr><td>7</td><td colspan="2">外部运行模式（PU 运行互锁）；
X12 信号 ON 时，可切换到 PU 运行模式（外部运行中输出停止）；
X12 信号 OFF 时，禁止切换到 PU 运行模式</td><td>PU 运行模式：PU
外部运行模式：EXT</td></tr>
</table>

变频器出厂时，参数 Pr. 79 设定值为 0。当停止运行时用户可以根据实际需要修改其设定值。如表 2－9 所示，给出一种将参数 Pr. 79 从出厂值“0”修改为“2”的例子，这种方法也适用于其他参数设定。

表 2-9　变更参数设定值示例

步骤	操作	显示
1	接通电源显示的监控画面（显示外部运行模式）	0.00 Hz MON EXT
2	按 PU/EXT 键，进入 PU 运行模式	0.00 Hz MON PU
3	按 MODE 键，进入参数设定模式	P. 0 PRM
4	旋转 M 旋钮，将参数编号设定为 Pr. 79	P. 79
5	按 SET 键，读取当前设定值	0
6	旋转 M 旋钮，设定希望的参数值	2
7	按 SET 键，确认设定值，这时参数和设定值将交替闪烁，参数写入完成	2 （例） P. 79 参数和设定值闪烁

如果分拣单元的机械部分已经装配好，在完成主电路接线后，就可以用变频器直接驱动电动机试运行。当 Pr. 79 = 4 时，把调速电位器的三个引出端分别连接到变频器的⑩、②、⑤端子（滑动臂引出端连接端子②），接通电源后，按启动指令键 RUN，即可启动电动机，旋动调速电位器即可连续调节电动机转速。

在分拣单元的机械部分装配完成后，进行电动机试运行是必要的，这可以检查机械装配的质量，以便做进一步的调整。

变频器参数的出厂设定值被设置为完成简单的变速运行。如需按照负载和操作要求设定参数，则应进入参数设定模式，先选定参数号，然后设置其参数值。设定参数分两种情况，一种是停机 STOP 方式下重新设定参数，这时可设定所有参数；另一种是在运行时设定，这时只允许设定部分参数，但是可以核对所有参数号及参数。图 2-56 所示为参数设定过程的一个例子，所完成的操作是把参数 Pr. 1（上限频率）从出厂设定值 120.0 Hz 变更为 50.0 Hz，假定当前运行模式为外部/PU 切换模式（Pr. 79 = 0）。

3）YL-335B 上 FR-E700 系列变频器的参数设置

在 YL-335B 自动化生产线中，我们需要对一些常用参数，例如变频器的运行环境：驱动电动机的规格、运行的限制；参数的初始化；电动机的启动、运行和调速、制动等命令的来源、频率的设置等方面，有熟悉的认识。

下面根据分拣单元工艺过程对变频器的要求，介绍一些常用参数的设定。关于参数设定更详细的说明请参阅 FR-E700 使用手册。

（1）输出频率的限定（Pr. 1、Pr. 2、Pr. 18）。

调速系统由于工艺过程的要求或设备的限制，需要对变频器运行的最高和最低频率加

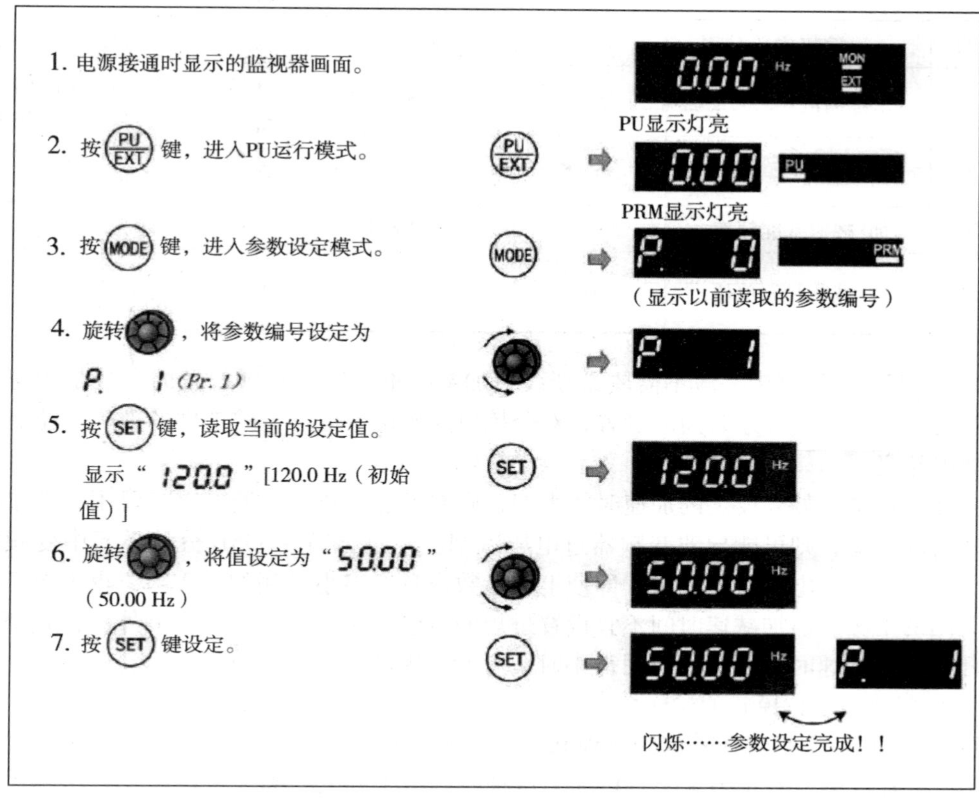

图 2-56　变更参数的设定值示例

以限制，即当频率设定值高于最高频率或低于最低频率时，输出频率将会被钳位。如图 2-57 所示，用模拟电压控制输出频率中输出频率与设定值之间的关系，当频率设定值的模拟电压超出有效范围时，输出频率将被钳位。一般情况下，YL-335B 要求变频器对应的上限频率参数值设置为 50 Hz，下限频率参数值为 0 Hz。

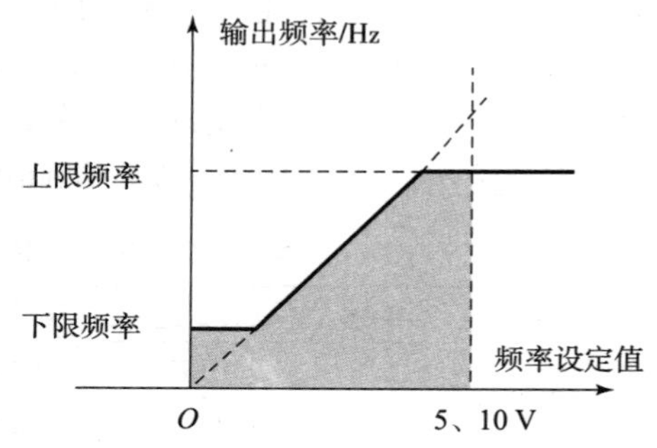

图 2-57　输出频率和设定频率的关系

Pr. 1 与 Pr. 2 出厂设定范围为 0～120 Hz，出厂设定值分别为 120 Hz 和 0 Hz。Pr. 18 出厂设定范围为 120～400 Hz。因此，实际上只要将 Pr. 1 值修改为 50 Hz 即可。

（2）变频器启动、制动和加减速参数。

电动机的启动、制动和加减速过程是一个动态过程，通常用加、减速时间来表示。加速时间参数用来设定从停止状态加速到加减速基准频率时的加速时间；减速时间用来设定从加减速基准频率到停止状态的减速时间。

FR-E700 系列变频器指定加减速时间的相关参数包括 Pr. 7、Pr. 8、Pr. 20、Pr. 21 等，各参数的意义及设定范围如表 2-10 所示。

表 2-10　加减速时间相关参数的意义及设定范围

参数号	参数意义	出厂设定	设定范围	备注
Pr. 7	加速时间	5 s	0~3 600 s/360 s	根据 Pr. 21 加减速时间单位的设定值进行设定。初始值的设定范围为“0~3 600 s”、设定单位为“0.1 s”
Pr. 8	减速时间	5 s	0~3 600 s/360 s	
Pr. 20	加/减速基准频率	50 Hz	1~400 Hz	—
Pr. 21	加/减速时间单位	0	0/1	0：0~3 600 s；单位：0.1 s 1：0~360 s；单位：0.01 s

YL-335B 的调试中一般不需要重新设置加减基准频率。必须设置的参数是加速时间和减速时间。其中，减速时间的设置，对分拣单元传送带运行中的工件的准确定位有着非常重要的意义。

实际工作中，如果设定的加速时间太短，则有可能导致变频器过电流跳闸；如果设定的减速时间太短，则可能导致变频器过电压跳闸。不过，YL-335B 分拣单元中变频器容量远大于所驱动的电动机的容量，即使上述参数设置得很小（例如 0.2 s），也不至于出现故障跳闸的情况。但加减速时间不宜设置过短的概念，大家一定要有。另外，在频繁的启动、停止，且加速时间和减速时间很小时，可能出现电动机过热现象。

（3）多段速运行模式的操作。

FR-E740 型变频器在外部操作模式或组合操作模式下，可以通过外接开关器件的组合通断改变输入端子的状态来实现调速，这种控制频率的方式称为多段速控制功能。FR-E740 型变频器的 RH、RM 和 RL 端子，其默认功能就是速度控制，通过这些开关的组合，我们可以实现 3 段、7 段的控制。

转速的切换：由于转速的挡次是按二进制的顺序排列的，故三个输入端可以组合成 3~7 挡（0 状态不计）转速。其中，3 段速由 RH、RM、RL 单个通断来实现。7 段速由 RH、RM、RL 通断的组合来实现，如表 2-11 所示。需要注意的是，多段速度设定在 PU 运行和外部运行中都可以设定，运行期间参数值也能被改变。

表 2-11　多段速对应的控制端状态及参数关系

多段速序号	第 1 速	第 2 速	第 3 速	第 4 速	第 5 速	第 6 速	第 7 速
RH 状态	ON	OFF	OFF	OFF	ON	ON	ON
RM 状态	OFF	ON	OFF	ON	OFF	ON	ON
RL 状态	OFF	OFF	ON	ON	ON	OFF	ON
各段速频率	Pr. 4	Pr. 5	Pr. 6	Pr. 24	Pr. 25	Pr. 26	Pr. 27
出厂值	50 Hz	30 Hz	10 Hz	9 999	9 999	9 999	9 999

注：在运行中，上述参数在任何运行模式下都可以变更设定值，值 9 999 为未选择。

（4）通过模拟量输入（端子 2、4）设定频率。

分拣单元变频器的频率设定，除了用 PLC 输出端子控制多段速度设定外，也有连续设定频率的需求。例如在变频器安装和接线完成进行运行试验时，常常用调速电位器连接到变频器的模拟量输入信号端，进行连续调速试验。此外，在触摸屏上指定变频器的频率，则此频率也应该是连续可调的。需要注意的是，如果要用模拟量输入（端子2、4）设定频率，则RH、RM、RL端子应断开，否则多段速度设定优先。

①模拟量输入信号端子的选择。

FR－E700系列变频器提供2个模拟量输入信号端子（端子2、4）用作连续变化的频率设定。在出厂设定情况下，只能使用端子2，端子4无效。

要使端子4有效，需要在各接点输入端子STF、STR、…、RES之中选择一个，将其功能定义为AU信号输入，则当这个端子与SD端短接时，AU信号为ON，端子4变为有效，端子2变为无效。

例：选择RES端子用作AU信号输入，则设置参数Pr. 184＝“4”，在RES端子与SD端之间连接一个开关，当此开关断开时，AU信号为OFF，端子2有效；反之，当此开关接通时，AU信号为ON，端子4有效。

②模拟量信号的输入规格。

如果使用端子2，模拟量信号可为0～5 V或0～10 V的电压信号，用参数Pr. 73指定，其出厂设定值为1，指定为0～5 V的输入规格，并且不能可逆运行。参数Pr. 73的取值范围为0，1，10，11，具体内容如表2－11所示。

如果使用的端子4，模拟量信号可为电压输入（0～5 V、0～10 V）或电流输入（4～20 mA初始值），用参数Pr. 267和电压/电流输入切换开关设定，并且要输入与设定相符的模拟量信号。Pr. 267取值范围为0、1、2，具体内容如表2－12所示。

表2－12　模拟量输入选择（Pr. 73、Pr. 267）

<table>
<tr><th>参数编号</th><th>名称</th><th>初始值</th><th>设定范围</th><th colspan="2">内容</th></tr>
<tr><td rowspan="4">73</td><td rowspan="4">模拟量输入选择</td><td rowspan="4">1</td><td>0</td><td>端子2输入0～10 V</td><td rowspan="2">无可逆运行</td></tr>
<tr><td>1</td><td>端子2输入0～5 V</td></tr>
<tr><td>10</td><td>端子2输入0～10 V</td><td rowspan="2">有可逆运行</td></tr>
<tr><td>11</td><td>端子2输入0～5 V</td></tr>
<tr><td rowspan="4">267</td><td rowspan="4">端子4输入选择</td><td rowspan="4">0</td><td rowspan="2">0</td><td>电压/电流输入切换开关</td><td>内容</td></tr>
<tr><td>I　V</td><td>端子4输入4～20 mA</td></tr>
<tr><td>1</td><td rowspan="2">I　V</td><td>端子4输入0～5 V</td></tr>
<tr><td>2</td><td>端子4输入0～10 V</td></tr>
</table>

注：电压输入时，输入电阻10 kΩ±1 kΩ、最大容许电压DC 20 V；电流输入时，输入电阻233 Ω±5 Ω、最大容许电流30 mA。

必须注意的是，若发生切换开关与输入信号不匹配的错误（例如开关设定为电流输入*I*，但端子输入却为电压信号；或反之）时，会导致外部输入设备或变频器故障。

对于频率设定信号（DC 0～5 V、0～10 V或4～20 mA）的相应输出频率的大小可用参数Pr. 125（对端子2）或Pr. 126（对端子4）设定，用于确定输入增益（最大）的频率。它们的出厂设定值均为50 Hz，设定范围为0～400 Hz。

（5）参数清除。

若是参数设置有误或被非法修改，而希望重新开始调试，需要对变频器进行重置，进行清除设置或恢复出厂值设置，就需要进行参数的初始化。参数的初始化也是参数设置的一个重要环节，可用参数清除操作方法实现，即在 PU 运行模式下，设定 Pr. CL 参数清除、ALLC 参数全部清除均为“1”，可使参数恢复为初始值。但如果设定 Pr. 77 参数写入选择＝“1”，则无法清除。具体的操作步骤如图 2－58 所示。

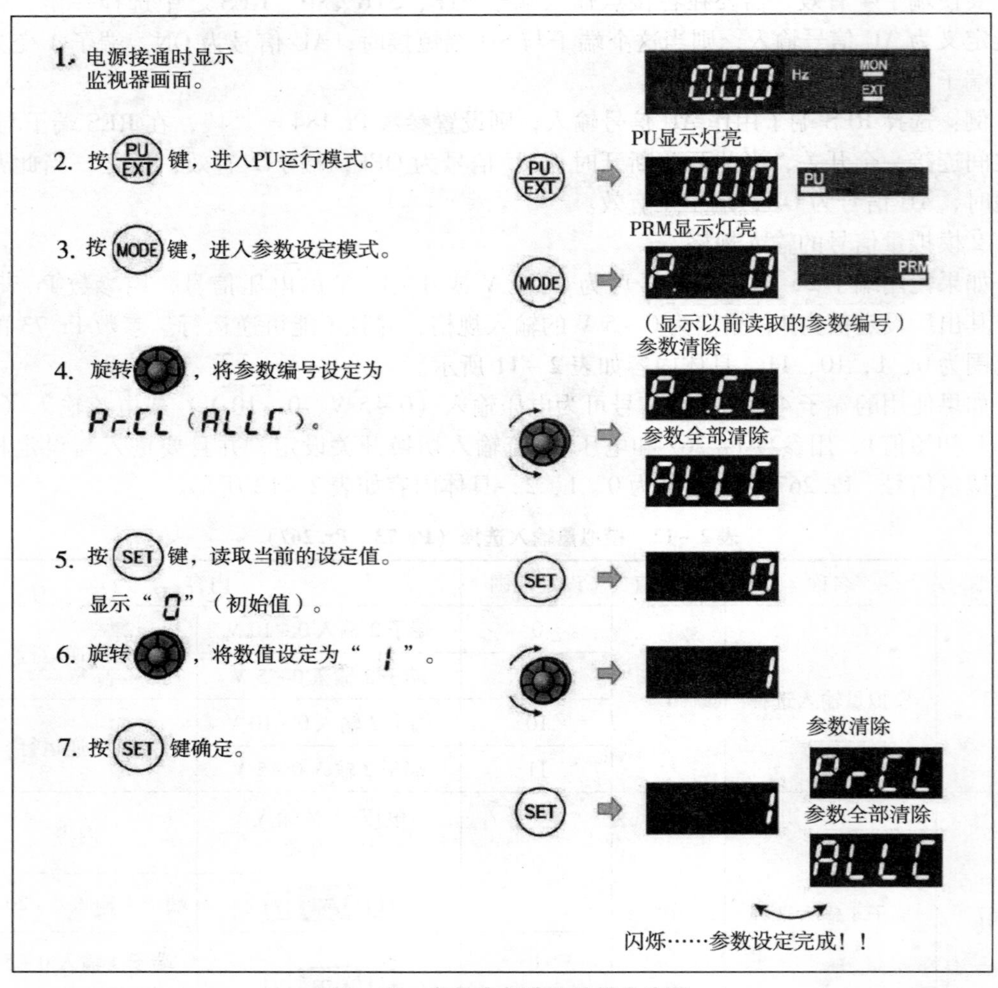

图 2－58　参数全部清除的操作步骤

任务总结

通过对三相交流异步电动机的讲解和对 FR－E700 系列变频器的操作面板和参数设置认知，其目的是使学生能够掌握异步电动机的控制方法，能够掌握 FR－E740 型变频器安装和接线的基本技能、基本参数的含义，能够熟练使用操作面板进行参数设置以及控制电动机的运行。通过上面的学习，我们也知道在 YL－335B 上的 FR－E740 型变频器，所需使用到的参数设置并不多，而其中要修改出厂默认值的参数仅有上限频率，加、减速时间，模拟量输入选择等参数，因此参数设置实际上还是比较简单的。

※拓展案例

1. FR－E700 系列变频器控制面板可以实施哪些操作？如何实现电动机的正反转？
2. 异步电动机的调速可以通过哪些途径？

任务 2.5　伺服电动机控制技术

任务提出

现代的自动化生产线中，交流伺服系统是主流的执行机构。当前高性能的大多采用永磁式同步伺服电动机，控制驱动都采用快速、准确定位的全数字位置伺服系统。本项目的主要工作是介绍伺服电动机的特性和控制方法，伺服驱动器的原理和电气接线等以及 FX3U 系列 PLC 内置定位控制指令的使用和编程方法，其目的是锻炼学生使用伺服驱动器进行伺服电动机的控制，设置伺服驱动器参数的能力以及编制实现伺服电动机定位控制的 PLC 控制程序的能力。

任务分析

1. 知识目标

掌握伺服电动机的特性及控制方法，以及伺服驱动器的原理和参数设置。

掌握 FX3U 系列 PLC 内置定位控制指令的使用和编程方法。

2. 技能目标

掌握伺服驱动器的电气接线以及伺服驱动器的参数设置，熟练使用伺服驱动器进行伺服电动机的控制，编制实现伺服电动机定位控制的 PLC 控制程序。

3. 情感目标

培养学生团队合作精神。

根据任务驱动，培养学生分析问题、解决问题的能力。

任务实施

根据变频器控制电动机的任务分析，将任务分为四个模块，一是认知交流伺服电动机及驱动器，二是伺服电动机及驱动器的硬件接线，三是伺服驱动器的参数设置与调整，四是认知 PLC 的定位控制。

2.5.1　认知交流伺服电动机及驱动器

1. 永磁交流伺服系统概述

伺服电动机又叫执行电动机，在自动控制系统中用作执行元件，把所收到的电信号转换成电动机轴上的角位移或角速度输出。伺服电动机分为直流和交流两大类，其中交流伺服电动机是无刷电动机，分为同步和异步两种，目前我们使用的一般都是同步电动机，它的功率范围大，可以做到很大的功率，惯量大，因而适合低速平稳运行的应用。当前高性能的大多采用永磁式同步伺服电动机，控制驱动都采用快速、准确定位的全数字位置伺服系统。

伺服电动机内部的转子是永久磁铁，驱动器控制的 U/V/W 三相电形成电磁场，转子在此磁场的作用下转动，同时电动机自带的编码器反馈信号给驱动器，驱动器根据反馈值与目标值进行比较，调整转子转动的角度。伺服电动机的精度决定于编码器的精度（线数）。

伺服驱动器控制交流永磁伺服电动机（PMSM）时，可分别工作在电流（转矩）、速度、位置控制方式下。系统的控制结构框图如图 2－59 所示。系统基于测量电动机的两相电流反馈（I_a、I_b）和电动机位置。将测得的相电流（I_a、I_b）结合位置信息，经坐标变化（从 a，b，c 坐标系转换到转子 d，q 坐标系）得到 I_d，I_q 分量，分别进入各自的电流调节器。电流调节器的输出经过反向坐标变化（从 d，q 坐标系转换到 a，b，c 坐标系）得到三相电压指令。控制芯片通过这三相电压指令，经过反向、延时后，得到 6 路 PWM 波输出到功率器件，控制电动机运行。

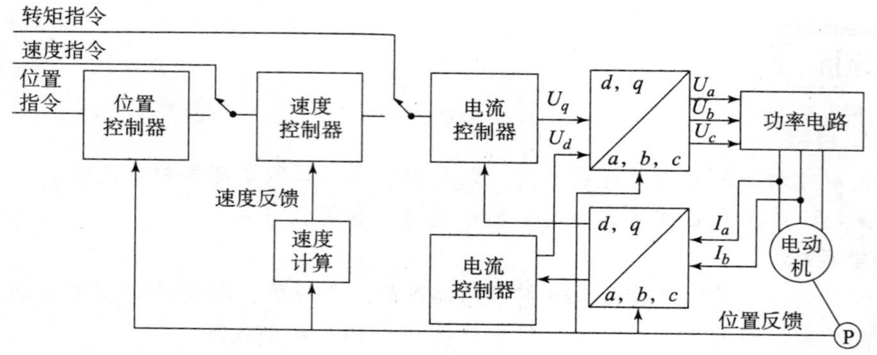

图 2－59　系统的控制结构框图

伺服驱动器均采用数字信号处理器（DSP）作为控制核心，其优点是可以实现比较复杂的控制算法，实现数字化、网络化和智能化。功率器件普遍采用以智能功率模块（IPM）为核心设计的驱动电路，IPM 内部集成了驱动电路，同时具有过电压、过电流、过热、欠压等故障检测保护电路，在主回路中还加入软启动电路，以减小启动过程对驱动器的冲击。

智能功率模块（IPM）的主要拓扑结构是采用了三相桥式电路，利用了脉宽调制技术即 PWM（Pulse Width Modulation），通过改变功率晶体管交替导通的时间来改变逆变器输出波形的频率，改变每半周期内晶体管的通断时间比，也就是说通过改变脉冲宽度来改变逆变器输出电压幅值的大小以达到调节功率的目的。

由图 2－59 可知，伺服系统用作定位控制时，位置指令输入到位置控制器，速度控制器输入端前面的电子开关切换到位置控制器输出端，同样，电流控制器输入端前面的电子开关切换到速度控制器输出端。因此，位置控制模式下的伺服系统是一个三闭环控制系统，两个内环分别是电流环和速度环。变换后的电流信号对智能功率模块（IPM）逆变器进行控制，使伺服电动机运行。

三闭环控制的系统，从结构上提高了系统的快速性、稳定性和抗干扰能力。在足够高的开环增益下，系统的稳态误差接近为零，因而对给定位置信号具有良好的跟随能力。此外，这种结构也使得伺服系统具有位置控制、速度控制、转矩控制、位置/速度控制等控制方式。其中在 YL－335B 中只使用了位置控制模式，这种控制模式根据从上位控制器（PLC）输入的位置指令（脉冲串）进行位置控制，是最基本和常用的控制模式。

2. 认知松下 MINAS A5 系列 AC 伺服电动机及驱动器

在 YL－335B 的输送单元上，采用了松下 MSME022G1U 永磁同步交流伺服电动机，及 MADHT1507E 全数字交流永磁同步伺服驱动装置作为运输机械手的运动控制装置。

MSME022G1U 的含义：MSME 表示电动机类型为低惯量，02 表示电动机的额定功率为 200 W，2 表示电压规格为 200 V，G 表示编码器为增量式编码器，脉冲数为 20 位，分辨率为 1 048 576，输出信号线数为 5 根线。

该伺服电动机及各部件名称如图 2－60 所示。

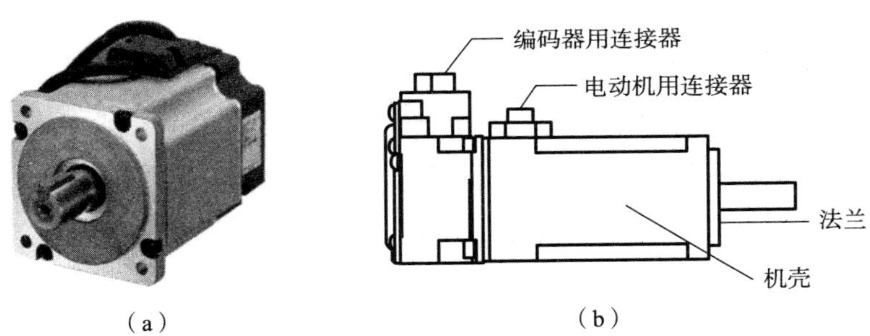

图 2－60 松下 MINAS A5 系列伺服电动机及各部件名称
（a）外观；（b）各部分名称

MADHT1507E 的含义：MADH 表示松下 A5 系列 A 型驱动器，T1 表示最大瞬时输出电流为 10 A，5 表示电源电压规格为单相 200 V，07 表示电流监测器额定电流为 7.5 A。

伺服驱动器的外观和面板如图 2－61 所示。

2.5.2 伺服电动机及驱动器的硬件接线

1. 伺服系统主电路接线

MADHT1507E 伺服驱动器面板上有多个接线端口，如图 2－62 所示，其中：

XA：电源输入端口，AC 220 V 电源连接到 L1、L3 主电源端子，同时连接到控制电源端子 L1C、L2C 上。

XB：电动机端口和外置再生放电电阻器端口。U、V、W 端子用于连接电动机。B1、B2、B3 端子是外接放电电阻，YL－335B 没有使用外接放电电阻。

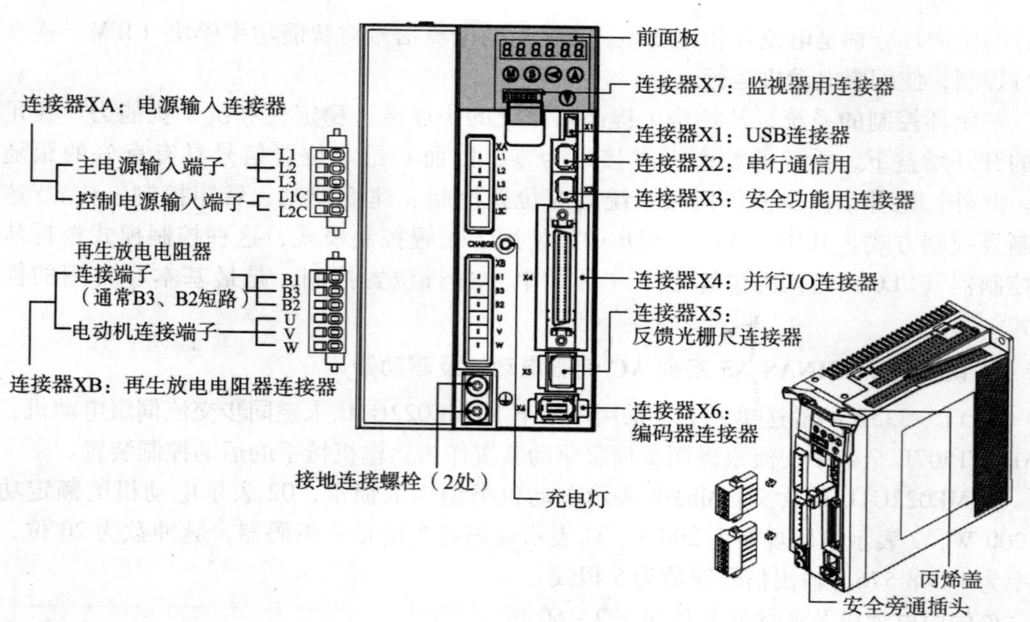

图 2－61　伺服驱动器的外观和端口

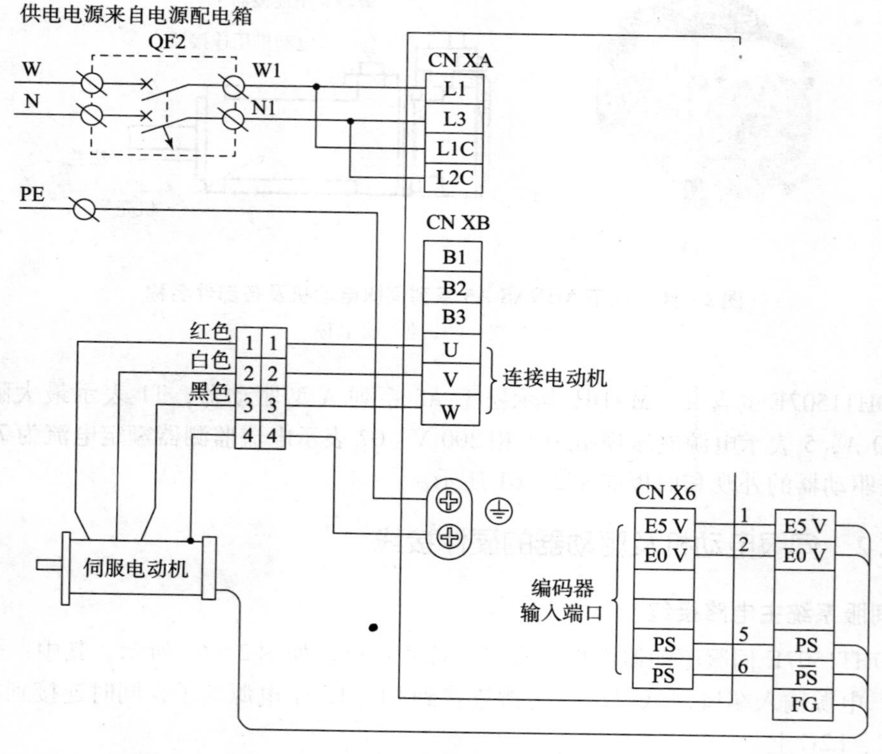

图 2－62　伺服驱动器与伺服电动机的连接

必须注意，电源电压务必按照驱动器铭牌上的指示，电动机接线端子（U、V、W）不可以接地或短路，交流伺服电动机的旋转方向不像感应电动机可以通过交换三相相序来改变，必须保证驱动器上的 U、V、W、E 接线端子与电动机主回路接线端子按规定的次序一一对应，否则可能造成驱动器的损坏。电动机的接线端子和驱动器的接地端子以及滤波器的接地端子必须保证可靠的连接到同一个接地点上，机身也必须接地。

X6：连接电动机编码器信号端口，连接电缆应选用带有屏蔽层的双绞电缆，屏蔽层应接到电动机侧的接地端子上，并且应确保将编码器电缆屏蔽层连接到插头的外壳（FG）上。

2. 伺服系统控制电路接线

控制电路的接线均在 I/O 控制信号端口 X4 上完成。该端口是一个 50 针端口，各引出端子功能与控制模式有关。MINAS A5 系列伺服系统有位置控制、速度控制和转矩控制，以及全闭环控制等控制模式。

YL－335B 采用位置控制模式，并根据设备工作要求只使用了部分端子。它们分别是：

脉冲驱动信号输入端（OPC1、PULS2、OPC2、SING2）。

越程故障信号输入端：正方向越程（9 引脚，POT），负方向越程（8 引脚，NOT）。

伺服 ON 输入（29 引脚，SRV_ON）。

伺服报警输出（37 引脚，ALM＋；36 引脚，ALM－）。

为了方便接线和调试，YL－335B 在出厂时已经在 X4 端口引出线接线插头内部把伺服 ON 输入（SRV_ON）和伺服报警输出负端（ALM－）连接到 COM－端（0 V）。因此，从接线插头引出的信号线只有 OPC1、PULS2、OPC2、SING2、POT、NOT、ALM＋等七根信号线，以及 COM＋和 COM－电源引线，如图 2－63 所示。

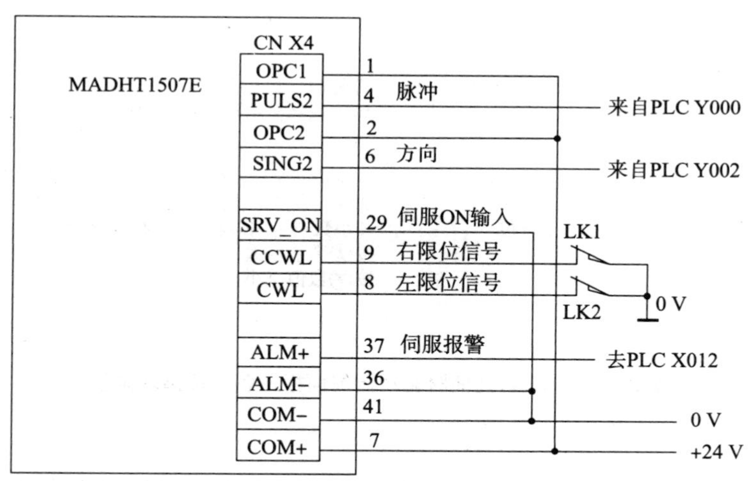

图 2－63　X4 端口部分引出线

2.5.3　伺服驱动器的参数设置与调整

松下的伺服驱动器有七种控制运行方式，即位置控制、速度控制、转矩控制、位置/速度控制、位置/转矩控制、速度/转矩控制、全闭环控制。位置方式就是输入脉冲串来使电动机定位运行，电动机转速与脉冲串频率相关，电动机转动的角度与脉冲个数相关；速度方式有两种，一是通过输入直流 -10 ~ +10 V 指令电压调速，二是选用驱动器内设置的内部速度来调速；转矩方式是通过输入直流 -10 ~ +10 V 指令电压调节电动机的输出转矩，这种方式下运行必须要进行速度限制，有如下两种方法：(1) 设置驱动器内的参数来限制；(2) 输入模拟量电压限速。

伺服驱动器具有设定其特性和功能的各种参数，参数分为七类，即分类 0（基本设定）；分类 1（增益调整）；分类 2（振动抑制功能）；分类 3（速度控制、转矩控制、全闭环控制）；分类 4（I/F 监视器设定）；分类 5（扩展设定）；分类 6（特殊设定）。而设置参数的方法有两种：一种是通过与 PC 连接后在专门的调试软件上进行设置；二是在驱动器的前面板上进行。YL-335B 需要设置的伺服参数不多，只在前面板上进行设置就行。

1. 前面板及其参数设置操作

A5 系列伺服驱动器前面板及各个按键功能说明如图 2-64 所示。

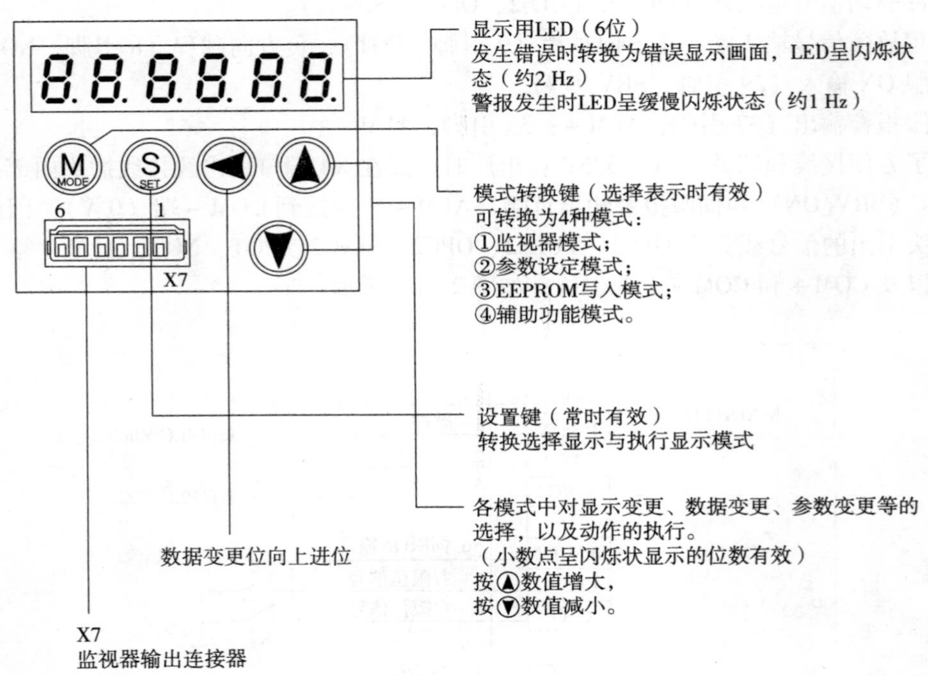

图 2-64　A5 系列伺服驱动器前面板及各个按键功说明

面板操作说明：

(1) 参数设置，先按“SET”键，再按“MODE”键选择到“Pr00”后，按向上、下或向左的方向键选择通用参数的项目，按“SET”键进入。然后按向上、下或向左的方向键调整参数，调整完后，长按“S”键返回。选择其他项再调整。

(2) 参数保存，按“M”键选择到“EE-SET”后按“SET”键确认，出现“EEP-”，然后按向上键 3 s，出现“FINISH”或“reset”，然后重新上电即保存。

(3) 手动 JOG 运行，按“MODE”键选择到“AF-ACL”，然后按向上、下键选择到

"AF－JOG"，按"SET"键一次，显示"JOG－"，然后按向上键3 s显示"ready"，再按向左键3 s出现"sur－on"锁紧轴，按向上、下键，单击正反转。注意先将S－ON断开。

（4）参数初始化，参数初始化操作属于辅助功能模式。需按MODE键选择到辅助功能模式，出现显示"AF－ACL"，然后使用Ⓐ键选择辅助功能，当出现"AF－ini"时，按SET键确认，即进入参数初始化功能，出现执行显示"ini－"。持续按Ⓐ键（约5 s），出现"StArt"时参数初始化开始，再出现"finish"时初始化结束。

2. YL－335B设备中伺服系统需要设置的参数

YL－335B设备中伺服系统处于位置控制模式，PLC的高速脉冲输出端输出脉冲作为伺服驱动器的位置指令，脉冲的数量决定了伺服电动机的旋转位移，即机械手的直线位移；脉冲的频率决定了伺服电动机的旋转速度，即机械手的运动速度；PLC的另一个输出点作为伺服驱动器的方向指令。伺服系统的参数设置应满足控制要求，并与PLC的输出相匹配，如表2－13所示。

表2－13　伺服参数设置

序号	参数		设置数值	功能和含义
	参数编号	参数名称		
1	Pr0.00	旋转方向	1	指定电动机旋转的正方向。为0时，则为CCW方向（从轴侧看电动机为逆时针方向）；为1时，则为CW方向（从轴侧看电动机为顺时针方向）
2	Pr5.28	LED初始状态	1	显示电动机转速
3	Pr0.01	控制模式	0	位置控制模式
4	Pr5.04	驱动禁止输入设定	2	0：发生正方向（POT）或负方向（NOT）越程故障时，驱动禁止，但不报警。 1：POT、NOT驱动禁止无效（默认值）； 2：POT/NOT任一方向的输入，将发生Err。38.0（驱动禁止输入保护）出错报警
5	Pr0.04	惯量比	250	
6	Pr0.02	实时自动增益设置	1	实时自动调整为标准模式，运行时负载惯量的变化情况很小
7	Pr0.06	指令脉冲极性设置	0	设定指令脉冲信号的极性，设定为0时为正逻辑，输入信号高电平为"1"；设定为1时为负逻辑
8	Pr0.07	指令脉冲输入方式	3	确定脉冲旋转方向的方式，分为两相正交脉冲、正向旋转脉冲和反向旋转脉冲、指令脉冲＋指令方向等方式，为"3"时为指令脉冲＋指令方向
9	Pr0.08	电动机每旋转一转的脉冲数	6 000	YL－335B中伺服电动机同步轮齿数为12，齿距为5 mm，旋转一周，移动60 mm，则脉冲当量为0.01 mm，故旋转一周需PLC发出6 000个脉冲

上述表格中需要注意的是 Pr5.04、Pr0.00、Pr0.01、Pr0.06、Pr0.07、Pr0.08 的设置必须在控制电源断电重启之后才能修改、写入成功。

2.5.4 认知 PLC 的定位控制

1. 认知定位控制的基本要求

1）原点位置的确定

为了在直线运动机构上实现定位控制，运动机构应该有一个参考点（即原点），并指定运动的正方向。YL－335B 输送单元的直线运动机构，原点位于原点开关的中心线上，抓取机械手从原点向分拣单元运动的方向是正方向（由设定伺服驱动器的 Pr0.00 参数确定）。

PLC 进行定位控制前必须搜索到原点位置，从而建立运动控制的坐标系。定位控制从原点开始，时刻记录着控制对象的当前位置，根据目标位置的要求驱动控制对象运动。

2）目标位置的指定

进行定位控制时，目标位置的指定可以用两种方式：一种是指定当前位置到目标位置的位移量；另一种是直接指定目标位置对于原点的坐标值，PLC 根据当前位置信息自动计算目标位置的位移量，实现定位控制。前者为定位控制，后者为绝对驱动方式。FX3U 系列 PLC 配置了相对位置控制和绝对位置控制的指令。

因为使用相对位置控制指令，在紧急停车后再启动等情况下，编程计算当前位置到目标位置的位移量会比较烦琐，所以在 YL－335B 输送单元机械手的定位控制中，主要使用的是绝对位置控制指令。

3）定位控制过程

定位控制驱使控制对象从某一基层速度开始，加速到指定速度，在到达目标位置前减速到基层速度后停止，如图 2－65 所示。

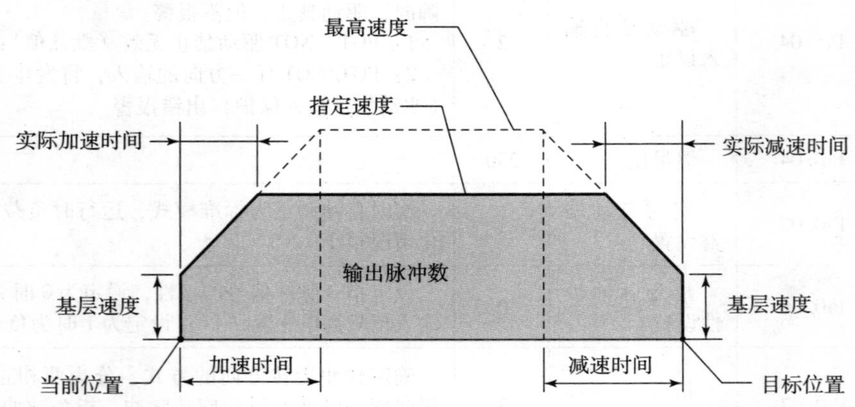

图 2－65　定位控制过程

图 2－65 中，最高速度受限于电动机和 PLC 的最大输出频率，指定速度应不大于允许的最高速度。基层速度则是运动开始和停止时的速度，如果基层速度太小，可能会在运动开始和结束时跳动；数值过高，电动机可能在启动时丧失脉冲，并且在停车时负载惯性过

大而停不下来。基层速度和加、减速时间等是进行定位控制的基本参数信息，需要预先存储在 PLC 内存中。

2. 认知 FX3U 系列 PLC 的定位控制功能

晶体管输出的 FX3U 系列 PLC CPU 单元支持高速脉冲输出功能，具有这项功能的输出点为 Y000 ~ Y002。下面我们就介绍一下以 Y000 为例相关定位控制指令，以及它们的功能、指令格式、编程和调试时的注意事项。

1）定位控制的相关软元件

FX3U 系列 PLC 可以用一系列特殊软元件来记录定位控制的参数信息。下面仅对 YL－335B 定位控制中所使用的部分特殊软元件加以介绍。

（1）相关的特殊辅助继电器。编程输送单元机械手的定位控制，只使用了脉冲输出中监控、脉冲输出停止指令等定位控制专用标志位，此外还使用了“指令执行结束”标志 M8029。注意：M8029 适用于指令系统的所有应用指令。

M8340 为 Y000 的脉冲输出中监控（BUSY/READY）标志位，为只读属性，在定位指令（例如 ZRN、DRVA、PLSV 等）执行时，监控脉冲输出。

M8349 是 Y000 的脉冲输出停止指令（立即停止），为可驱动属性，驱动此标志位为 ON，立即使脉冲输出停止。需要注意的是，这时 M8029 不能动作。

（2）相关的特殊数据寄存器。

下面介绍使用 Y000 输出时，定位指令所使用的部分特殊辅助寄存器。其中，最高速度、基层速度、加速时间和减速时间是定位控制的基本参数信息，如需要修改其初始值，须在 PLC 加电首个扫描周期写入设定值。

D8340、D8341（32 bit）为当前值寄存器，执行 DRVA、PLSV 等指令时，对应旋转方向增减当前值。

D8344、D8343（32 bit）为最高速度寄存器，执行定位指令的最高速度，初始值为 100 kHz，设定范围为 10 Hz ~ 100 kHz。

D8342（16 bit）为基层速度寄存器，执行定位指令时的基层速度，设定范围为最高速度的 1/10 以下。

D8348 为加速时间寄存器，为从基层速度到最高速度的加速时间，设定范围为 50 ~ 5 000 ms。

D8349 为减速时间寄存器，为从最高速度下降到基层速度的减速时间，设定范围为 50 ~ 5 000 ms。

2）原点回归指令 FNC156（ZRN）

（1）指令的功能。原点回归指令主要用于上电时和初始运行时，搜索和记录原点位置信息。该指令要求提供一个近原点的信号，原点回归动作须从近点信号的前端开始，以指定的原点回归速度开始移动；当近点信号由 OFF 变为 ON 时，减速至爬行速度；最后，当近点信号由 ON 变为 OFF 时，在停止脉冲输出的同时，使当前值寄存器（Y000：[D8141，D8140]，Y001：[D8143，D8142]）清零。原点归零动作过程示意图如图 2－66 所示。

（2）指令格式。由此可见，原点回归指令要求提供 3 个源操作数和 1 个目标操作数。源操作数为：原点回归开始的速度、爬行速度、指定近点信号输入。目标操作数为指定脉冲输出的 Y 编号作为目标操作数。原点回归指令格式如图 2－67 所示。

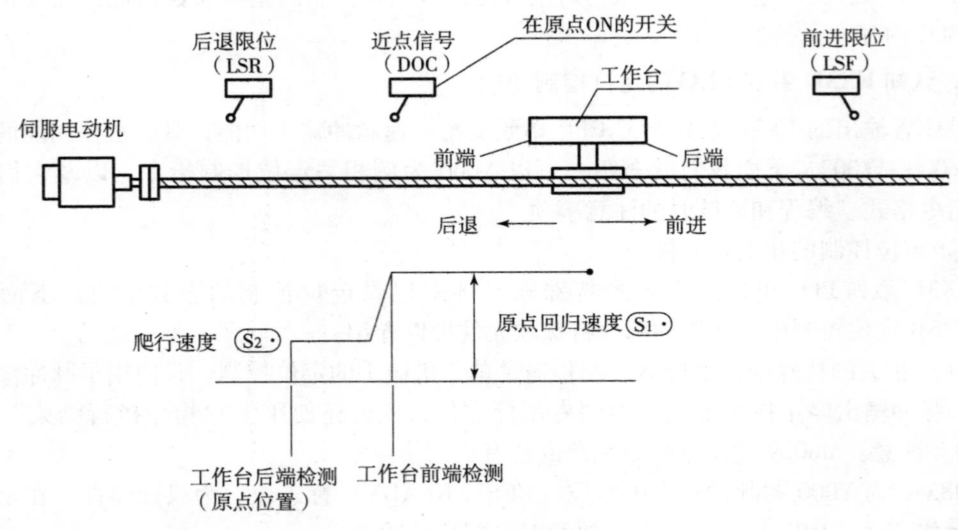

图 2-66　原点归零动作过程示意图

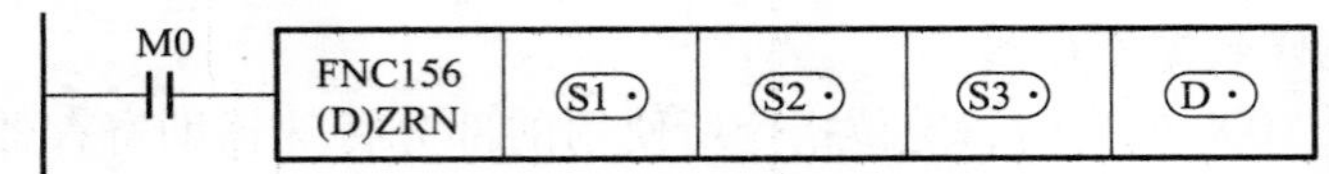

图 2-67　原点回归指令格式

使用原点回归指令编程时应注意：

回归动作必须从近点信号的前端开始，因此当前值寄存器（Y000：[D8141，D8140]，Y001：[D8143，D8142]）数值将向减少方向动作。

原点回归速度，对于16位指令，这一源操作数的范围为10～32 767 Hz，对于32位指令，范围为10 Hz～100 kHz。

近点输入信号宜指定输入继电器（X），否则由于会受到可编程控制器运算周期的影响，引起原点位置的偏移增大。

在原点回归过程中，指令驱动接点M0变OFF状态时，将不减速而停止，并且在“脉冲输出中”标志（Y000：M8147，Y001：M8148）处于ON时，将不接受指令的再次驱动。这时至少需要等待该标志变成OFF状态后一个扫描周期，才能再次驱动。

安装YL-335B时，通常把原点开关的中间位置设定为原点位置，并且恰好与供料单元物料台中心线重合。

3）绝对位置控制指令FNC159（DRVA）

使用原点回归指令使抓取机械手返回原点时，按上述动作过程，机械手应该在原点开关动作的下降沿停止，显然这时机械手并不在原点位置上，因此，原点回归指令执行完成后，应该再用下面所述的绝对位置控制指令，驱动机械手向前低速移动一小段距离，才能真正到达原点。

（1）指令的功能。用目标位置对原点的坐标值（以带符号的脉冲数表示）来指定目标位置，并指定输出脉冲频率，以实现定位控制。

（2）指令格式。如图 2－68 所示，该指令要求指定目标位置信息(S1·)和输出脉冲频率(S2·)两个源操作数，并指定脉冲输出地址(D1·)、旋转方向输出地址(D2·)两个目标操作数。

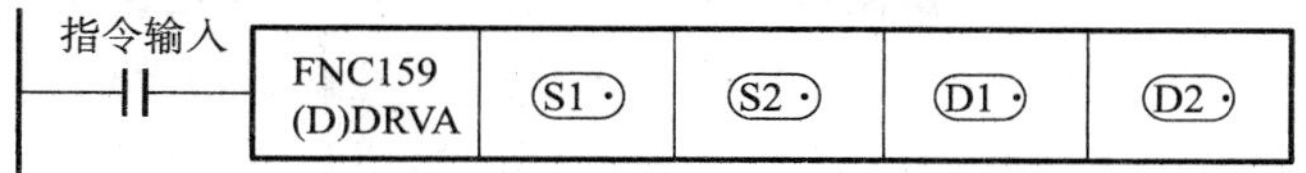

图 2－68　绝对位置控制指令的指令格式

指令格式说明：(S1·)为输出脉冲数（绝对指定），其范围［16 位指令］为 －32 768 ~ ＋32 767，［32 位指令］为 －999 999 ~ ＋999 999；(S2·)为输出脉冲频率，其范围［16 位指令］为 10 ~32 767 Hz，［32 位指令］为 10 Hz ~ 100 kHz；(D1·)为脉冲输出起始地址，仅能指令 Y000、Y001、Y002；(D2·)为旋转方向信号输出起始地址，根据和当前位置的差值，按照以下方式动作［＋（正）］→ON［－（负）］→OFF。

（3）编程调试注意事项：

①脉冲输出时，指令执行过程中的当前值寄存器存放当前位置对于原点的坐标值（32 位数），正转时其数值增加，反转时其数值减小。

②在指令执行过程中，即使改变操作数的内容，也无法在当前运行中表现出来，只在下一次指令执行时才有效。

③若在指令执行过程中，指令驱动的接点变为 OFF 时，将减速停止。这时指令执行完成标志 M8029 不动作。指令驱动节点变为 OFF 后，在“脉冲输出中”标志处在 ON 时，将不接受指令的再次驱动，需至少等待该标志变成 OFF 状态后一个扫描周期，才能再次驱动。

4）可变速脉冲输出指令 FNC157（PLSV）

（1）指令的功能。PLSV 指令是一个附带旋转方向的可变速脉冲输出指令。执行这一指令，即使在脉冲输出状态中，仍然能够自由改变输出脉冲频率。

（2）指令格式。可变速脉冲输出指令格式示例如图 2－69 所示。

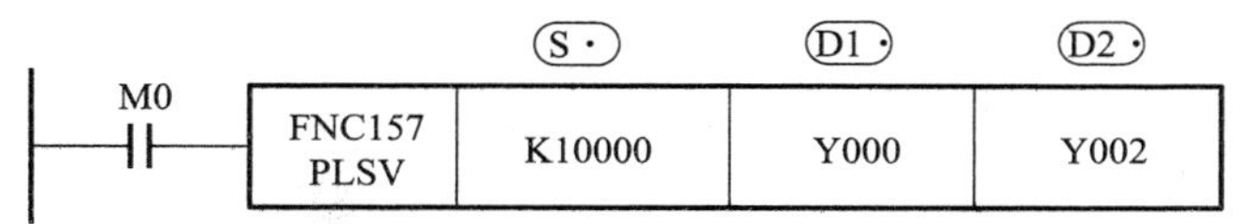

图 2－69　可变速脉冲输出指令格式示例

该指令只有一个源操作数，用来指定输出脉冲频率，对于 16 位指令，操作数范围为 1 ~ 32 767 Hz，－1 ~ －32 767 Hz；对于 32 位指令，操作数范围为 10 Hz ~ 100 kHz，－10 Hz ~ －100 kHz。

目标操作数有两个：一是指定脉冲输出地址，此处为 Y000；二是指定旋转方向信号输出地址，这里是 Y002.

（3）编程调试注意事项：

①在启动/停止时不执行加减速过程。

②指令驱动节点变为 OFF 后，在“脉冲输出中”标志处于 ON 时，将不接受指令的再

次驱动。需至少等待该标志变成 OFF 状态后一个扫描周期，才能再次驱动。

◈ 任务总结

通过对伺服电动机及其驱动器和 FX3U 系列 PLC 的定位控制技术的介绍和讲解，使学生掌握伺服电动机驱动器的电气特性，正确认识伺服驱动器的外部端口功用，能正确接线，能正确地设定伺服驱动器的控制参数，能够掌握 FX3U 系列 PLC 内置定位控制指令的使用和编程方法，编制实现伺服电动机定位控制的 PLC 控制程序。

◈ 拓展案例

1. 伺服控制器主接线图中包括哪几个部分？
2. 松下伺服驱动器有几种控制运行方式？各是什么？

任务 2.6 触摸屏技术

任务提出

工业触摸屏是通过触摸式工业显示器把人和机器连为一体的智能化界面。它是替代传统控制按钮和指示灯的智能化操作显示终端。它可以用来设置参数，显示数据，监控设备状态，以曲线/动画等形式描绘自动化控制过程。更方便、快捷、表现力更强，并可简化为 PLC 的控制程序，功能强大的触摸屏创造了友好的人机界面。触摸屏作为一种特殊的计算机外设，它是目前最简单、方便、自然的一种人机交互方式。本项目的主要工作任务是了解触摸屏的概念、特点和使用方法，其目的是锻炼学生能够编制人机交互的组态程序，并进行通信、调试的能力。

任务分析

1. 知识目标

掌握人机界面的概念及特点，人机界面的组态方法。

2. 技能目标

能编制人机交互的组态程序，并进行通信、调试。

3. 情感目标

培养学生团队合作精神。

根据任务驱动，培养学生分析问题、解决问题的能力。

任务实施

根据触摸屏技术的任务分析，将任务分为三个模块，一是 TPC7062K 人机界面的硬件连接，二是 MCGS 嵌入版生成的用户应用系统，三是组态实例。

2.6.1　TPC7062K 人机界面的硬件连接

YL－335B 采用了昆仑通态研发的人机界面 TPC7062K，是一款在实时多任务嵌入式操作系统 Windows CE 环境中运行，MCGS 嵌入式组态软件。

该产品采用了 7 英寸高亮度 TFT 液晶显示屏（分辨率 800×480），四线电阻式触摸屏（分辨率 4 096×4 096），色彩达 64K 彩色。

CPU 主板：ARM 结构嵌入式低功耗 CPU 为核心，主频 400 MHz，64 M 存储空间。

TPC7062K 人机界面的电源进线、各种通信端口均在其背面，如图 2－70 所示。

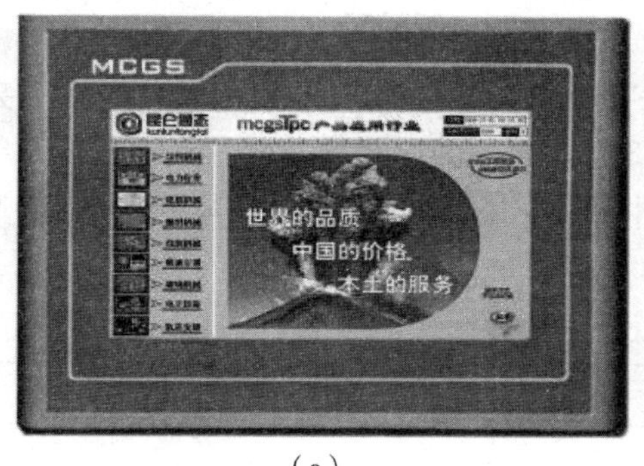

（a）

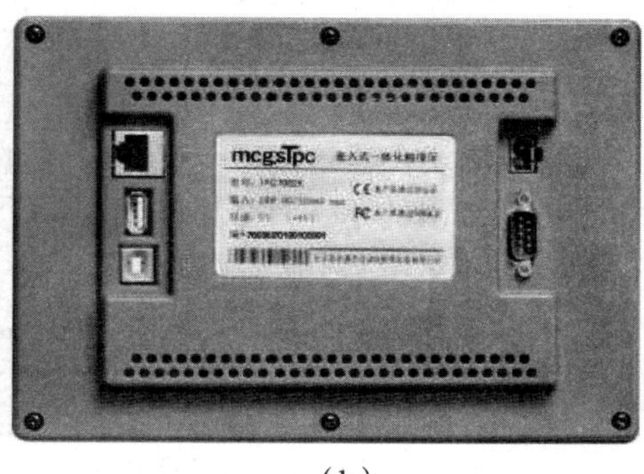

（b）

图 2－70　TPC7062K 的正视图和背视图

（a）正视图；（b）背视图

1. TPC 的外部端口

如图 2－71 所示，TPC7062K 人机界面的电源进线、各种通信端口均在其背面。其中 USB1 口用来连接鼠标和 U 盘等，USB2 口用作工程项目下载，九针串行端口通过 RS232 连接电缆或 RS－485 连接电缆连接 PLC。

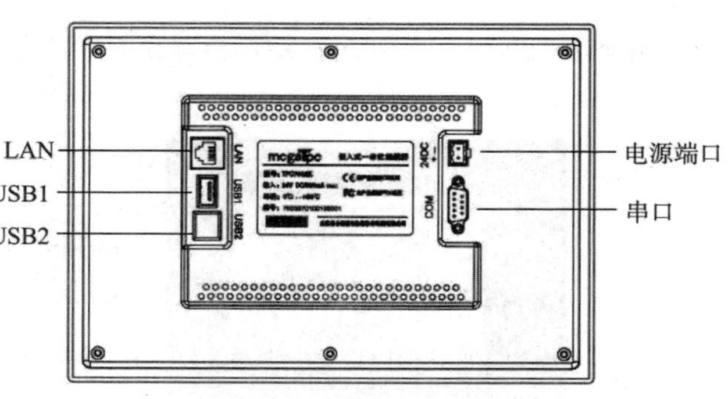

图 2－71　TPC7062K 端口图

1）电源端口的接线

供电接线步骤如下：

（1）将 24 V 电源线剥线后插入电源插头接线端子中；

（2）使用一字螺丝刀将电源插头螺钉锁紧；

（3）将电源插头插入产品的电源插座。

图 2－72 所示为电源插头示意图和引脚定义。

使用 24 V 直流电源给 TPC 供电，开机启动后屏幕出现“正在启动”提示进度条，此时不需要任何的操作，系统将自动进入工程运行界面。

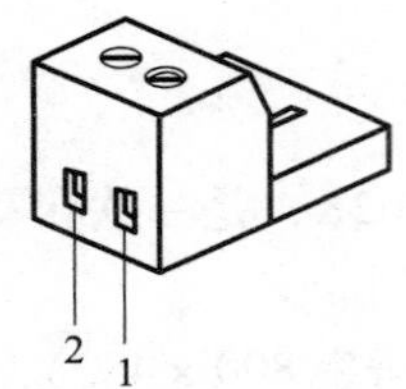

PIN	定义
1	+
2	–

图 2－72　电源插头示意图和引脚定义

2）串口引脚

在 YL－335B 的出厂配置中，TPC 通过串口与输送单元的 FX 系列 PLC 的编程口连接，采用 RS－232 通信协议。

如果在工作单元的 PLC 的左侧连接一块 FX3U－485－ADP 模块，则 TPC 也可采用 RS－485 通信协议，通过串口与 PLC 相连的 FX3U－485－ADP 模块连接。

需要特别指出的是，TPC 虽然只有一个九针串口，但使用不同的引脚却有不同的通信方式，如表 2－14 所示。

表 2－14　TPC 串口的引脚定义

端口	PIN	引脚定义	串口引脚图
COM1	2	RX－232 RXD	1 2 3 4 5 6 7 8 9 串口引脚定义
	3	RX－232 TXD	
	5	GND	
COM2	7	RS－485＋	
	8	RS－485－	

当 TPC 与 FX 系列的 PLC 编程口连接时，应使用 COM1 端口，如图 2－73 所示。

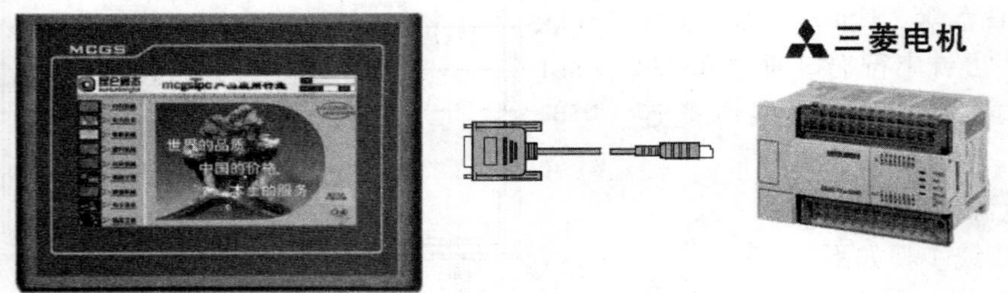

图 2－73　TPC 与 FX 系列 PLC 的编程口连接

2.6.2　MCGS 嵌入版生成的用户应用系统

MCGS 嵌入版生成的用户应用系统，由主控窗口、设备窗口、用户窗口、实时数据库和运行策略五个部分构成，如图 2－74 所示。

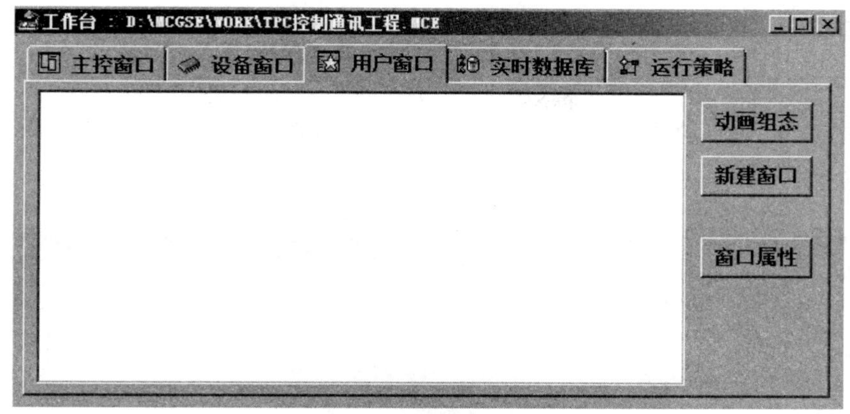

图 2-74　MCGS 组态界面

主控窗口：构造了应用系统的主框架，用于对整个工程相关的参数进行配置，可设置封面窗口、运行工程的权限、启动画面、内存画面、磁盘预留空间等。

设备窗口：是应用系统与外部设备联系的媒介，专门用来放置不同类型和功能的设备构件，实现对外部设备的操作和控制。设备窗口通过设备构件把外部设备的数据采集进来，送入实时数据库，或把实时数据库中的数据输出到外部设备。

用户窗口：实现了应用系统数据和流程的“可视化”。工程里所有可视化的界面都是在用户窗口里面构建的。用户窗口中可以放置三种不同类型的图形对象：图元、图符和动画构件。通过在用户窗口内放置不同的图形对象，用户可以构造各种复杂的图形界面，用不同的方式实现数据和流程的“可视化”。

实时数据库：是应用系统的核心。实时数据库相当于一个数据处理中心，同时也起到公共数据交换区的作用。从外部设备采集来的实时数据送入实时数据库，系统其他部分操作的数据也来自实时数据库。

运行策略：是对应用系统运行流程实现有效控制的手段。运行策略本身是系统提供的一个框架，其里面放置由策略条件构件和策略构件组成的“策略行”，通过对运行策略的定义，使系统能够按照设定的顺序和条件操作任务，实现对外部设备工作过程的精确控制。

2.6.3　组态示例

下面通过一个相对简单的人机界面监控要求作为实例，重点是使学生掌握 TPC 与 PLC 建立通信、指定和配置设备通道，以实现组态工程的实时数据库的数据对象与 PLC 内部变量正确连接的方法和步骤，只是人机界面组态技术中一个很基本的要求。

该实例要求界面上放置两个自复位按钮。触摸按钮 1，PLC 接收到信号后，使输出 Y000 ON 并保持；触摸按钮 2，使输出 Y000 OFF；Y000 的输出信息应送回人机界面，使界面上的指示灯点亮或熄灭。

1. 建立“三菱 FX 系列 PLC 通信”工程

启动 MCGS 嵌入版组态软件，新建工程后，选择文件菜单中的“工程另存为”选项，弹出“文件保存”窗口，在文件名一栏输入“三菱 FX 系列 PLC 通信”，单击“保存”按钮，完成工程的创建。

2. 设备组态、设备构件

1）在设备窗口内配置设备构件

在工作台中激活设备窗口：鼠标双击设备窗口进入设备组态画面，单击工具条中的，打开“设备工具箱”，如图 2－75 所示。

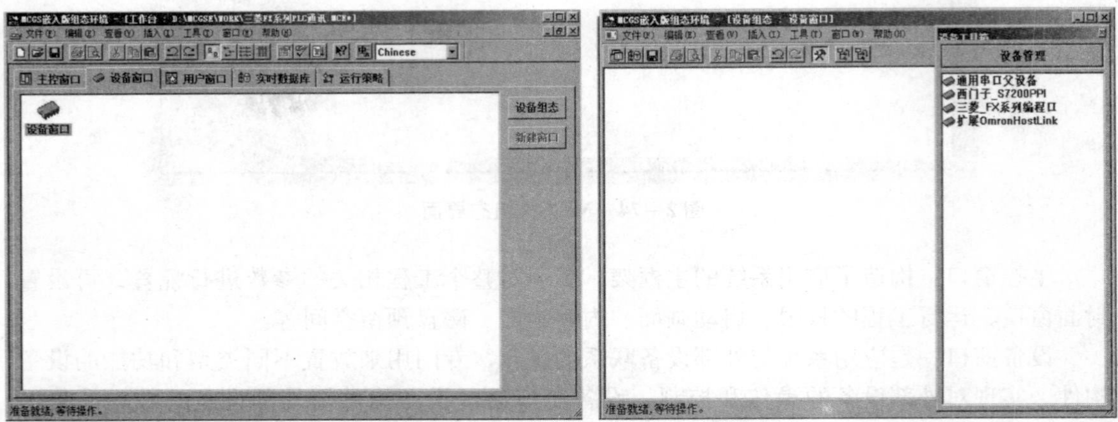

图 2－75 设备工具箱和设备窗口画面

（a）设备窗口；（b）设备工具箱

在设备工具箱中，鼠标按顺序先后双击“通用串口父设备”和“三菱_FX 系列编程口”添加至设备组态画面，如图 2－76 所示。

图 2－76 FX 系列 PLC 父设备属性窗口

此时会弹出窗口，提示是否使用“三菱_FX 系列编程口”默认通信参数设置父设备，如图 2－77 所示，选择“是”。所有操作完成后保存并关闭设备窗口，返回工作台。

图 2－77　组态环境提示框

2）设置通用串口父设备属性

双击“通用串口父设备”，进入通用串口父设备的基本属性设置。此设置的目的是使通用串口父设备与子设备“三菱_FX 系列编程口”通信参数相匹配：串口端口号设置为 0，即选用 COM1 口（RS－232 通信协议）；波特率为 9 600，7 位数据位，1 位停止位。数据校验方式为偶校验，如图 2－78 所示。

通用串口设备属性编辑

基本属性　电话连接

设备属性名	设备属性值
设备名称	通用串口父设备0
设备注释	通用串口父设备
初始工作状态	1 - 启动
最小采集周期(ms)	1000
串口端口号(1~255)	0 - COM1
通讯波特率	6 - 9600
数据位位数	0 - 7位
停止位位数	0 - 1位
数据校验方式	2 - 偶校验

检查(K)　确认(Y)　取消(C)　帮助(H)

图 2－78　通用串口设置

3）设置三菱_FX 系列编程口的设备属性

双击“三菱_FX 系列编程口”进入设备编辑窗口，如图 2－79 所示。左边窗口下方 CPU 类型选择 4－FX3UCPU。右窗口中“通道名称”默认为 X000 ~ X007，可以单击“删除全部通道”按钮给以删除。

3. 图形界面的组态步骤

1）新建用户窗口

在工作台中激活用户窗口，单击“新建窗口”按钮，建立新画面“窗口 0”，如图2－80（a）

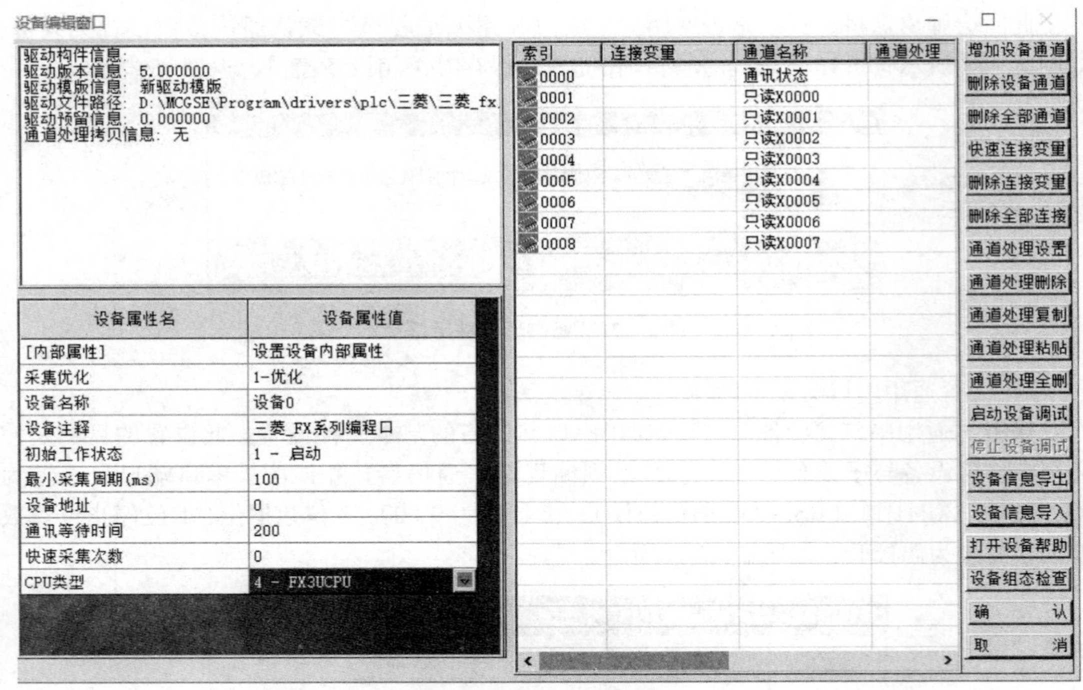

图 2-79 设备编辑窗口

所示。接下来单击“窗口属性”按钮，弹出“用户窗口属性设置”对话框，在基本属性页将“窗口名称”修改为“三菱 FX 控制画面”，单击“确定”按钮进行保存，如图 2-80（b）所示。

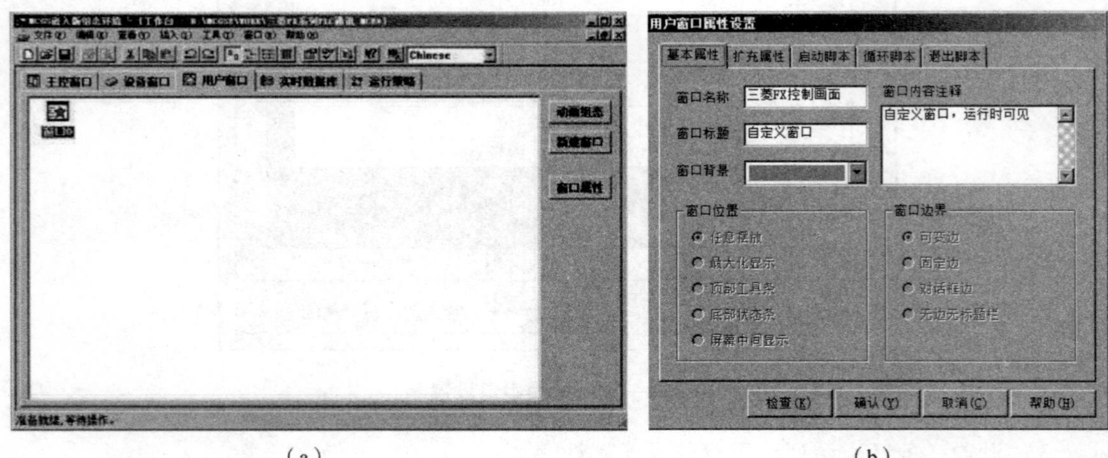

（a）　　　　　　　　　　　　　　（b）

图 2-80 新建用户窗口

（a）新建用户窗口；（b）更改窗口名称

2）组态按钮构件

在用户窗口双击“三菱 FX 控制画面”图标，进入“动画组态控制画面”；单击按钮打开“工具箱”。

建立基本元件：按钮。从工具箱中单击“标准按钮”构件，在窗口编辑位置按住鼠标左键拖放出一定大小后，松开鼠标左键，这样一个按钮构件就绘制在窗口中，如图2－81（a）所示。接下来双击该按钮打开“标准按钮构件属性设置”对话框，在基本属性页中将“文本”修改为“启动”，单击确认按钮保存，如图2－81（b）所示。

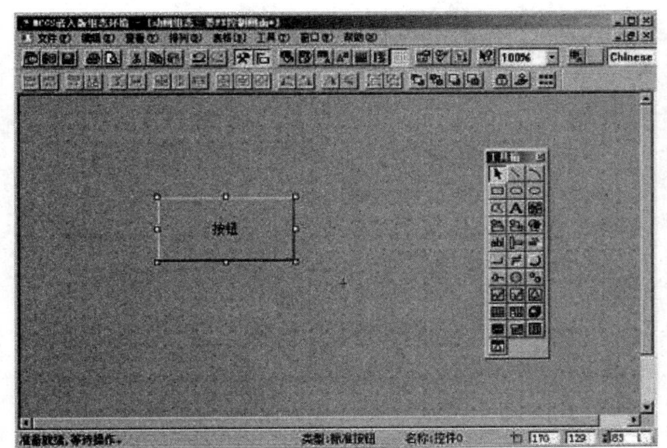

（a）

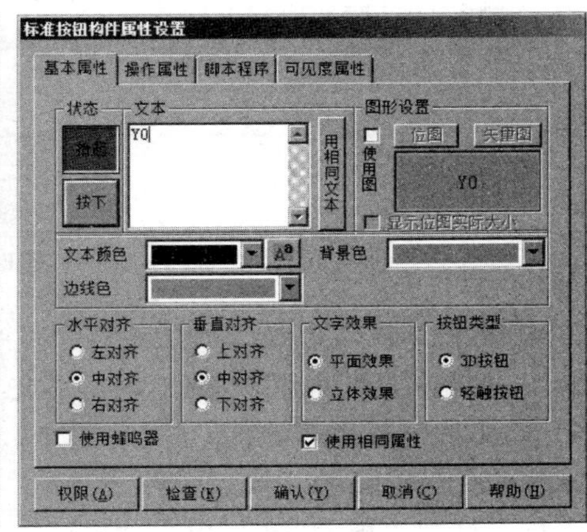

（b）

图2－81　在窗口放置一个按钮

（a）绘制按钮；（b）按钮属性设置

接着双击该按钮打开“标准按钮构件属性设置”对话框，在“操作属性”选项中默认“抬起功能”按钮为按下状态，勾选“数据对象值操作”，选择“按1松0”，如图2－82（a）所示单击“确认”按钮弹出“变量选择”对话框，选择“根据采集信息生成”，通道类型选择“M辅助寄存器”，通道地址为“0”，读写类型选择“读写”。设置完成后单击确认，如图2－82（b）所示。

（a）

图2－82　在实时数据库中定义数据对象

（a）操作属性设置

变量选择

变量选择方式
从数据中心选择|自定义　根据采集信息生成　确认　退出

根据设备信息连接
选择通讯端口　通用串口父设备0[通用串口父设备]　通道类型　M辅助寄存器　数据类型
选择采集设备　设备0[三菱_FX系列编程口]　通道地址　0　读写类型　读写

从数据中心选择
选择变量　数值型　开关型　字符型　事件型　组对象　内部对象

（b）

图 2－82　在实时数据库中定义数据对象（续）

（b）“变量选择”对话框

用同样的方法组态按钮 2，其“文本”属性修改为“停止”。

3）组态指示灯元件

单击工具箱的“插入元件”按钮，打开“对象元件管理”对话框，选中图形对象库中指示灯中的指示灯 6，单击“确认”按钮，将其添加到窗口画面中，并调整到合适的大小，摆放在按钮列旁边，如图 2－83 所示。

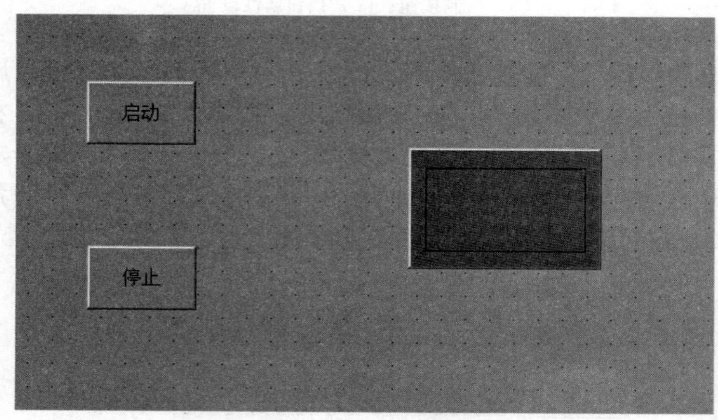

图 2－83　添加指示灯到窗口画面

双击指示灯构件，将弹出“单元属性设置”对话框，单击“连接类型”栏下面的“填充颜色”，右侧将出现 ? 和 > 按钮。其中按下 ? 可以用来定义数据对象，按下 > 用来选择“填充颜色”，如图 2－84 所示。

4. 工程文件下载

1）下载前连接 TPC7062K 和 PC

将 USB 线一端为扁平端口，插到 PC 的 USB 口；另一端为微型端口，插到 TPC 的 USB2 口。

2）下载步骤

单击工具条的“下载”按钮，进行下载配置，选择“连机运行”，连接方式选择“USB 通信”。

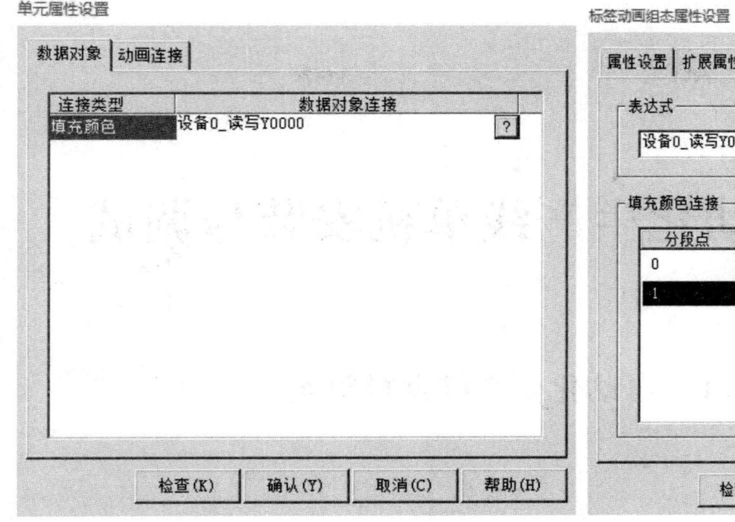

（a）

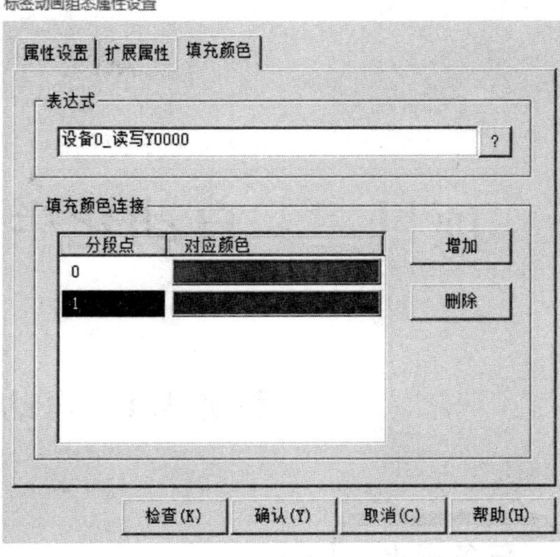

（b）

图 2－84　指示灯定义数据对象和设置填充颜色

（a）定义数据对象；（b）设置填充颜色

单击“通信测试”按钮进行通信测试。

通信正常后，单击“工程下载”按钮。

5. 连接 PLC 运行

将组态好的资料下载到 TPC 后，如果 TPC 和 PLC 已连接，PLC 侧编制了相应的程序并且在运行状态，则 PLC 将与人机界面交换信息。此处从略。

任务总结

通过对人机界面概念和特点的讲解，使学生能够掌握人机界面的组态方法以及编制人机交互的组态程序，并能够进行安装和调试

拓展案例

1. 人机界面如何与 PLC 连接？
2. MCGS 组态软件如何与 PLC 连接？

项目三　自动化生产线单机安装与调试

任务 3.1　自动化生产线供料单元

任务提出

供料单元的功能是：按照需求将放在料仓中的等待需要加工工件（模拟为原料）自动推出到物料台上，以便于输送单元的机械手将其抓取，输送到其他单元上。该单元由安装在工作台上的装置侧部分和安装在下面抽屉内的 PLC 侧部分组成。

首先，我们需要对设备进行安装，包括机械装配和电、气路的连接；其次，编写 PLC 控制程序并进行调试，最终达到任务要求。

任务分析

1. 知识目标

了解供料单元的结构和工作过程；掌握供料单元的元件组成及功能，包括传感器、气动部件等；掌握该单元的 PLC 控制原理和程序编制流程。

2. 技能目标

熟练完成供料单元装置侧机械安装以及气路的连接与调试；能按要求设计该单元的 PLC 控制电路，绘制电路图，然后进行电气接线；按要求编制和调试 PLC 控制程序。

3. 情感目标

培养学生团队合作精神。

根据任务驱动，培养学生分析问题、解决问题的能力。

任务实施

根据供料单元的任务分析，将任务分为三个模块：一供料单元的装配；二供料单元的电路与气路连接；三供料单元的编程与单机调试。

3.1.1　供料单元的装配

供料单元设备示意图如图 3－1 所示。

图 3－1　供料单元设备示意图

1. 供料单元的主要结构

工件装料管、工件推出装置、支撑架、阀组、端子排组件、PLC、急停按钮和启动/停止按钮、走线槽、底板等。

其中，工件装料管用于储存工件原料，并在需要时将料仓中最下层的工件推出到物料台上。它主要由管形料仓、推料气缸、顶料气缸、磁感应接近开关、漫射式光电传感器组成。

（1）铝合金型材支撑架组件如图 3－2 所示。

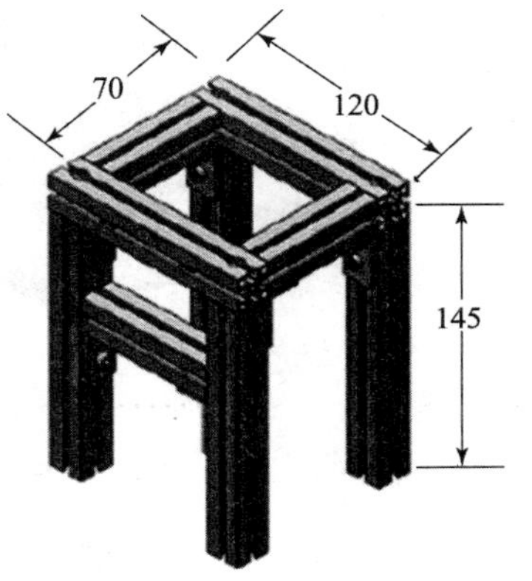

图 3－2　铝合金型材支撑架组件

其中：

70 mm 长铝合金型材 3 根；

120 mm 长铝合金型材 2 根；

145 mm 长铝合金型材 4 根。

装配铝合金型材支撑架时，注意调整好各条边的平行度及垂直度，锁紧螺栓。

（2）物料台和料仓底座如图 3－3 所示。

用螺栓把它们连接为总体，再用橡皮锤把装料管敲入料仓底座。机械机构固定在底板上的时候，需要将底板移动到操作台的边缘，螺栓从底板的反面拧入，将底板和机械机构部分的支撑型材连接起来。

（3）推料机构如图 3－4 所示。

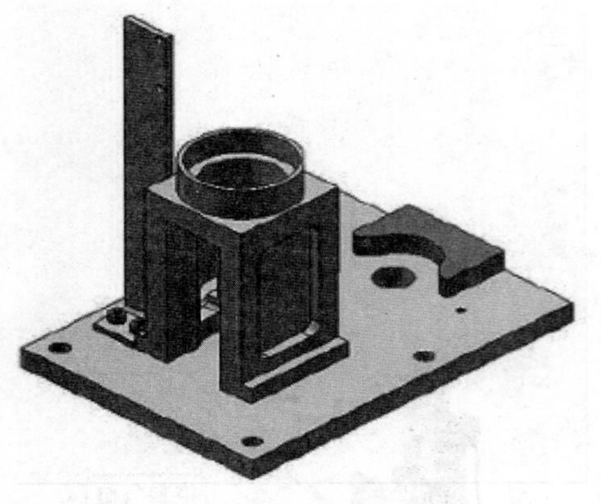

图 3－3　物料台和料仓底座

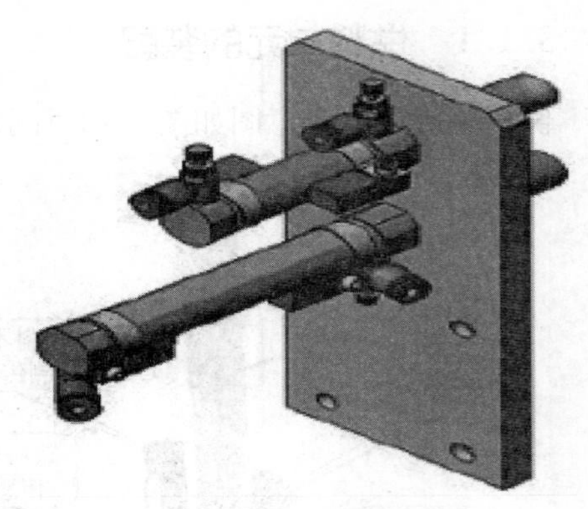

图 3－4　推料机构

气缸安装板和铝合金型材支撑架的连接，是靠预先在特定位置的铝型材 T 形槽中放置预留与之相配的螺母，因此在对该部分的铝合金型材进行连接时，一定要在相应的位置放置相应的螺母。如果没有放置螺母或没有放置足够多的螺母，将造成无法安装或安装不可靠。

2. 供料单元的各组件装配步骤

供料单元的装配步骤如表 3－1 所示。

表 3－1　供料单元的装配步骤

组件名称及外观		组件装配过程
料仓底座及物料台	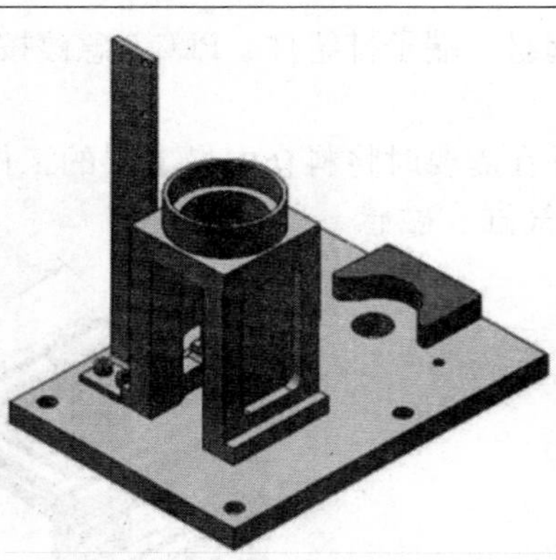	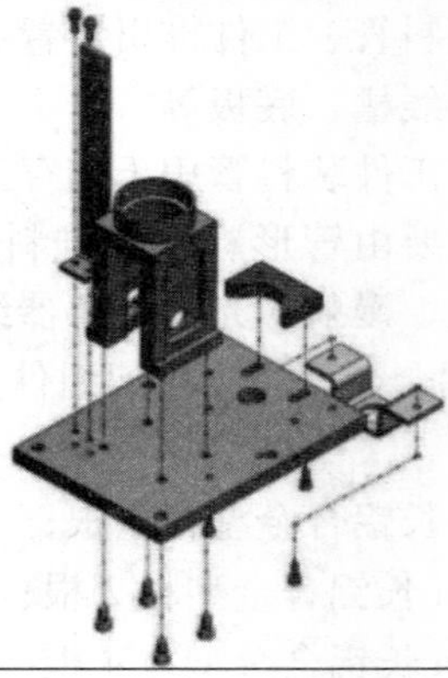
推料机构组件		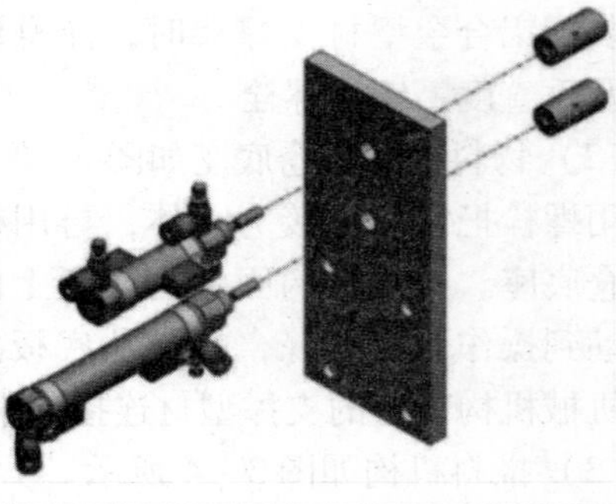

续表

组件名称及外观		组件装配过程
铝合金型材支撑架组件	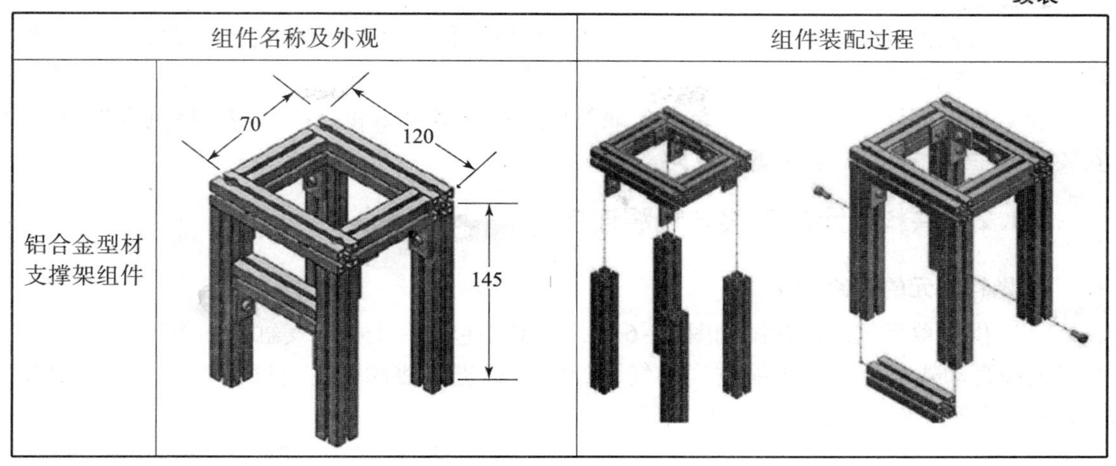	

装配过程中应注意如下两点：

（1）装配铝合金型材支撑架时，注意调整好各条边的平行度及垂直度，锁紧螺栓。

（2）气缸安装板和铝合金型材支撑架的连接，是靠预先在特定位置的铝型材 T 形槽中放置预留与之相配的螺母，因此在对该部分的铝合金型材进行连接时，如果相应位置没有放置足够的螺母，将造成无法安装或安装不可靠。

3. 供料单元的总装

各组件装配好后，用螺栓把它们连接为总体，再用橡皮锤把装料管敲入料仓底座。然后将连接好的供料单元机械部分以及电磁阀组和接线端口固定在底板上，最后把机械机构固定在底板上完成供料单元的安装，如图 3－5 所示。

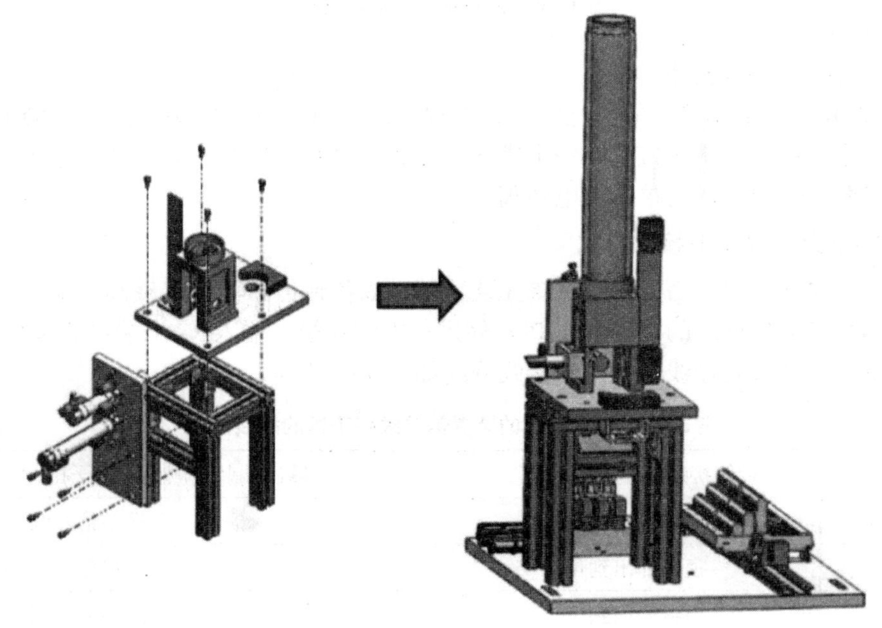

图 3－5　供料单元装置侧的总装图

总装注意事项：

（1）机械机构固定在底板上的时候，需要将底板移动到工作台的边缘，螺栓从底板的反面拧入，将底板和机械机构部分的支撑型材连接起来。

（2）机械部件装配完成后，装上欠缺料检测、金属检测和物料台物料检测等传感器。安装时请注意它们的安装位置、方向等。

3.1.2 供料单元的电路与气路连接

1. 供料单元的气路连接

（1）供料单元气动原理图如图3-6所示，其中包括一个推料气缸、一个顶料气缸、2个单电控直动式电磁阀。压缩空气由气泵经汇流板进电磁阀，由电磁阀控制2个气缸动作，从而实现供料单元的原料供应功能。

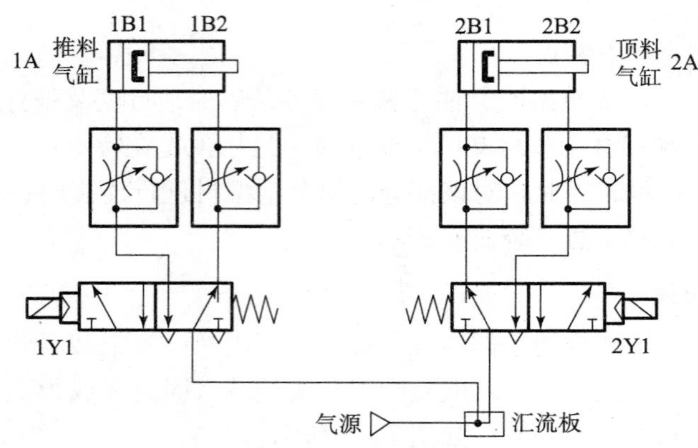

图3-6 供料单元气动原理图

（2）气路连接的注意事项：

YL-335B所有工作单元的执行气缸都是双作用气缸，因此控制它们工作的电磁阀需要有两个工作口和两个排气口以及一个供气口，故使用的电磁阀均为二位五通电磁阀。供料单元用了两个二位五通的单电控电磁阀。

2. 供料单元的电路连接

电路连接包括，在台面上的供料单元装置侧完成各种传感器、电磁阀、电源端子等引线到装置侧接线端口之间的接线；在PLC侧进行电源连接、输入/输出端口的接线等。

供料单元的装置侧接线端子排的接线分配如表3-2所示。

表3-2 供料单元的装置侧接线端子排的接线分配

输入端装置侧接线端子排		输出端装置侧接线端子排	
端子号	设备信号线	端子号	设备信号线
2	顶料伸出到位	2	顶料电磁阀
3	顶料缩回到位	3	推料电磁阀

续表

输入端装置侧接线端子排		输出端装置侧接线端子排	
端子号	设备信号线	端子号	设备信号线
4	推料伸出到位		
5	推料缩回到位		
6	物料台物料检测		
7	物料不足光电检测		
8	物料有无光电检测		
9	金属物料检测		
10～17 号端子空置		4～14 号端子空置	

（1）供料单元台面上的装置侧接线注意事项：

①装置侧输入端接线端子排上层的 +24 V 电源端只能作为传感器的正电源端，切勿用于电磁阀执行元件的负载。电磁阀等执行元件的 +24 V 正电源端和 0 V 端应连接到输出端子排下层端子的相应端子上，即传感器的供电电源要和电磁阀供电电源分开。

②装置侧接线完成后，应用扎带绑扎，力求整齐美观；两个扎带之间距离不超过 50 mm，电缆和气管应该分开绑扎。电气接线的工艺应符合国家职业标准的规定，例如，导线连接到端子时，采用压紧端子压接方法；连接线须有符合规定的标号；每一端子连接的导线不超过 2 根等。

（2）供料单元 PLC 选用 FX3U－32MR，共 16 点输入和 16 点继电器输出。

供料单元 PLC 输入/输出端分配如表 3－3 所示。

表 3－3 供料单元 PLC 侧输入/输出端分配

PLC 侧输入端		PLC 侧输出端	
PLC 输入点	设备信号线	PLC 输出点	设备信号线
X0	顶料伸出到位	Y0	顶料电磁阀
X1	顶料缩回到位	Y1	推料电磁阀
X2	推料伸出到位	Y2	空闲
X3	推料缩回到位	Y3	空闲
X4	物料台物料检测	Y4	空闲
X5	物料不足光电检测	Y5	空闲
X6	物料有无光电检测	Y6	空闲
X7	金属物料检测	Y7	空闲
X10	空闲	Y10	HL1（指示灯）
X11	空闲	Y11	HL2（指示灯）
X12	SB2（停止按钮）	Y12	HL3（指示灯）

续表

PLC 侧输入端		PLC 侧输出端	
PLC 输入点	设备信号线	PLC 输出点	设备信号线
X13	SB1（启动按钮）	Y13	空闲
X14	QS（急停）	Y14	空闲
X15	QA（切换开关）	Y15	空闲

（3）下面根据 PLC 的输入/输出分配表，绘制 PLC 的控制电路图，如图 3－7 所示。

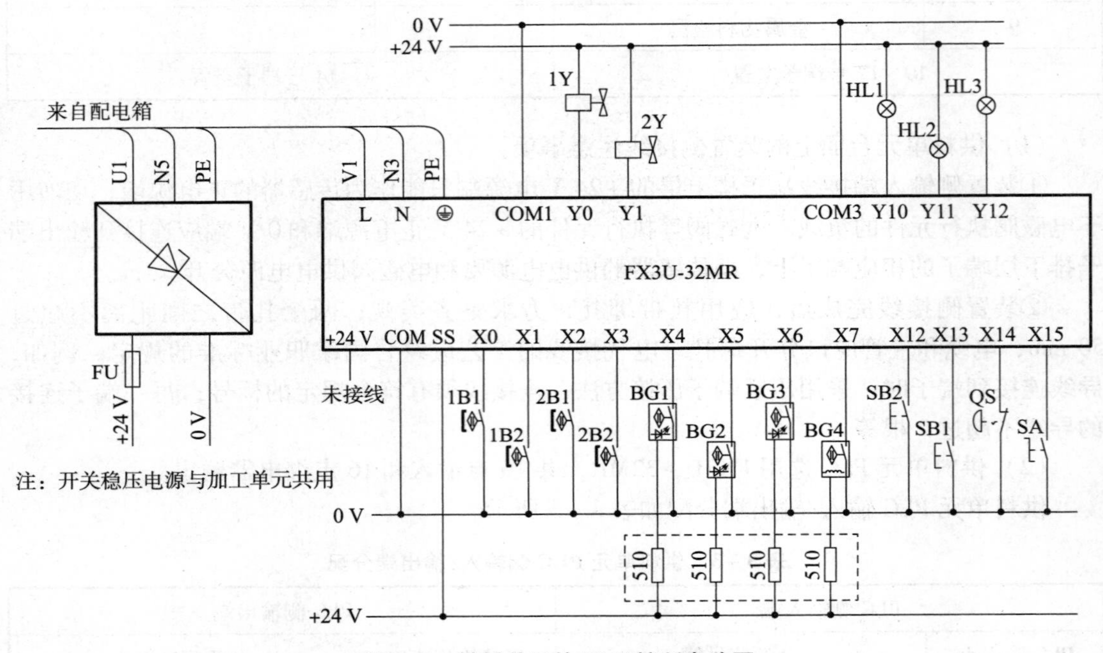

图 3－7　供料单元的 PLC 控制电路图

供料单元 PLC 侧接线注意事项：电磁阀供电电源和各传感器的供电电源由外部直流电源供电，没有使用 PLC 内部的直流 24 V 电源供电。以后其他单元也采用同样做法，今后不再说明了。

3.1.3　供料单元的编程与单机调试

1. 供料单元的工作原理

图 3－8 所示为供料单元工作示意图。

工件垂直叠放在管形料仓中，推料气缸处于料仓的底层，顶料气缸位于次下层，并且顶料气缸的活塞杆顶住最底层物料。

在需要将工件推出到物料台上时，首先使顶料气缸的活塞杆推出，压住次下层工件；然后使推料气缸活塞杆推出，从而把最下层工件推到物料台上。在推料气缸返回并从料仓底部抽出后，再使顶料气缸返回，松开次下层工件。这样，料仓中的工件在重力的作用

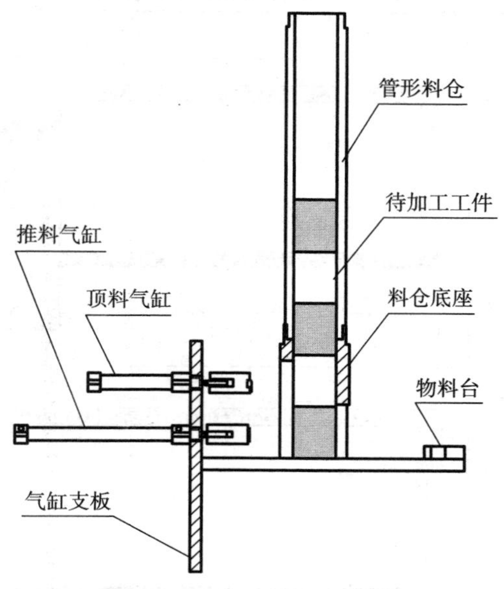

图 3－8 供料单元工作示意图

下，就自动向下移动一个工件，为下一次推出工件做好准备。

在底座和管形料仓第 4 层工件位置，分别安装一个漫射式光电开关。它们的功能是检测料仓中有无储料或储料是否足够。若该部分机构内没有工件，则处于底层和第 4 层位置的两个漫射式光电接近开关均处于常态；若仅在底层有 3 个工件，则底层处光电接近开关动作而第 4 层处光电接近开关处于常态，表明工件已经快用完了。这样，料仓中有无储料或储料是否足够，就可用这两个光电接近开关的信号状态反映出来。

2. 线路的校核

供料单元的控制电路接线完成后需要对接线加以校核，我们常使用万用表以及借助 PLC 编程软件 GX Developer 的状态表监控功能，具体步骤如下：

（1）断开 YL－335B 的电源和气源，用万用表校核供料单元 PLC 的输入/输出端子和 PLC 侧接线端口的连接关系；然后用万用表逐点测试按钮/指示灯模块中各按钮、开关等与 PLC 输入端子的连接关系，各指示灯与 PLC 输出端子的连接关系，完成后做好记录。

（2）为了使气缸能自如动作，应清空供料单元料仓内的工件。接通供料单元电源，确保 PLC 在 STOP 状态。

（3）在个人计算机上运行三菱 GX Developer 软件，创建一个新工程，然后检查编程软件和 PLC 之间的通信是否正常。只有当编程软件和 PLC 之间的通信正常才能进入状态监控操作。

（4）打开状态监控界面，根据 PLC 上有接线的 I/O 端子，进行位软元件登录，然后激活软元件状态监视。

软元件测试操作步骤如表 3－4 所示。

表 3-4　软元件测试操作步骤

<table>
<tr><th>测试步骤及说明</th><th>测试界面</th></tr>
<tr><td>步骤 1：打开状态监控界面及位软元件登录。
①单击工具栏上的按钮，打开“软元件登录监视”界面。
②进入软元件登录操作，逐个输入所希望测试输入或输出点直至全部完成</td><td></td></tr>
<tr><td>步骤 2：激活软元件状态监视。
单击软元件登录监视界面的“监视开始”键，框内各元件的状态将在（ON/OFF/当前值）栏目中显示。
操作某一传感器，软元件登录框上相对应的软元件状态也发生变化，从而判断传感器接线是否正确</td><td></td></tr>
<tr><td>步骤 3：用强制输出测试输出点（以 Y0 为例）：
①接通气源。
②单击“软元件测试”按键，弹出“软元件测试”对话框。在对话框上部位软元件选择框中输入 Y0。
③单击强制 ON 按钮，使位软元件 Y0 被强制为 ON。观察装置侧上的顶料气缸是否动作，如果动作则说明接线正确。
④在软元件框中单击强制 OFF 按钮，使 Y0 复位</td><td>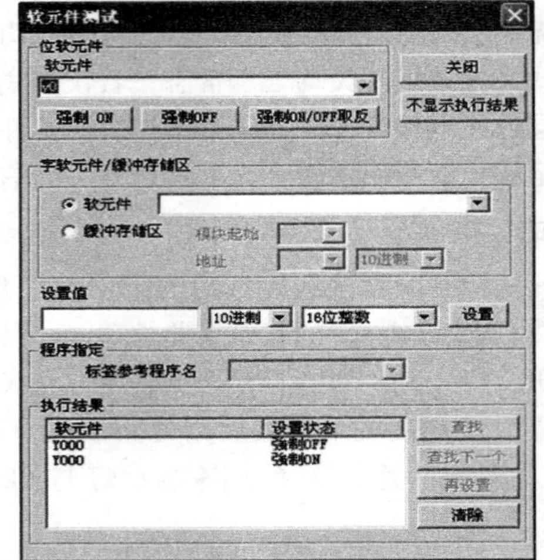</td></tr>
<tr><td>步骤 4：退出软元件状态监控。
①取消所有强制输出；
②单击监视界面的“监视停止”键；
③单击“删除所有软元件”键，然后关闭软元件登录监视界面</td><td>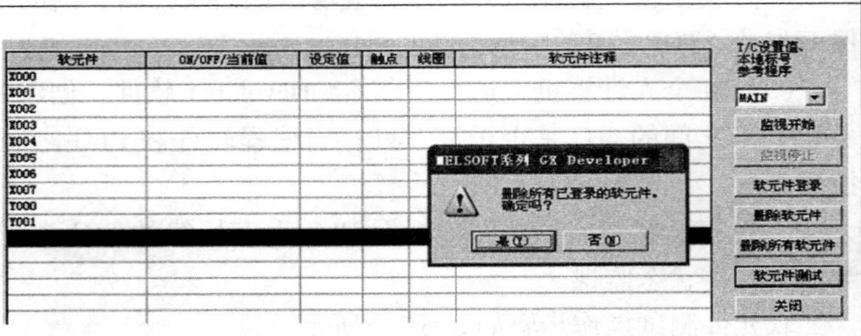</td></tr>
</table>

3. 供料单元的控制要求

（1）设备上电和气源接通后，若设备准备好，则“正常工作”指示灯 HL1 长亮；否则，该指示灯以 1 Hz 频率闪烁。

（2）按下启动按钮，工作单元启动，“设备运行”指示灯 HL2 长亮。若物料台上没有工件，则应推工件到物料台上，被人工取出后，若没有停止信号，则进行下一次推出工件操作。

（3）若在运行中按下停止按钮，则在完成本工作周期任务后，各工作单元停止工作，HL2 指示灯熄灭。

（4）若在运行中料仓内工件不足，则工作单元继续工作，但“正常工作”指示灯 HL1 以 1 Hz 的频率闪烁，“设备运行”指示灯 HL2 保持长亮。若料仓内没有工件，则 HL1 指示灯和 HL2 指示灯均以 2 Hz 频率闪烁。

4. 供料单元的编程思路

程序基本上可分为两部分：一是系统启动/停止的控制，包括上电初始化、故障检测、系统状态显示、检查系统是否准备就绪以及系统启动/停止的操作；二是系统启动后工艺过程的步进顺序控制，是工作单元的主控过程。

（1）状态检测和启动/停止控制部分。

①PLC 上电初始化后，每一扫描周期都检查设备有无缺料或欠料故障，并调用“状态显示”子程序，通过指示灯显示系统当前状态。接着控制流程根据当前运行状态（启动或停止）分为两条支路。

②如果当前运行状态标志为 OFF，即进入系统启动操作流程，完成系统的启动。

③如果当前运行状态标志为 ON，则进行工艺过程的步进顺序控制，同时在每一扫描周期监视停止按钮有无按下，或是否出现缺料故障的事件。若事件发生，则发出停止指令，当步进顺序控制返回到初始步时，停止系统运行。

状态检测和启动/停止控制流程如图 3－9 所示。

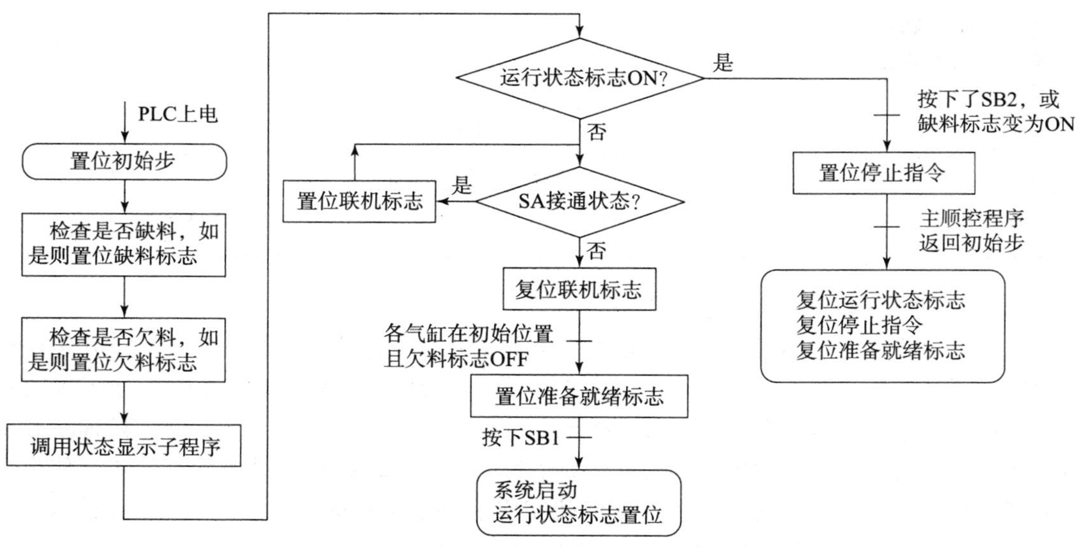

图 3－9　状态检测和启动/停止控制流程

编程步骤和梯形图如表 3－5 所示。

表 3－5　编程步骤和梯形图

编程步骤	梯形图
（1）PLC 上电初始化后，每一扫描周期都检测设备有无缺料或欠料故障，并调用“状态显示”子程序，通过指示灯显示系统当前状态。所显示的状态包括：是否准备就绪、运行/停止状态、工件不足预报警、缺料报警等	0　M8002 ─[SET　S0 初始步] 3　X005 供料不足　X006 缺料检测 ─(T0　K10) 8　T0 ─(M42 没有工件) 10　X005 供料不足 ─(M41 工件不足) 12　M8000 ─[CALL　P0 状态显示]
（2）如果系统尚未启动，则检查系统当前状态是否满足启动条件： ①工作模式选择开关应置于单机模式（或非联机模式）。 ②两个气缸均在缩回位置，料仓有足够的工件，这时系统处于初始状态。 ③若系统运行前处于初始状态，则准备就绪。这时按下启动按钮 SB2，则系统启动，运行状态标志被置位	16　M10 运行状态　X015 SA ─[SET　M30 联机模式] 　　X015 SA ─[RST　M30 联机模式] 23　X001 顶料复位　X003 推料复位　M41 工件不足 ─(M0 初始状态) 27　M10 运行状态　M0 初始状态 ─[SET　M20 准备就绪] 　　M0 初始状态 ─[RST　M20 准备就绪] 34　M30 联机模式　M20 准备就绪　X013 SB2 ─[SET　M10 运行状态]
（3）如果系统已经启动（运行状态标志为 ON），则程序应在每一扫描周期检查有无停止按钮按下，或是否出现缺料故障，若出现上述事件，将发出停止指令。 停止指令发出后，当顺控过程返回初始步时，复位运行状态标志，同时复位停止指令，系统将停止运行	38　X012 SB1 / M42 没有工件　M10 运行状态 ─[SET　M11 停止指令] 42　M10 运行状态　M11 停止指令　S0 初始步 ─[RST　M10 运行状态] 　　─[RST　M11]

（2）步进顺序控制过程的编程部分。

供料单元的工作是供料控制，它是用一个单序列的步进顺序控制来实现的。其步进过程比较简单，初始步在上电初始化时就被置位，但系统未进入运行状态前则处于等待状态，当运行状态标志 ON 后，转移到物料台检测步。如果物料台上没有工件，经延时确认后，转移到推料步，将工件推出到物料台。动作完成后，转移到驱动机构复位步，使推料气缸和顶料气缸先后返回初始位置，这样就完成了一个工作周期，步进程序返回初始步，如果运行状态标志仍然为 ON，开始下一周期的供料工作。

其步进指令的控制流程如图 3－10 所示。

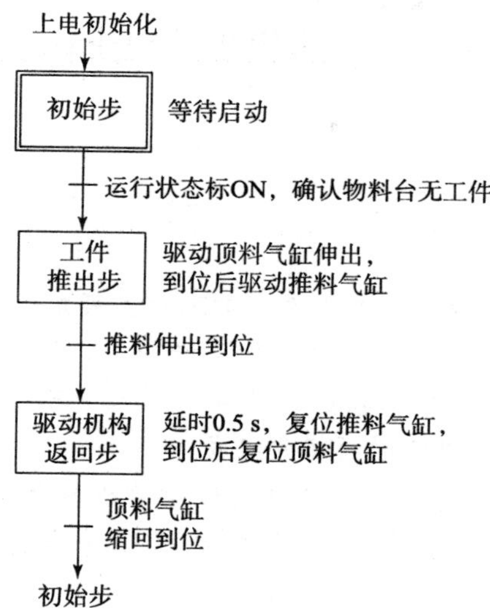

图 3－10　供料单元步进指令的控制流程

供料单元推料动作梯形图如图 3－11 所示。

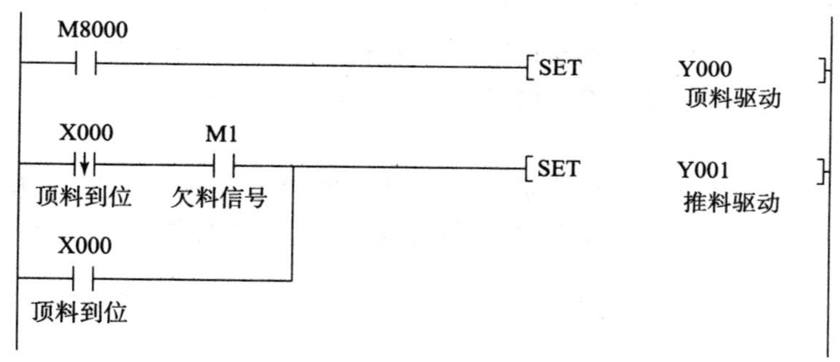

图 3－11　供料单元推料动作梯形图

（3）程序编写完成后下载到 PLC 内，对供料单元进行整机调试，调试注意事项如下：

①调整气动部分，检查气路是否正确，气压是否合理，气缸的动作速度是否合理。

②检查磁性开关的安装位置是否到位，磁性开关能否正常工作。

③检查光电传感器安装是否合理，距离设定是否合适，保证检测的可靠性。

④运行程序检查动作是否满足任务要求，气缸动作是否过大或过小。

⑤调试各种可能出现的情况，例如在料仓工件不足情况下，系统能否可靠工作；料仓没有工件情况下，能否满足控制要求。

⑥优化程序。比如，当料仓中只剩下一个工件时，就会出现顶料气缸无料可顶，顶料到位信号一晃即逝的情况，这时只能获得下降沿信号。

任务 3.2　自动化生产线加工单元

任务提出

加工单元的功能是：把等待加工的工件在加工台上夹紧，然后移送到加工区域内冲压气缸的正下方进行对工件的冲压加工，再把加工好的工件送出，从而完成工件加工过程，最终让输送单元的机械手将其抓取，输送到其他单元上。该单元由安装在工作台上的装置侧部分和安装在下面抽屉内的 PLC 侧两部分组成。

我们的任务是：对设备进行安装，包括装置侧的机械装配和气路连接以及 PLC 侧的电路的连接并进行调试；其次，编写 PLC 控制程序并进行单机调试，最终达到工作要求。

任务分析

1. 知识目标

了解加工单元的结构和工作过程；掌握加工单元的元件组成及功能，包括传感器、气动机械手、冲压气缸等；掌握该单元的 PLC 控制原理和程序控制流程。

2. 技能目标

熟练完成加工单元装置侧机械安装以及气路的连接与调试；能按要求设计该单元的 PLC 控制电路，绘制电路图，然后进行电气接线；能够按要求编制和调试 PLC 编制程序。

3. 情感目标

培养学生团队合作精神；

根据任务驱动，培养学生分析问题、解决问题的能力。

任务实施

根据加工单元的任务分析，将任务分为三个模块：一是加工单元的装配；二是加工单元的电路与气路连接；三是加工单元的编程与单机调试。

3.2.1　加工单元的装配

加工单元设备示意图如图 3－12 所示。

加工单元装置侧有：加工台及滑动直线导轨机构、冲压气缸及支撑架、电磁阀组、接线端口、底板等。

1. 铝合金型材支撑架组件

加工单元铝合金型材支撑架示意图如图 3－13 所示。

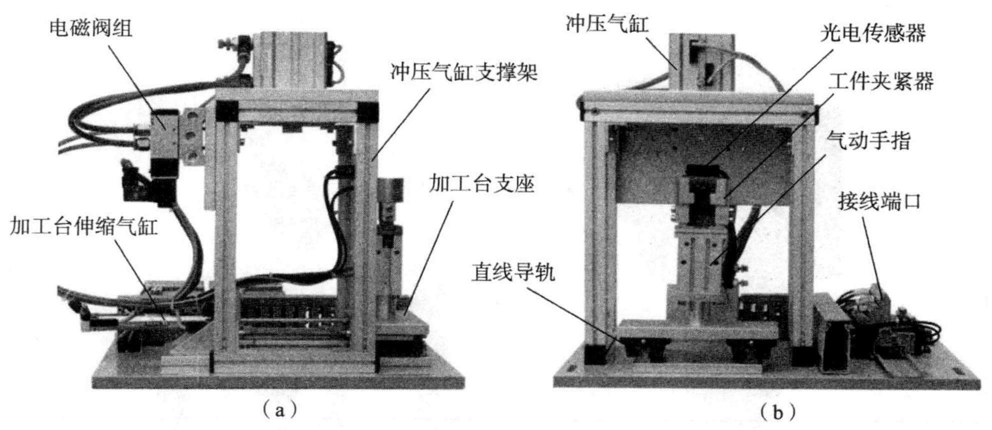

图 3－12　加工单元设备示意图

(a) 左视图；(b) 正视图

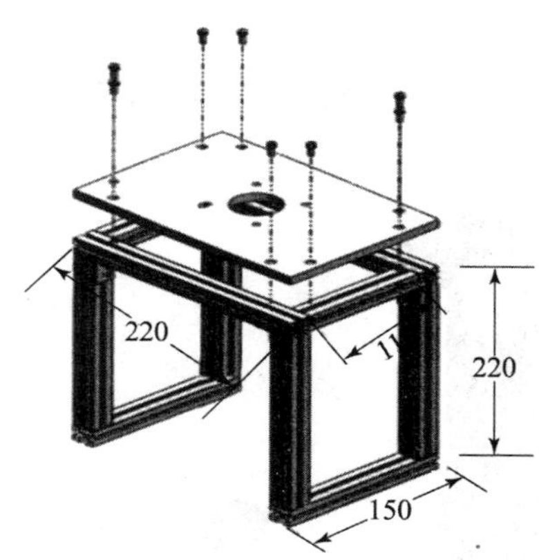

图 3－13　加工单元铝合金型材支撑架示意图

其中：

220 mm 长铝合金型材 6 根；

110 mm 长铝合金型材 2 根；

150 mm 长铝合金型材 2 根。

装配铝合金型材支撑架时，注意调整好各条边的平行度及垂直度，锁紧螺栓。

2. 冲压气缸及冲压头的组装

冲压气缸及冲压头装配示意图如图 3－14 所示。

3. 夹紧机构及直线导轨机构的组装

夹紧机构用于固定被加工件，并把工件移到加工（冲压）机构正下方进行冲压加工。它主要由气动手指物料台伸缩气缸、线性导轨及滑块、磁感应接近开关、漫射式光电传感器组成。

夹紧机构及直线导轨机构示意图如图 3－15 所示。

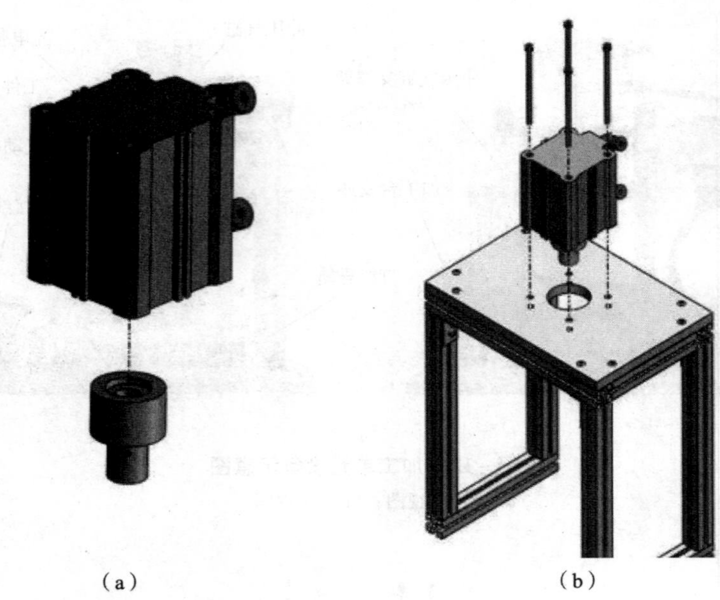

（a）　　（b）

图 3－14　冲压气缸及冲压头装配示意图

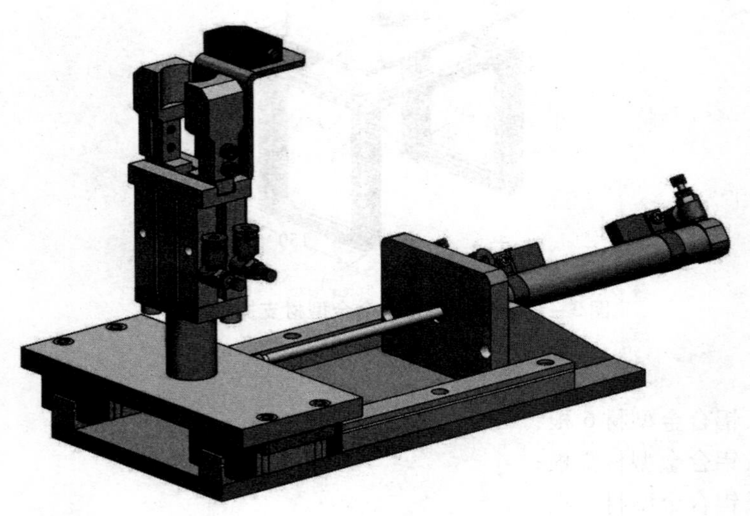

图 3－15　夹紧机构及直线导轨机构示意图

夹紧机构及直线导轨的工作原理：初始状态为伸缩气缸伸出，夹紧机构气动手指张开，当输送机构把物料送到物料台上，物料检测传感器检测到工件后，PLC 控制程序驱动气动手指将工件夹紧→物料台缩回到加工区域冲压气缸下方→冲压气缸活塞杆向下伸出冲压工件→完成冲压动作后向上缩回→物料台重新伸出→到位后气动手指松开，完成工件加工工序，并向系统发出加工完成信号，为下一次工件到来加工做准备。

4. 夹紧机构及直线导轨机构的装配步骤

滑动加工台组件装配包括：夹紧机构组装；伸缩台组装；夹紧机构安装到伸缩台上；直线导轨组装；加工机构安装到直线导轨上。

夹紧机构及直线导轨机构的装配图如图 3－16 所示。

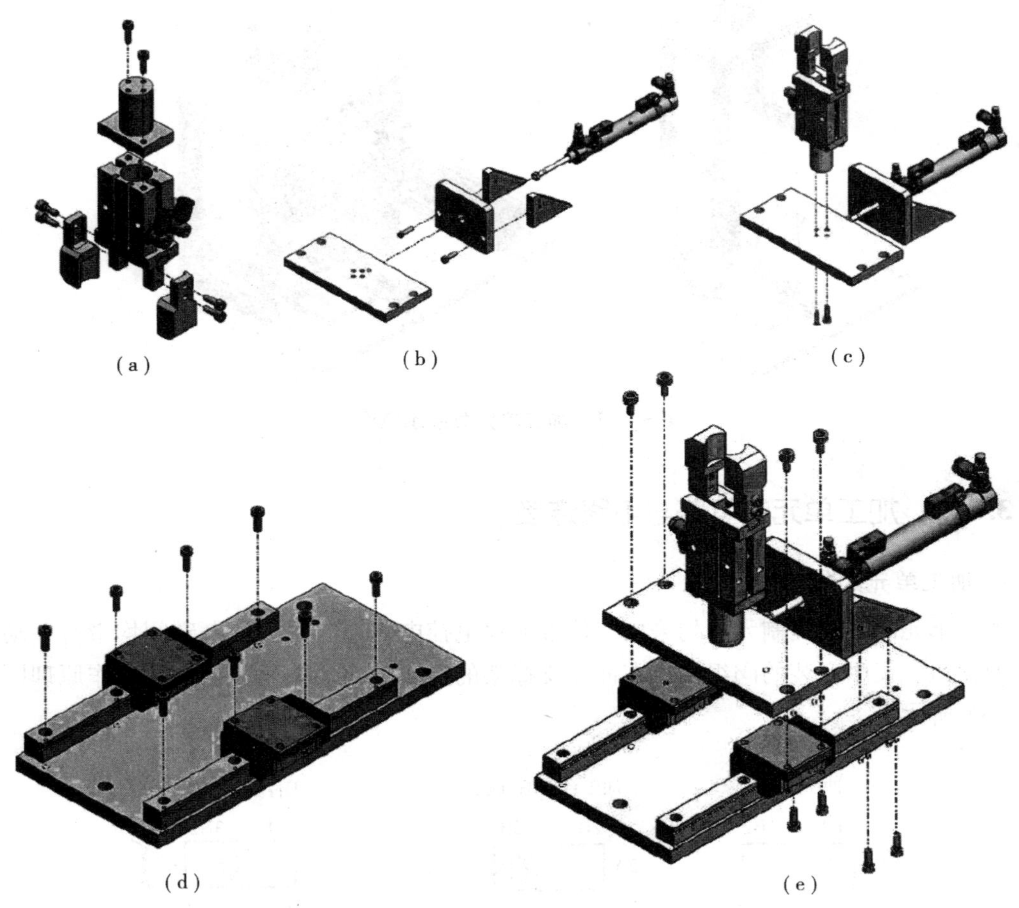

图 3－16　夹紧机构及直线导轨机构的装配图

(a) 夹紧机构组装；(b) 伸缩台组装；(c) 夹紧机构安装到伸缩台上；(d) 直线导轨组装；(e) 加工机构安装到直线导轨上

安装注意事项：

这里面比较难安装的是直线导轨部分，组装直线导轨时，固定螺栓先不要拧紧，待滑动加工机构装配完成后，将溜板固定在导轨滑块上，然后一边移动溜板，一边拧紧固定导轨的螺栓。移动溜板须注意，不要将滑块拆离导轨或超过行程又推回去。此外，安装过程应轻拿轻放，避免磕碰以影响导轨的直线精度。

5. 加工单元总装

夹紧机构及直线导轨安装完成后，就可以进行加工单元的总装，将直线导轨安装板固定在底板上。然后将加工机构组件也固定在底板上，最后装配电磁阀组、接线端口等，完成该单元的机械部分装配，如图 3 - 17 所示。

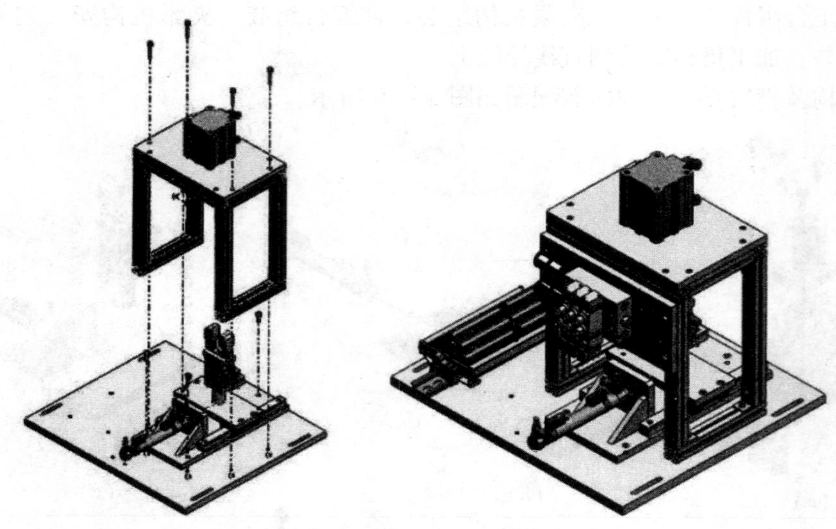

图 3 - 17　加工单元总装示意图

3.2.2　加工单元的气路与电路连接

1. 加工单元的气路连接

加工单元的气动控制元件均采用二位五通单电控电磁换向阀，各电磁阀均带有手动换向和加锁钮。集中安装的阀组固定在冲压支撑架的后面。加工单元气动控制工作原理图如图 3 - 18 所示。

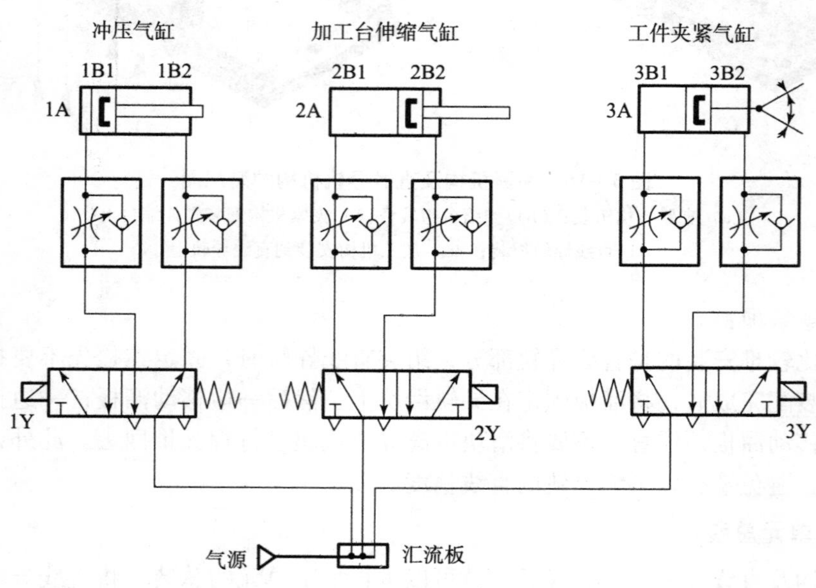

图 3 - 18　加工单元气动控制工作原理图

加工单元所使用气动执行元件包括：直线伸缩气缸、冲压气缸和气动夹紧气缸，由三个二位五通单电控直动式电磁阀进行控制。

2. 加工单元的电路连接

（1）电路连接包括：在桌面上的加工单元装置侧完成各种传感器、电磁阀、电源端子等引线到装置侧接线端口之间的接线；在 PLC 侧进行电源连接、输入/输出端口的接线等。表 3－6 所示为加工单元的装置侧接线端子排的接线分配。

表 3－6　加工单元的装置侧接线端子排的接线分配

输入端装置侧接线端子排		输出端装置侧接线端子排	
端子号	设备信号线	端子号	设备信号线
2	加工台物料检测	2	夹紧电磁阀
3	工件夹紧检测	3	空置
4	加工台伸出到位	4	伸出电磁阀
5	加工台缩回到位	5	冲压电磁阀
6	冲压头上限		
7	冲压头下限		
8	空置		
9	空置		
10～17 号端子空置		6～14 号端子空置	

加工单元的装置侧接线要求与供料单元一样，这里不再复述。

（2）加工单元的 PLC 侧选用 FX3U－32MR，共 16 点输入和 16 点继电器输出。加工单元的 PLC I/O 信号分配如表 3－7 所示。

表 3－7　加工单元的 PLC I/O 信号分配

PLC 侧输入端		PLC 侧输出端	
PLC 输入点	设备信号线	PLC 输出点	设备信号线
X0	加工台物料检测	Y0	夹紧电磁阀
X1	工件夹紧检测	Y1	空闲
X2	加工台伸出到位	Y2	物料台伸出电磁阀
X3	加工台缩回到位	Y3	冲压头电磁阀
X4	冲压头上限	Y4	空闲
X5	冲压头下限	Y5	空闲
X6	空闲	Y6	空闲
X7	空闲	Y7	空闲
X10	空闲	Y10	HL1（指示灯）

续表

PLC 侧输入端		PLC 侧输出端	
PLC 输入点	设备信号线	PLC 输出点	设备信号线
X11	空闲	Y11	HL2（指示灯）
X12	SB2（停止按钮）	Y12	HL3（指示灯）
X13	SB1（启动按钮）	Y13	空闲
X14	QS（急停）	Y14	空闲
X15	QA（切换开关）	Y15	空闲

（3）下面根据 PLC 的输入/输出分配表，绘制 PLC 的控制电路图，如图 3－19 所示。

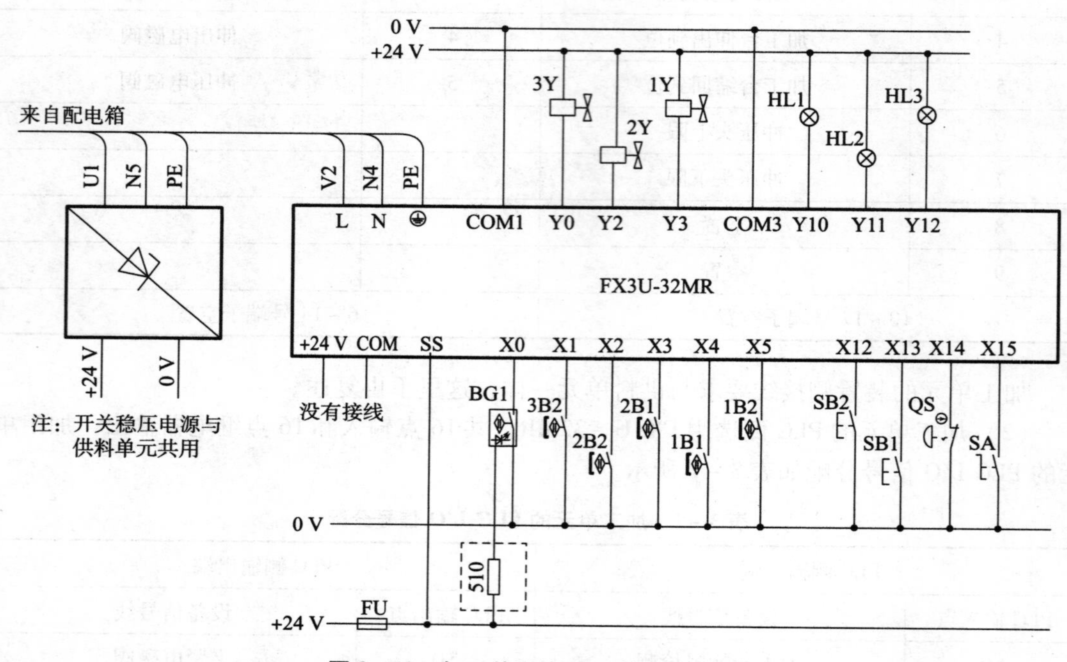

图 3－19　加工单元的 PLC 控制电路图

3. 气路和电路的调试

气路和电路连接好后，通上气和电进行调试：

（1）用电磁阀上的手动换向按钮验证各气缸的初始和动作位置是否正确。

（2）调整气缸节流阀，使得气缸动作时无冲击同时无卡滞现象。

（3）借助 PLC 编程软件的状态监控功能校核接线的正确性，具体参考任务一供料单元中校核接线的方法，这里不再复述。

（4）配合电磁阀上的手动换向按钮，仔细调整各磁性开关的安装位置；仔细调整加工台上的光电传感器的设定距离，宜用黑色工件作测试物进行调试。

3.2.3 加工单元的编程与单机调试

1. 加工单元控制要求

（1）设备上电和气源接通后，若设备准备好，则“正常工作”指示灯 HL1 长亮，否则以 1 Hz 频率闪烁。

（2）按下启动按钮，工作单元启动，“设备运行”指示灯 HL2 长亮。当加工台上检出有工件后，执行将工件夹紧，送往加工区域冲压，完成冲压动作后返回待料位置。若没有停止信号则进行下一周期工作。

（3）在工作过程中，若按下停止按钮，加工单元在完成本周期的动作后停止工作，HL2 指示灯熄灭。

（4）在工作过程中，当急停按钮被按下时，本单元所有机构应立即停止运行，HL2 指示灯以 1 Hz 频率闪烁。急停解除后，从急停前的断点开始继续运行，HL2 恢复长亮。

2. 加工单元的编程思路

加工单元程序流程与供料单元类似，也是 PLC 上电后应首先进入初始状态检查阶段，确认系统已经准备就绪后，才允许接收启动信号投入运行，具体可以参考任务一中供料单元的状态检测和启动/停止部分，这里不再复述。

（1）加工过程也是一个顺序控制。

其步进流程图如图 3－20 所示。

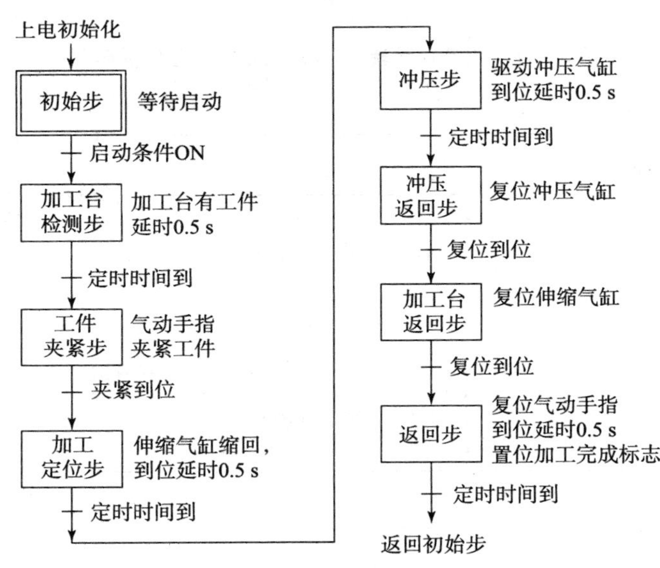

图 3－20 加工过程的步进流程图

（2）加工单元的急停功能：

加工过程中，有急停功能，可以用两种方法实现急停功能，一种是用条件跳转（CJ）指令实现；另一种是用主控指令实现。

①用条件跳转（CJ）指令实现，其梯形图如图 3－21 所示。

②用主控指令实现急停功能，其梯形图如图 3－22 所示。

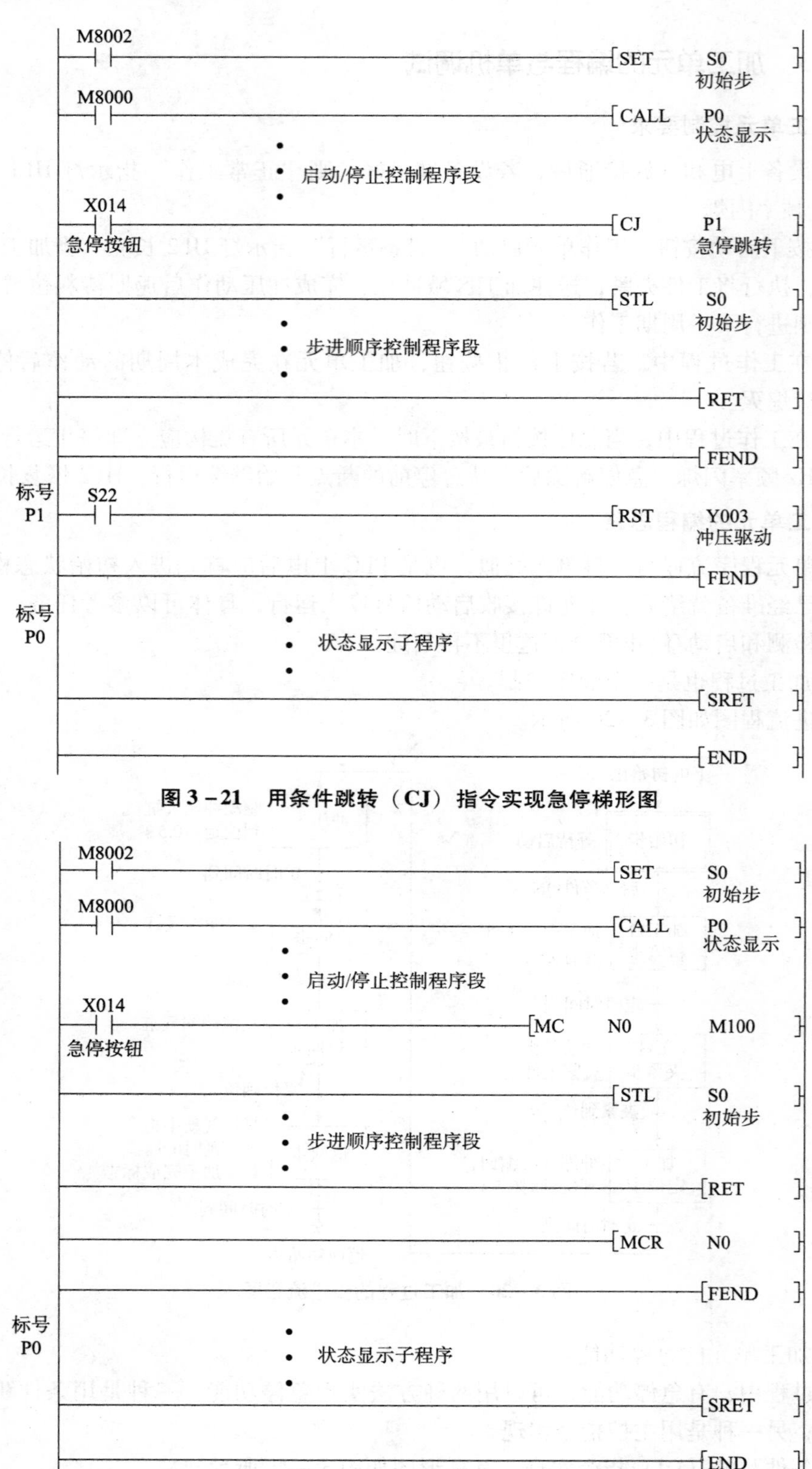

图 3－21　用条件跳转（CJ）指令实现急停梯形图

图 3－22　主控指令实现急停梯形图

（3）加工单元程序的调试注意事项：

设备在全线运行时，加工台的工件是由输送单元机械手放上去的，所以加工过程步进程序的启动，需在机械手缩回到位，发出下料完成信号以后，需要复位“加工完成”标志。

其原因是，上一加工周期完成后，如果已进行加工的工件尚未取出就转移到加工台检测步，将出现重复加工的现象。为此，程序需要采用在上一加工周期完成时，置位“加工完成”标志，只有将已加工工件从加工台取出，才能使其复位；在初始步则加上“加工完成标志”在复位状态，才进行步转移的方法。

任务 3.3　自动化生产线装配单元

任务提出

装配单元的功能是：将该单元料仓内的黑色或白色小圆柱工件嵌入到放置在装配台上的待装配工件中的凹槽内，使小圆柱工件与大圆柱工件嵌入到一起，从而完成工件的装配过程。装配完成后，让输送单元的机械手将其抓取，输送到其他单元。该单元由安装在工作台上的装置侧部分和安装在下面抽屉内的 PLC 侧两部分组成。

我们的任务是：对设备进行安装，包括装置侧的机械装配和气路连接以及 PLC 侧的电路的连接并进行调试；其次，编写 PLC 控制程序并进行单机调试，最终达到工作要求。

任务分析

1. 知识目标

了解装配单元的结构和工作过程；掌握装配单元的元件组成及功能，包括传感器、气动机械手、气动回转台、直线气缸、警示灯等；掌握该单元的 PLC 控制原理和程序编制流程。

2. 技能目标

能够熟练完成装配单元装置侧机械安装以及气路的连接与调试；能按要求设计该单元的 PLC 控制电路，绘制电路图，然后进行电气接线；能够按要求编制和调试 PLC 控制程序。

3. 情感目标

培养学生团队合作精神。

根据任务驱动，培养学生分析问题、解决问题的能力。

任务实施

根据装配单元的任务分析，将任务分为三个模块：一是装配单元的装配；二是装配单元的电路与气路连接；三是装配单元的编程与单机调试。

3.3.1 装配单元的装配

装配单元设备示意图如图 3－23 所示。

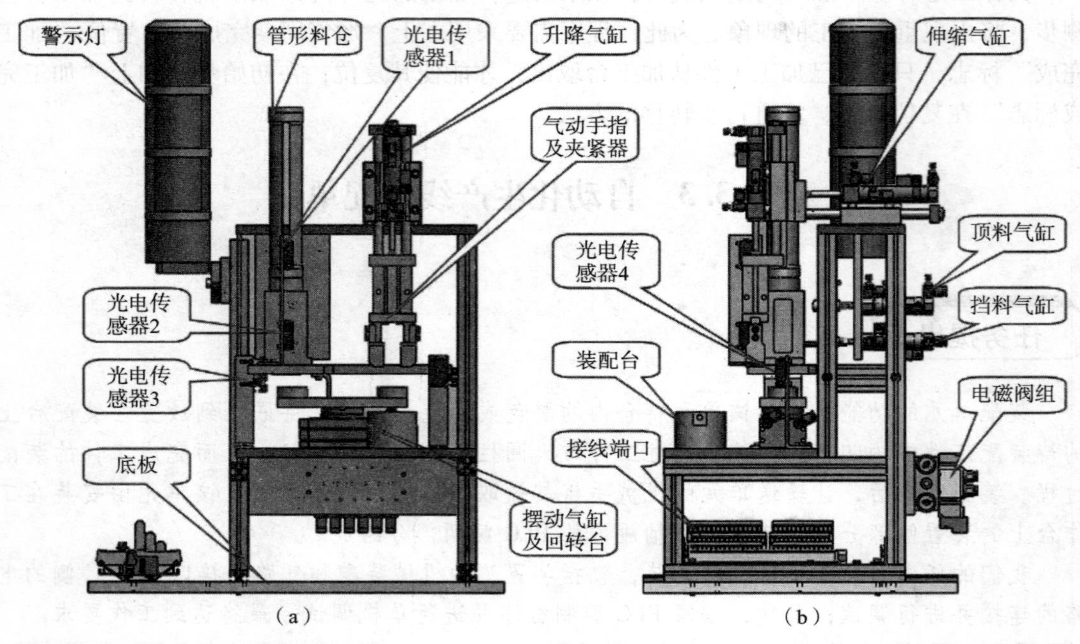

图 3－23 装配单元设备示意图

(a) 正视图；(b) 右视图

1. 装配单元的主要组成结构

装配单元的结构组成包括：管形料仓、供料机构、回转物料台、机械手、待装配工件的定位机构、气动系统及其阀组，以及用于电气连接的端子排组件，整条生产线的状态指示信号灯和用于其他机构安装的铝合金型材支撑架及底板、传感器安装支架等附件。

2. 装配单元的拆装

(1) 铝合金型材支撑架组件如图 3－24 所示。

加工单元的铝合金型材支撑架较复杂，其中：

370 mm 长铝合金型材 2 根；

260 mm 长铝合金型材 2 根；

250 mm 长铝合金型材 2 根；

240 mm 长铝合金型材 2 根；

100 mm 长铝合金型材 2 根；

90 mm 长铝合金型材 2 根。

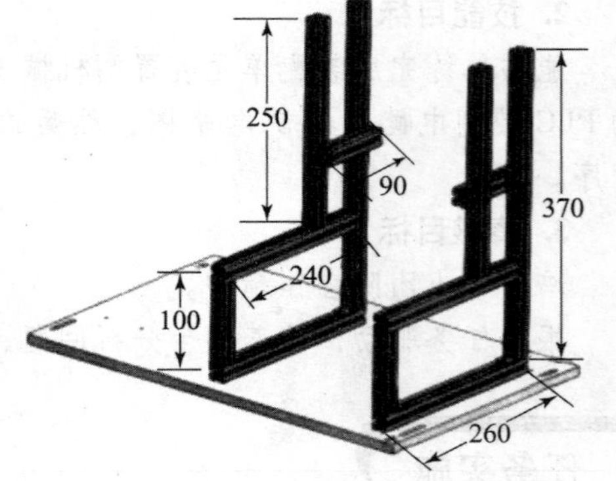

图 3－24 加工单元铝合金型材支撑架组件

装配单元支撑架的安装示意图如图 3－25 所示。

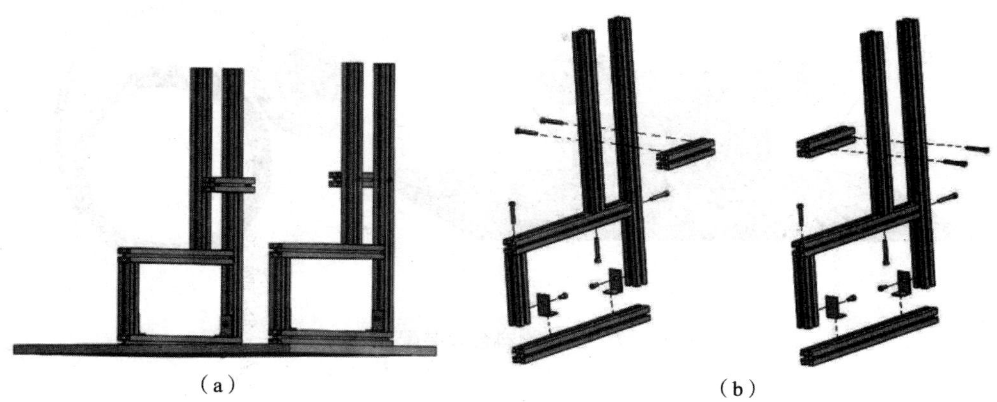

图 3－25　装配单元支撑架的安装示意图

注：左右支撑架装配完毕后，再安装到底板上。

支撑架安装完毕后，接下来安装的顺序是：装配回转物料台及装配台组件→供料料仓组件→供料操作组件→机械手组件；最后安装警示灯及其各传感器，从而完成机械部分装配。

（2）回转物料台及装配台组件的安装。

回转物料台示意图如图 3－26 所示。

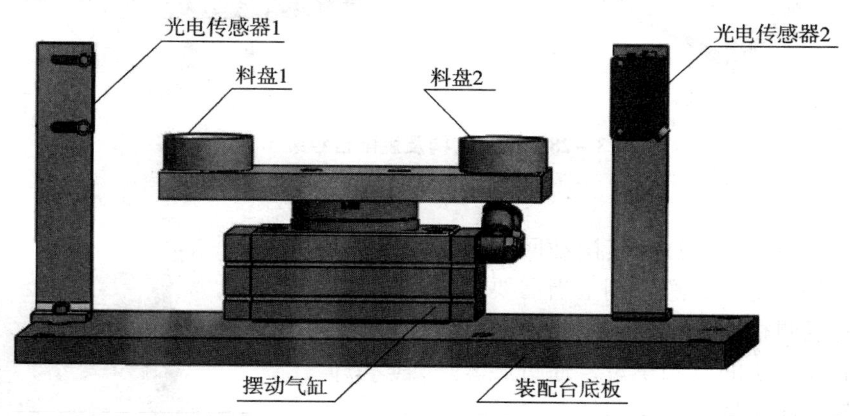

图 3－26　回转物料台示意图

由摆动气缸和两个料盘组成，摆动气缸能驱动料盘旋转 180°，从而实现把从供料机构落下到料盘的工件移动到装配机械手正下方的功能。光电传感器 1 和光电传感器 2 分别用来检测左面和右面料盘是否有物料。

回转物料台和装配台示意图如图 3－27 所示。

装配台与回转物料台组件共用支承板。为了确定装配台料斗内是否放置了待装配工件，使用光纤传感器进行检测。料斗的侧面开了一个 M6 的螺孔，光纤传感器的光纤头就固定在螺孔内。

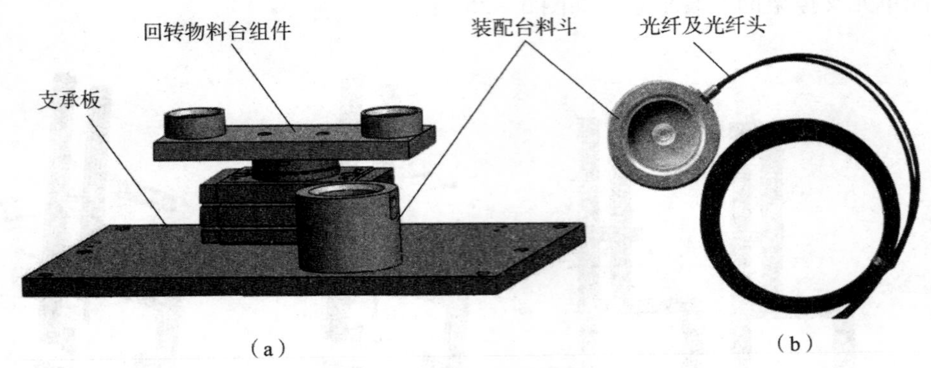

图 3－27　回转物料台和装配台示意图

(a) 装配台料斗和回转物料台；(b) 装有光纤头的装配台料斗

回转机构及装配台组装示意图如图 3－28 所示。

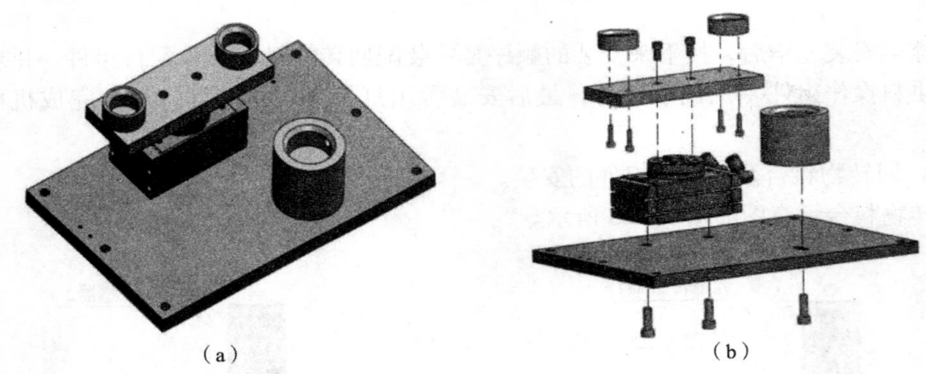

图 3－28　回转机构及装配台组装示意图

(a) 回转机构；(b) 装配台组装

装配单元的摆动气缸，其摆动回转角度能在 0°～180°范围任意可调。当需要调节回转角度或调整摆动位置精度时，应首先松开调节螺杆上的反扣螺母，通过旋入和旋出调节螺杆，从而改变回转凸台的回转角度，调节螺杆 1 和调节螺杆 2 分别用于左旋和右旋角度的调整，如图 3－29 所示。当调整好摆动角度后，应将反扣螺母与基体反扣锁紧，防止调节螺杆松动，造成回转精度降低。

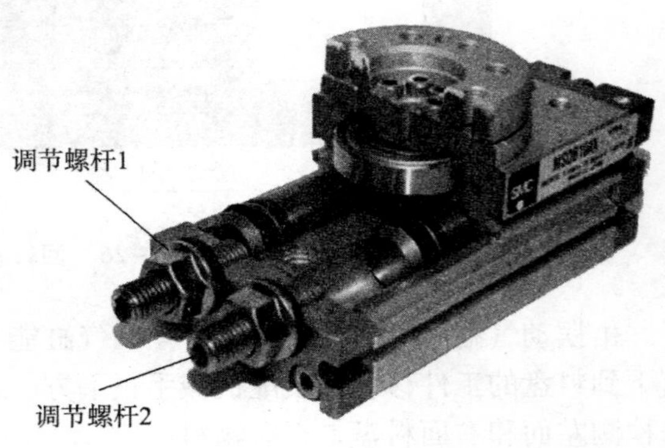

图 3－29　摆动气缸调整摆动角度示意图

(3) 供料料仓组件的组装如图 3－30 所示。

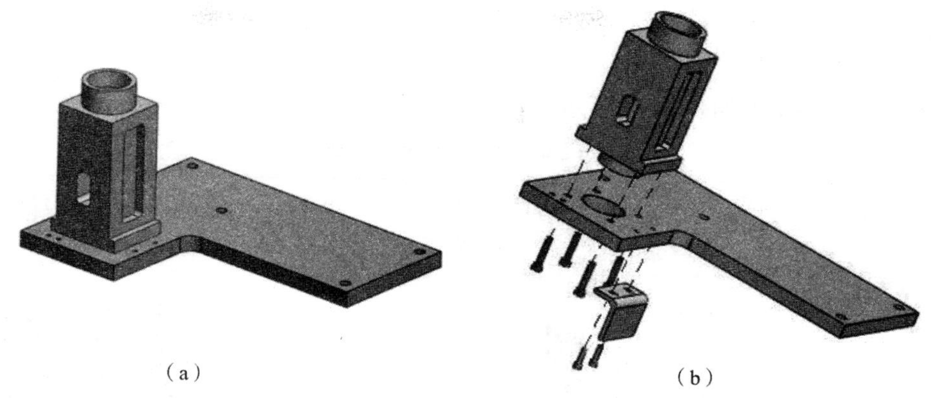

（a）　　（b）

图 3－30　供料料仓组件的组装

（4）供料操作组件的组装如图 3－31 所示。

（a）　　（b）

图 3－31　供料操作组件的组装

（5）机械手组件的组装如图 3－32 所示。

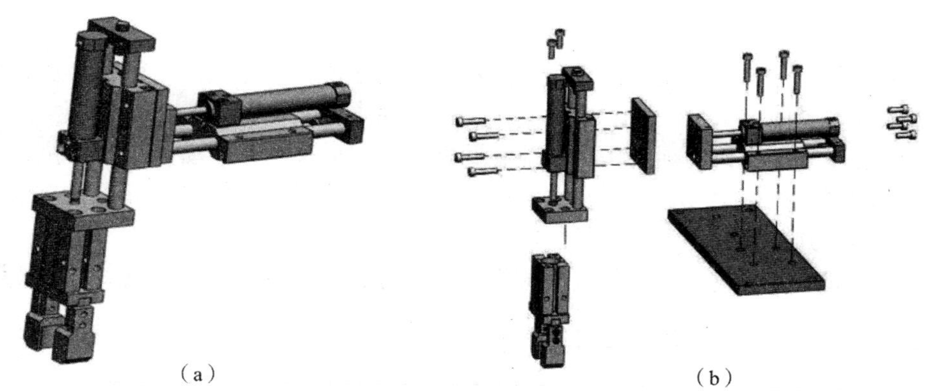

（a）　　（b）

图 3－32　机械手组件的组装

（6）装配单元的总装。

上面各组件组装好后，然后把组件逐个安装上去，安装顺序为：装配回转物料台及装配台组件→供料料仓组件→供料操作组件→机械手组件；最后安装警示灯及其各传感器，从而完成机械部分装配。

装配单元总装步骤如表 3－8 所示。

表 3－8　装配单元总装步骤

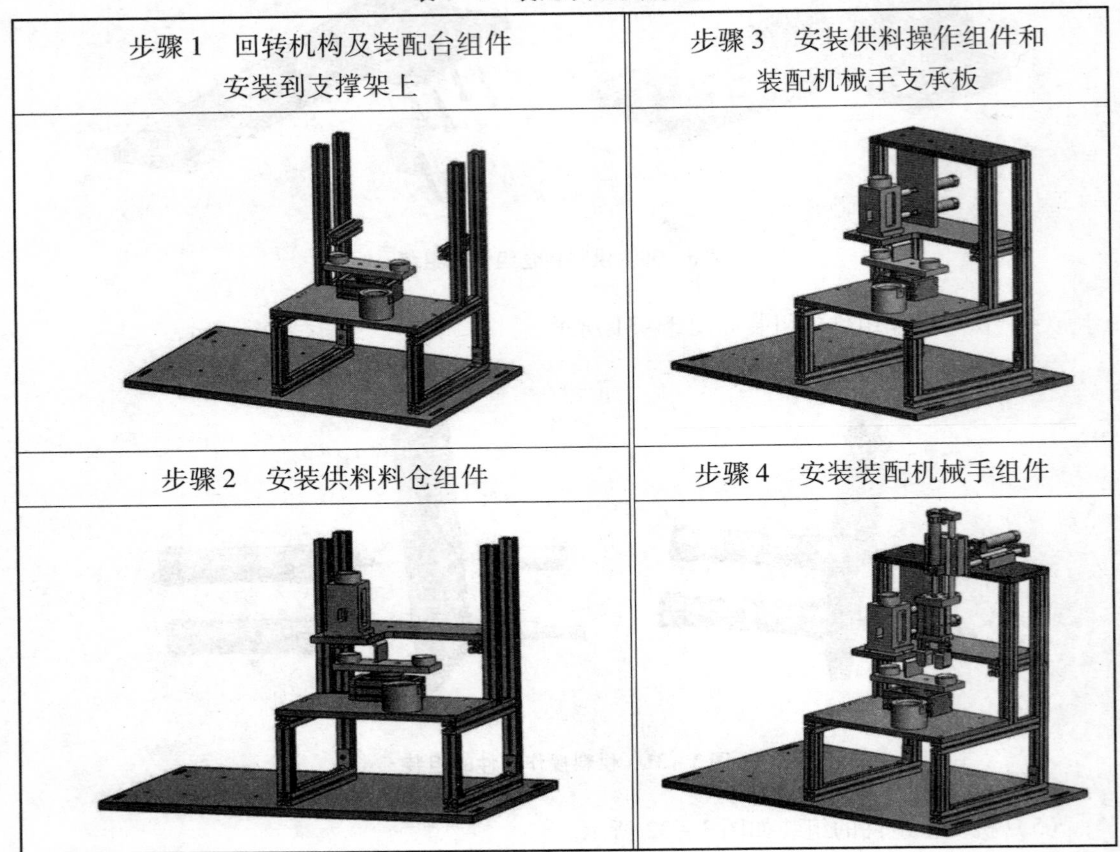

（7）安装过程中的注意事项。

①各部件装配时，可以先进行装配，但不要一次拧紧各固定螺栓，待相互位置基本确定后，再依次拧紧固定。

②装配工作完成后，尚须进一步校验和调整，比如再次调整摆动气缸初始位置和摆动角度；校验和调整机械手竖直和水平方向移动的行程调节螺栓，使之能够可靠抓取工件并使之能准确移动到装配台正上方进行装配工作。

③最后，插上管形料仓、安装电磁阀组、警示灯、传感器等，完成机械部分装配。

3.3.2　装配单元的气路与电路连接

1. 装配单元的气路连接

装配单元的气动系统原理图如图 3－33 所示。

气动线路安装注意事项：

（1）请注意挡料气缸 2A 的初始位置上活塞杆在伸出位置，使得料仓内的芯件被挡

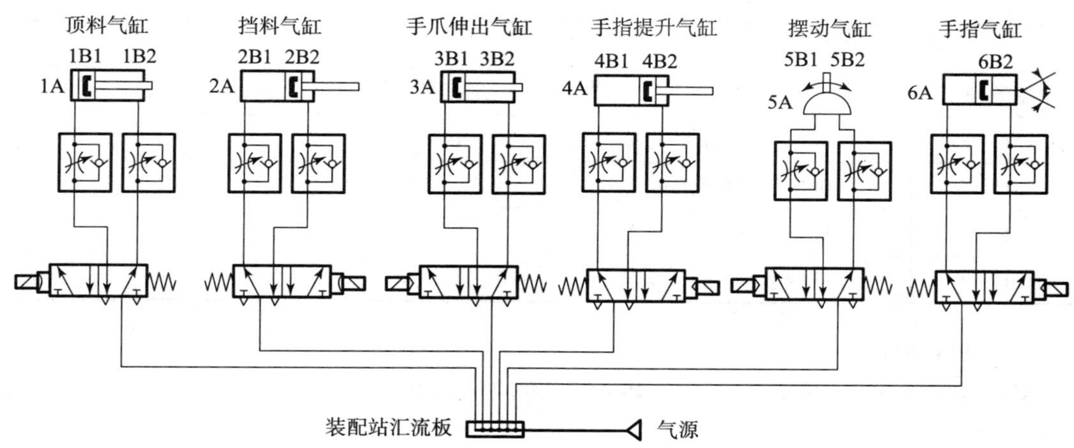

图 3－33　装配单元的气动系统原理图

住，不致跌落。

（2）装配单元的气路是 YL－335B 设备中使用气动元件最多的工作单元，因此用于气路连接的气管数量也大。气路连接前应尽可能对各段气管的长度做好规划，然后按照前面所要求的规范连接气路。

2. 装配单元的电路连接

装配单元的电路连接包括两部分：桌面上的装置侧和桌面下抽屉内的 PLC 侧。

（1）装置侧的接线端子排的接线分配如表 3－9 所示。

表 3－9　装配单元装置侧的接线端子排的接线分配

输入端装置侧接线端子排		输出端装置侧接线端子排	
端子号	设备信号线	端子号	设备信号线
2	芯件不足检测	2	挡料电磁阀
3	芯件有无检测	3	顶料电磁阀
4	左料盘芯件检测	4	摆动气缸电磁阀
5	右料盘芯件检测	5	机械手夹紧电磁阀
6	装配台工件检测	6	机械手下降电磁阀
7	顶料到位检测	7	机械手伸出电磁阀
8	顶料复位检测	8	红色警示灯
9	挡料伸出检测	9	橙色警示灯
10	挡料缩回检测	10	绿色警示灯
11	摆动气缸左限检测	11	空闲
12	摆动气缸右限检测	12	空闲
13	机械手抓紧检测	13	空闲

续表

输入端装置侧接线端子排		输出端装置侧接线端子排	
端子号	设备信号线	端子号	设备信号线
14	机械手下降到位检测	14	空闲
15	机械手上升到位检测		
16	机械手缩回到位检测		
17	机械手伸出到位检测		

（2）PLC 侧的

装配单元 PLC 采用三菱 FX3U－48MR，共 24 点输入，24 点输出。其 PLC 的 I/O 分配如表 3－10 所示。

表 3－10　装配单元 PLC 的 I/O 分配

PLC 侧输入端		PLC 侧输出端	
PLC 输入点	设备信号线	PLC 输出点	设备信号线
X0	芯件不足检测	Y0	挡料电磁阀
X1	芯件有无检测	Y1	顶料电磁阀
X2	左料盘芯件检测	Y2	摆动气缸电磁阀
X3	右料盘芯件检测	Y3	机械手夹紧电磁阀
X4	装配台工件检测	Y4	机械手下降电磁阀
X5	顶料到位检测	Y5	机械手伸出电磁阀
X6	顶料复位检测	Y6	空闲
X7	挡料伸出检测	Y7	空闲
X10	挡料缩回检测	Y10	红色警示灯
X11	摆动气缸左限检测	Y11	橙色警示灯
X12	摆动气缸右限检测	Y12	绿色警示灯
X13	机械手抓紧检测	Y13	空闲
X14	机械手下降到位检测	Y14	空闲
X15	机械手上升到位检测	Y15	HL1
X16	机械手缩回到位检测	Y16	HL2
X17	机械手伸出到位检测	Y17	HL3
X20	空闲		
X21	空闲		
X22	空闲		
X23	空闲		

续表

PLC 侧输入端		PLC 侧输出端	
PLC 输入点	设备信号线	PLC 输出点	设备信号线
X24	SB1（启动）		
X25	SB2（停止）		
X26	QS（急停）		
X27	QA（切换开关）		

（3）下面根据 PLC 的输入/输出分配表，绘制 PLC 的控制电路图，如图 3－34 所示。

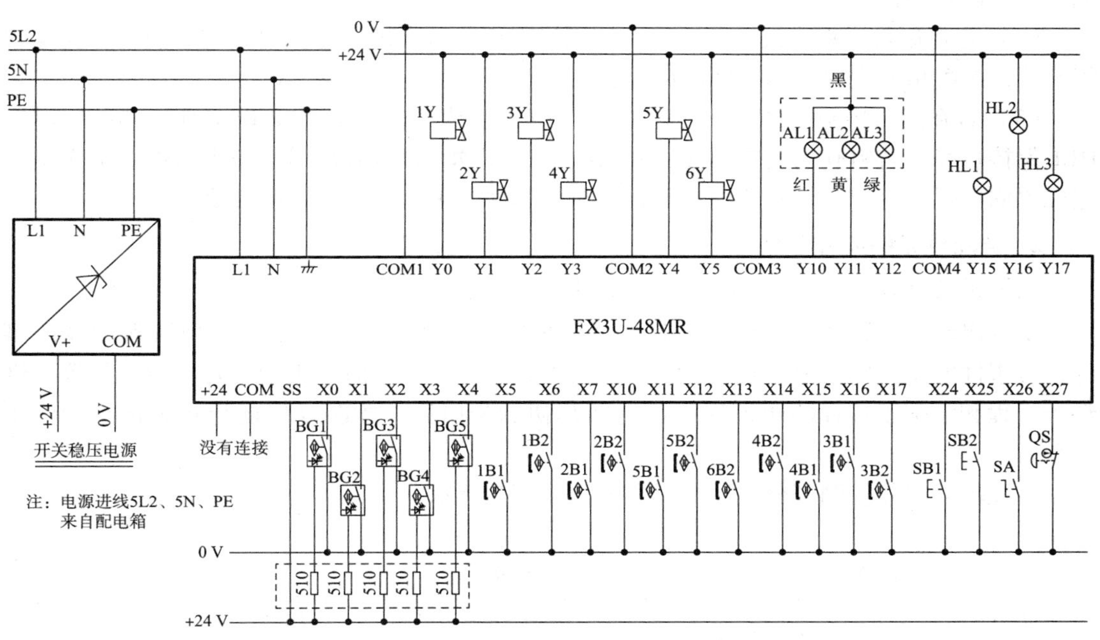

图 3－34　装配单元 PLC 控制电路图

3. 装配单元的气路和电路调试

气路和电路连接好后，通上气和电进行调试：

（1）用电磁阀上的手动换向按钮验证各气缸的初始和动作位置是否正确。

（2）调整气缸节流阀，使得气缸动作时无冲击同时无卡滞现象。

（3）借助 PLC 编程软件的状态监控功能校核接线的正确性，具体参考任务一供料单元中校核接线的方法，这里不再复述。

（4）配合电磁阀上的手动换向按钮，仔细调整各磁性开关的安装位置；再次校验摆动气缸初始位置和摆动角度；调整机械手竖直方向，使之在下限位置能可靠抓取工件；调整水平方向，使之能准确移动到装配台正上方进行装配工作。

3.3.3 装配单元的编程与单机调试

1. 装配单元控制要求

（1）设备上电和气源接通后，若设备准备好，则“正常工作”指示灯 HL1 长亮，否则，该指示灯以 1 Hz 频率闪烁。

（2）按下启动按钮，装配单元启动，“设备运行”指示灯 HL2 长亮。如果左料盘没有芯件，就执行下料操作；如果左料盘内有芯件，而右料盘内没有芯件，执行回转台回转操作。

（3）如果右料盘有芯件且装配台上有待装配工件，应执行装配操作。完成后，装配机械手应返回初始位置，等待下一次装配。

（4）若在运行过程中按下停止按钮，则供料机构应立即停止供料，在装配条件满足的情况下，装配单元在完成本次装配后停止工作。

（5）若在运行中料仓芯件不足，则工作单元继续工作，但 HL2 以 1 Hz 的频率闪烁，HL1 保持长亮。若料仓内没有芯件，则 HL1 和 HL2 指示灯均以 1 Hz 频率闪烁。工作站在完成本周期任务后停止。除非向料仓补充足够芯件，工作单元不能再启动。

2. 装配单元的编程思路

（1）状态检测、启停控制部分程序的编程要点：

系统启动后，将在每一扫描周期监视停止按钮有无按下，或是否出现缺料故障的事件，若事件发生，则发出停止指令，与供料单元是相同的。但停止指令发出后，须等待供料子过程和装配子过程的顺控程序都返回其初始步以后，才能复位运行状态标志和停止指令。

装配单元启停控制部分程序梯形图如图 3－35 所示。

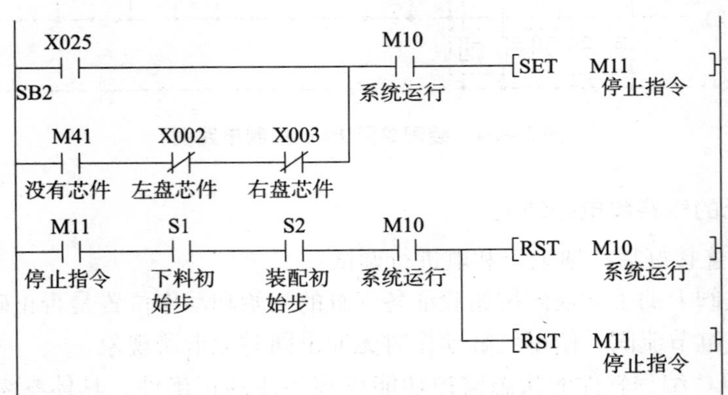

图 3－35 装配单元启停控制部分程序梯形图

（2）装配单元的工作过程包括两个相互独立的子过程：供料过程、装配过程。

①供料过程实现将小圆柱芯件从料仓下料到回转台的料盘中，然后回转台回转，使芯件转移到装配机械手手爪下方；

②装配过程则是抓取装配机械手手爪下方的芯件，送往装配台，完成芯件嵌入待装配

工件的过程。

下面给出两个子过程的工作流程图，如图 3 - 36 所示。

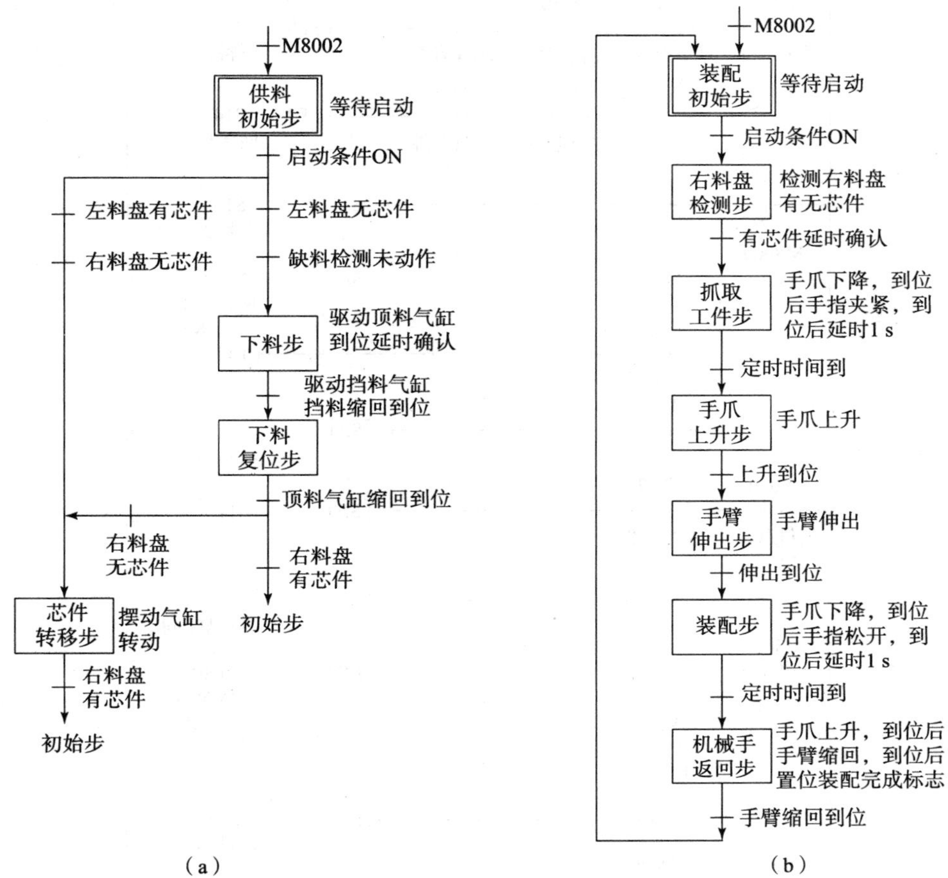

图 3 - 36　装配单元主控过程的工作流程图

(a) 供料过程；(b) 装配过程

供料过程是具有跳转分支的步进顺序程序，这是由于供料过程本身包含了下料和芯件转移两个阶段的缘故。S1 为供料初始步，S11 为下料步，S14 为回转步，其梯形图如图 3 - 37 所示。

③装配子过程是一个单序列的周而复始的步进过程。

编程时须注意其初始步的转移条件：当系统已启动、停止指令未发出、装配台上有待装配工件，以及“装配完成标志”在 OFF 状态等条件均满足，经延时确认后才成立。“装配完成标志”为 OFF 状态，是防止发生重复装配的措施，其原理与加工单元主控过程所采取的防止重复加工的措施相同，即在一次装配周期结束时，置位“装配完成标志”，只有将装配好的工件取出，该标志才能复位，再重新放下待装配工件，才有可能满足初始步转移条件。具体请参考任务 3.2 加工单元最后给出的注意事项，这里就不再复述。

装配子过程的编程，请按照图 3 - 37 中给出的装配子过程流程图自行编制，这里就不再给出了。

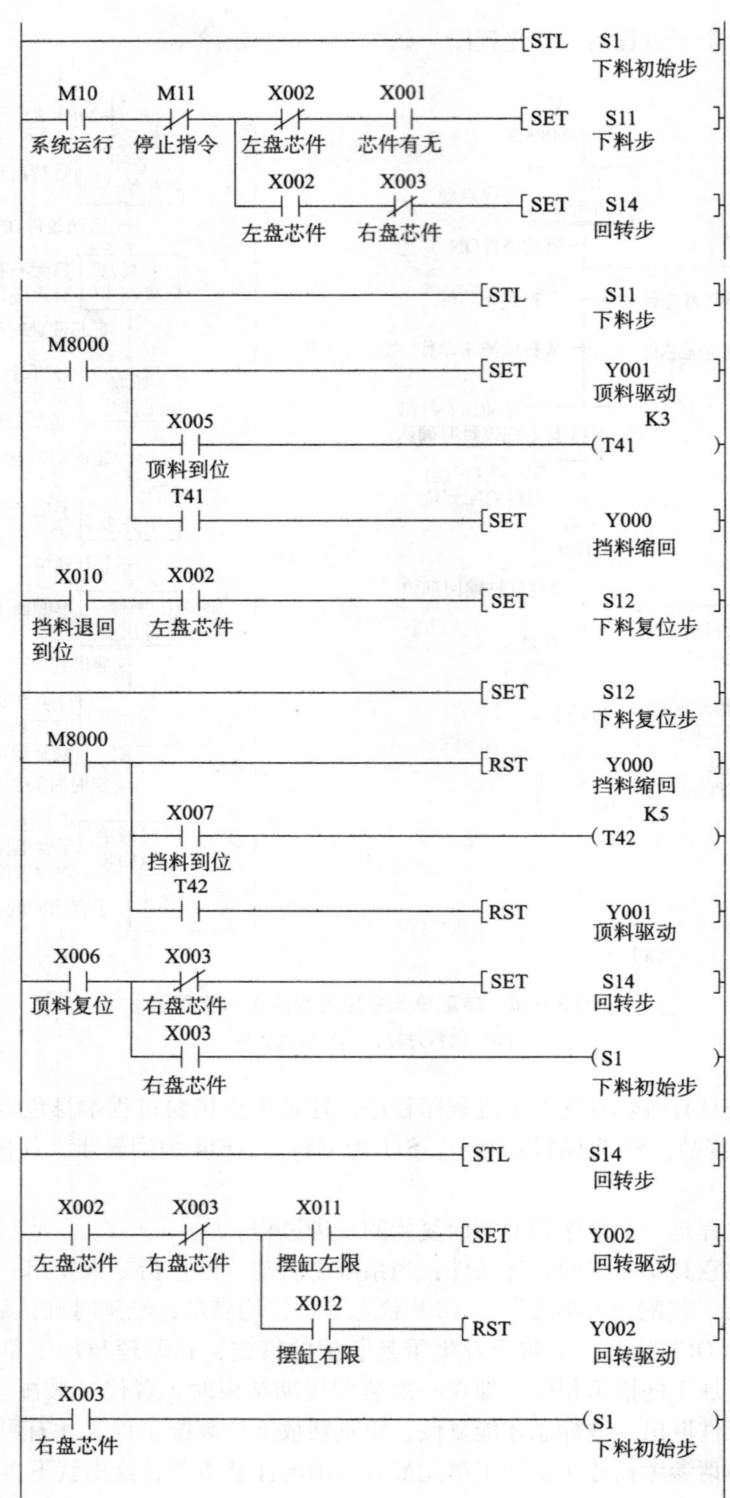

图 3－37　装配单元供料过程部分梯形图

任务 3.4　自动化生产线分拣单元

任务提出

分拣单元的功能是：分拣单元是完成对上一单元送来的工件进行分拣。使不同颜色、材质的工件从不同的料槽分流的功能。当输送单元送来工件放到传送带上并为入料口光电传感器检测到时，启动变频器，工件开始送入分拣区按要求进行分拣。该单元由安装在工作台上的装置侧部分和安装在下面抽屉内的 PLC 侧两部分组成。

我们的任务是：对设备进行安装，包括装置侧的机械装配和气路连接以及 PLC 侧的电路的连接并进行调试；其次，编写 PLC 控制程序并进行单机调试，最终达到工作要求。

任务分析

1. 知识目标

了解分拣单元的结构和工作过程；掌握分拣单元的元件组成及功能，包括：各类传感器、旋转编码器、变频器、三相异步电动机、直线推料气缸等；掌握该单元的 PLC 控制变频器的工作原理以及程序流程的编制。

2. 技能目标

能够熟练完成分拣单元装置侧机械安装以及气路的连接与调试；能按要求设计该单元的 PLC 控制电路，绘制电路图，然后进行电气接线；能够设定变频器的参数；能够按要求编制和调试 PLC 控制程序。

3. 情感目标

培养学生团队合作精神。

根据任务驱动，培养学生分析问题、解决问题的能力。

任务实施

根据装配单元的任务分析，将任务分为三个模块：一是分拣单元的装配；二是分拣单元的电路与气路连接；三是分拣单元的编程与单机调试。

3.4.1　分拣单元的装配

分拣单元如图 3－38 所示。

1. 分拣单元的组成

分拣单元主要结构组成为：传送和分拣机构、传动带驱动机构、变频器模块、电磁阀组、接线端口、PLC 模块、按钮/指示灯模块及底板等。

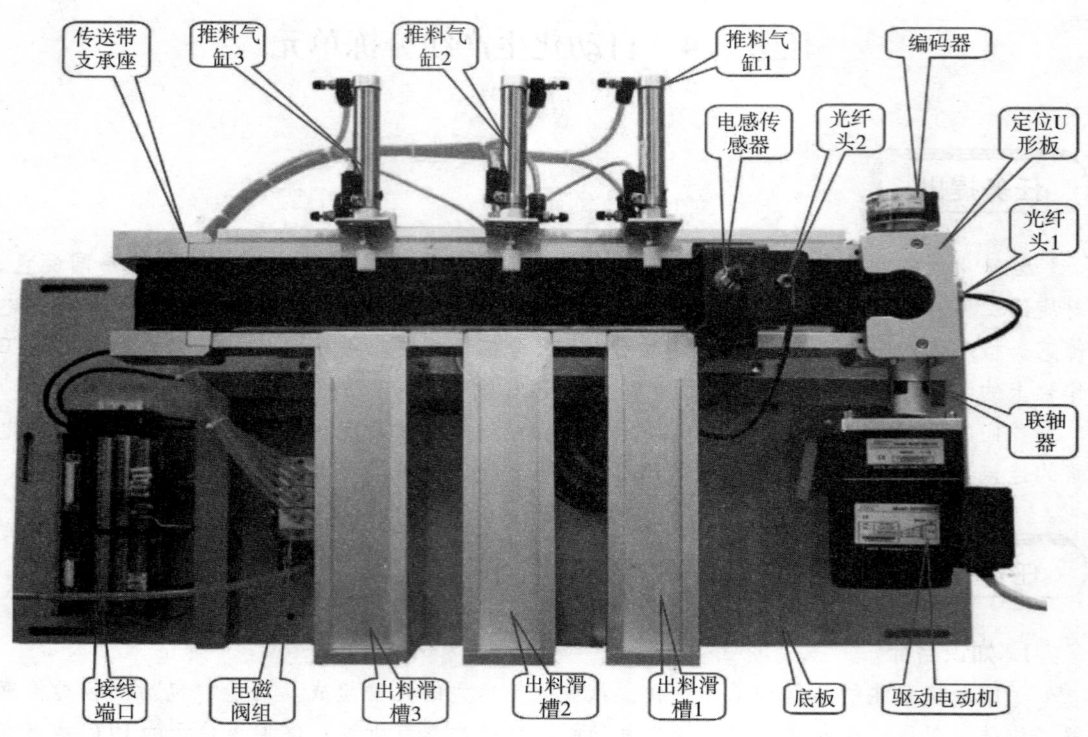

图 3－38　分拣单元

2. 分拣单元的组装

分拣单元的机械部件的组装分为：带传送机构的安装和分拣机构的安装。

（1）带传送机构的安装，分为几个步骤，如表 3－11 所示。

表 3－11　带传送机构安装

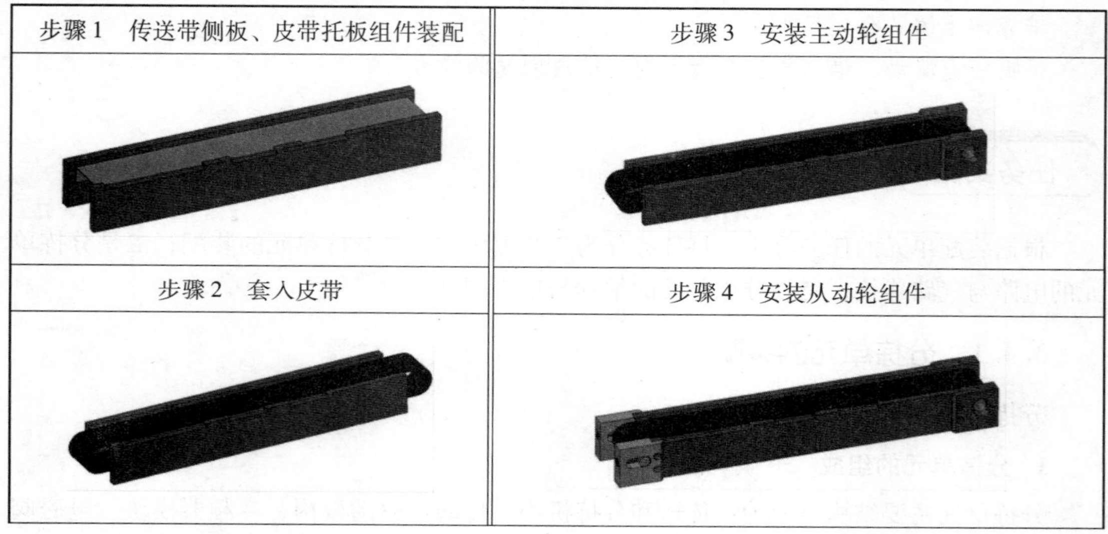

步骤 1　传送带侧板、皮带托板组件装配	步骤 3　安装主动轮组件
步骤 2　套入皮带	步骤 4　安装从动轮组件

续表

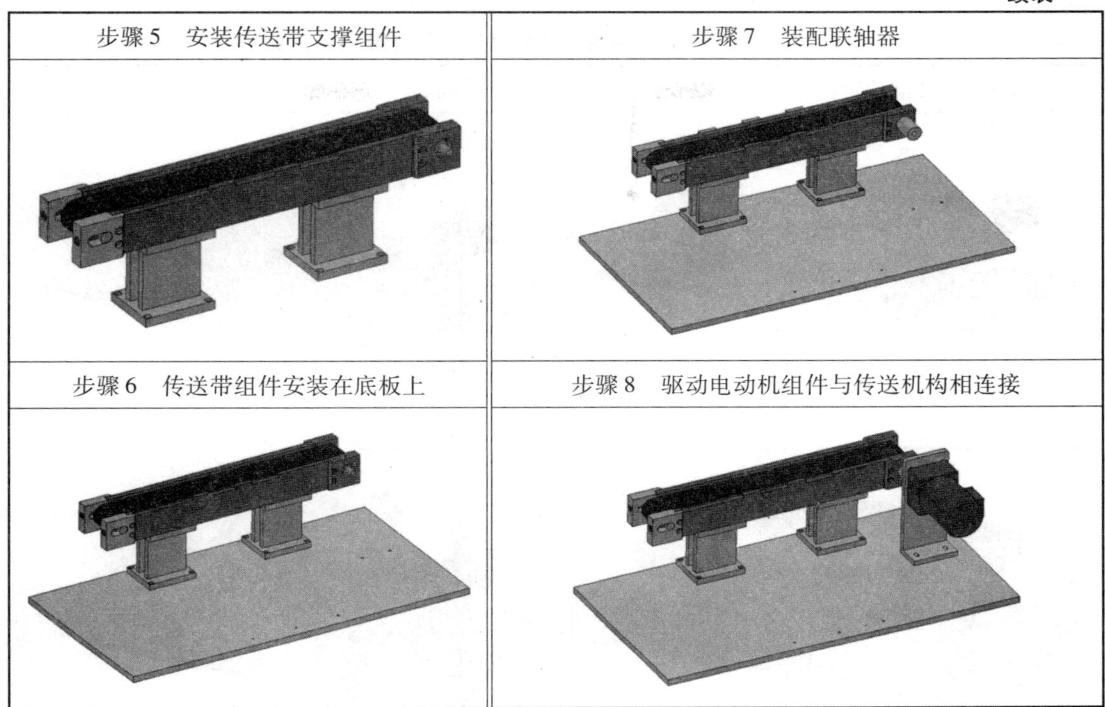

步骤 5　安装传送带支撑组件	步骤 7　装配联轴器
步骤 6　传送带组件安装在底板上	步骤 8　驱动电动机组件与传送机构相连接

（2）分拣单元的安装

首先要考虑分拣单元的安装尺寸，如图 3－39 所示（单位为 mm）。

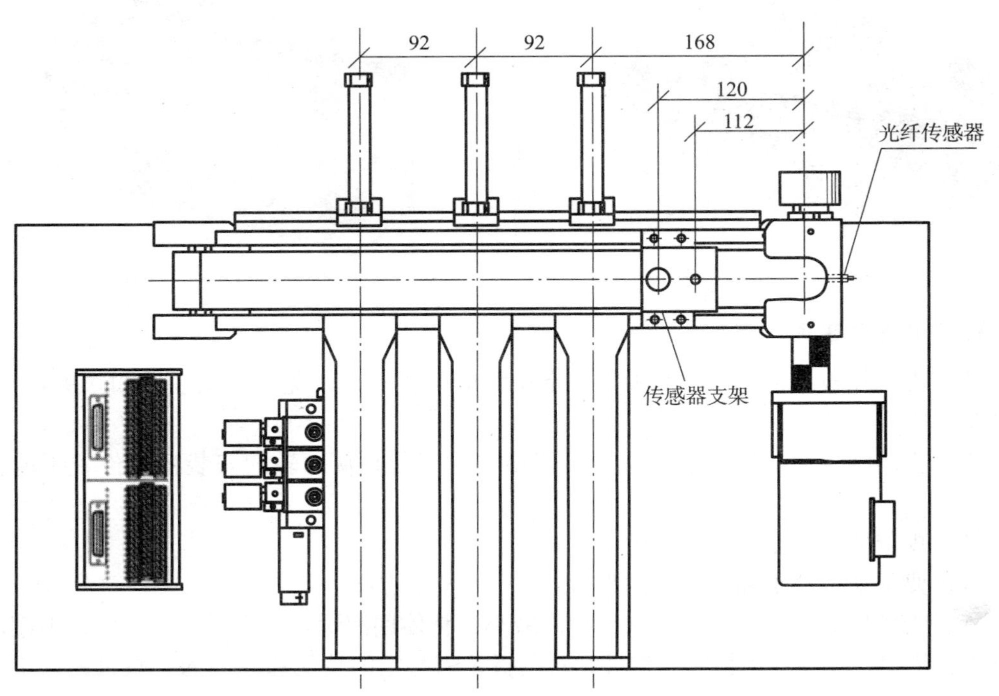

图 3－39　分拣单元的安装尺寸

（3）分拣单元的具体安装步骤如表 3－12 所示。

表 3－12　分拣单元的具体安装步骤

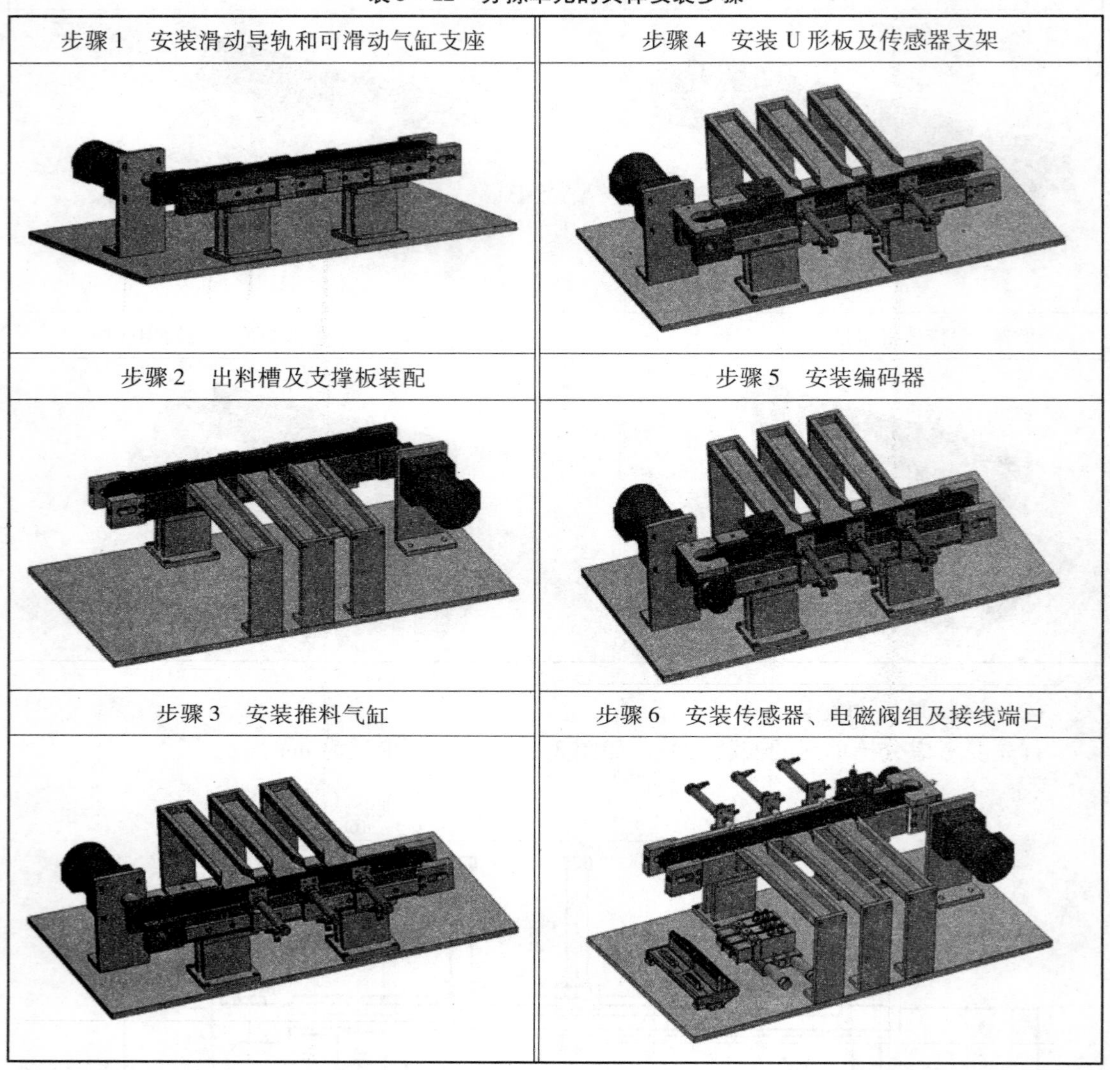

步骤 1　安装滑动导轨和可滑动气缸支座	步骤 4　安装 U 形板及传感器支架
步骤 2　出料槽及支撑板装配	步骤 5　安装编码器
步骤 3　安装推料气缸	步骤 6　安装传感器、电磁阀组及接线端口

3. 安装注意事项

（1）皮带托板与传送带两侧板的固定位置应调整好，以免皮带安装后凹入侧板表面，造成推料被卡住。

（2）主动轴和从动轴的安装位置不能错，主动轴和从动轴的安装板的位置不能相互调换。

（3）皮带的张紧度应调整适中。

（4）要保证主动轴和从动轴的平行。

（5）为了使传动部分平稳可靠，噪声减小，特使用滚动轴承为动力回转件，但滚动轴承及其安装配合零件均为精密结构件，对其拆装需一定的技能和专用的工具，建议不要自行拆卸。

3.4.2　分拣单元的电路与气路连接

1. 分拣单元的气路连接

分拣单元的三个出料滑槽的推料气缸都是双作用直线气缸，气动控制回路的工作原理图如图 3 -40 所示。

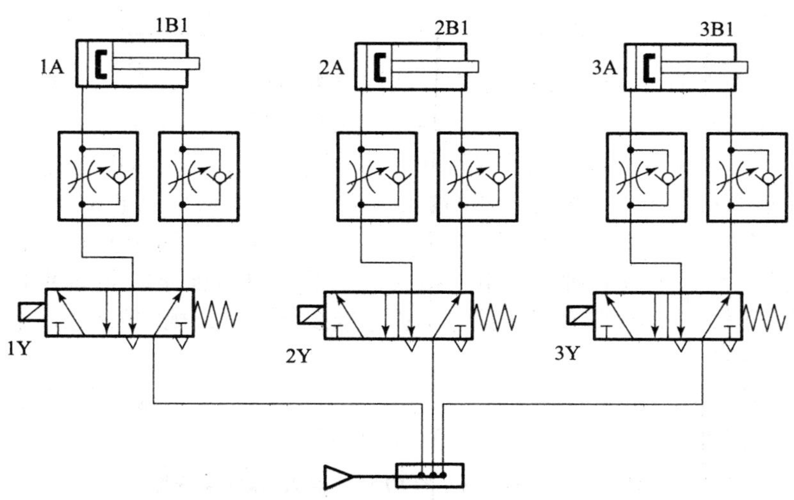

图 3 -40　分拣单元的气路原理图

2. 分拣单元的电路连接

分拣单元的电路同样分为桌面上的装置侧和桌面下的 PLC 侧。但分拣单元的接线除了 PLC 传感器、电磁阀外，还增加了旋转编码器、变频器、三相交流电动机等的接线，具体用法参考本书项目二的内容。

（1）分拣单元装置侧端子排接线的分配如表 3 -13 所示。

表 3 -13　分拣单元装置侧端子排接线的分配

输入端装置侧接线端子排		输出端装置侧接线端子排	
端子号	设备信号线	端子号	设备信号线
2	旋转编码器 B 相	2	推杆 1 电磁阀
3	旋转编码器 A 相	3	推杆 2 电磁阀
4	空置	4	推杆 3 电磁阀
5	光纤传感器 1		
6	光纤传感器 2		
7	电感式传感器		
8	空置		
9	推杆 1 伸出到位		

续表

输入端装置侧接线端子排		输出端装置侧接线端子排	
端子号	设备信号线	端子号	设备信号线
10	推杆 2 伸出到位		
11	推杆 3 伸出到位		
12 ~ 17 号端子空置		5 ~ 14 号端子空置	

分拣单元台面上的装置侧气路和电路接线注意事项：

①装置侧输入端接线端子排上层的 +24 V 电源端只能作为传感器的正电源端，切勿用于电磁阀执行元件的负载。电磁阀等执行元件的 +24 V 正电源端和 0 V 端应连接到输出端子排下层端子的相应端子上，即传感器的供电电源要和电磁阀供电电源分开。

②装置侧接线完成后，应用扎带绑扎，力求整齐美观；两个扎带之间距离不超过 50 mm，电缆和气管应该分开绑扎。电气接线的工艺应符合国家职业标准的规定，例如，导线连接到端子时，采用压紧端子压接方法；连接线须有符合规定的标号；每一端子连接的导线不超过 2 根等。

②分拣单元的 PLC 选用三菱 FX3U - 32MR 主单元，共 16 点输入和 16 点继电器输出。分拣单元的 PLC 侧输入/输出端分配如表 3 - 14 所示。

表 3 - 14　分拣单元的 PLC 侧输入/输出端分配

PLC 侧输入端		PLC 侧输出端	
PLC 输入点	设备信号线	PLC 输出点	设备信号线
X0	编码器白色线	Y0	STF（正转）
X1	编码器绿色线	Y1	RM（中速）
X2	空闲	Y2	RL（低速）
X3	光纤传感器 1	Y3	空闲
X4	光纤传感器 2	Y4	推杆 1 电磁阀
X5	电感式传感器	Y5	推杆 2 电磁阀
X6	推杆 1 伸出到位	Y6	推杆 3 电磁阀
X7	推杆 2 伸出到位	Y7	空闲
X10	推杆 3 伸出到位	Y10	HL1（指示灯）
X11	空闲	Y11	HL2（指示灯）
X12	SB1	Y12	HL3（指示灯）
X13	SB2	Y13	空闲
X14	QS（急停）	Y14	空闲
X15	QA（切换开关）	Y15	空闲

（3）下面根据分拣单元的PLC的输入/输出分配表，绘制PLC的控制电路图，如图3-41所示。

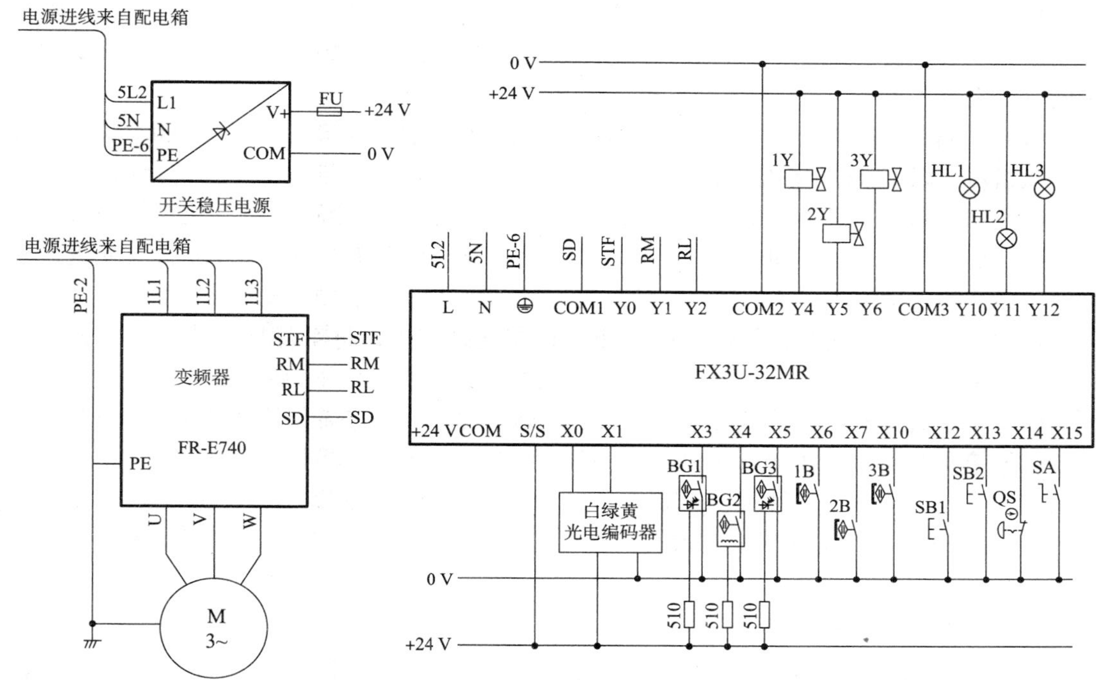

图3-41　分拣单元的PLC控制电路图

（4）分拣单元的调试注意事项：

分拣单元的控制电路接线完成后需要对接线加以校核，具体校核的方法请参考本项目任务一供料单元的内容，这里就不再重复。这里需要说明的是：

①变频器参数设定为：运行模式 Pr. 79 = 2；上限频率 Pr. 1 = 50 Hz；下限频率 Pr. 2 = 0 Hz；中速段频率 Pr. 5 = 30 Hz；低速段频率 Pr. 6 = 20 Hz；加速时间 Pr. 7 = 0. 2 s，减速时间 Pr. 8 = 0. 2 s。

②接通控制电源，调试装置侧各传感器。其中：

a. 调整安装在进料口U形板螺孔处的光纤1的旋入深度，避免光纤头发出的光线被螺孔壁遮挡而发生误动作并且调整该光纤的灵敏度，使白色工件在进料口放下时能可靠动作。

b. 调整安装在传感器支架上的光纤2的灵敏度，使得对放置在其下方的白色芯工件能可靠动作，并对黑色芯工件不动作。

c. 调整安装在传感器支架上的金属传感器的安装高度，使得对放置在其下方的金属芯工件能可靠动作，并确保在运行中金属传感器不会与工件发生碰撞。

3.4.3 分拣单元的编程与单机调试

1. 供料单元的控制要求

（1）工作目标：完成对白色芯、黑色芯和金属芯的白色工件的分拣，根据芯件属性的不同，分别推入1号、2号和3号出料滑槽中。

（2）设备上电和气源接通后，若设备准备好，则“正常工作”指示灯HL1长亮，否则，该指示灯以1 Hz频率闪烁。

（3）按下按钮SB1，系统启动，“设备运行”指示灯HL2长亮。当在进料口中心人工放下已装配工件时，按下SB2按钮，变频器启动，驱动传送带运转，带动工件首先进入检测区，经传感器检测获得工件属性，然后进入分拣区进行分拣。当满足某一滑槽推入条件的工件到达该滑槽中间时，传送带应停止，相应气缸伸出，将工件推入槽中。气缸复位后，分拣单元的一个工作周期结束，这时可再次向传送带下料，开始下一工作周期。

（4）如果在运行期间再次按下SB1按钮，该工作单元在本工作周期结束后停止运行。

（5）变频器可以输出20 Hz和30 Hz两个固定频率驱动传送带，两个频率的切换控制使用按钮/指示灯上的急停按钮QS实现。当QS未按下时输出频率为20 Hz，QS按下时为30 Hz。当传送带正在运转时，若改变QS状态，则变频器应在下一工作周期才改变输出频率。

2. 分拣单元的编程思路

从分拣过程可以看到，分拣控制不仅有对气动执行元件的逻辑控制，还包括有工件在传送带上被传送、变频器的速度控制等运动控制。那么控制传送带的传送距离，就需要用到PLC的高速计数器C251对旋转编码器输出的A、B相脉冲进行高速计数，故两相脉冲信号线应连接到PLC输入点X000和X001。

编制程序前应编写和运行一个测试程序，现场测试传送带上各特定位置（包括各推料气缸中心位置、检测区出口位置）的脉冲数，获得各特定点对以进料口中心点为基准原点的坐标值。进一步编制控制程序时，将测试获得的坐标值数据作为已知数据存储，供程序调用。

测试方法有多种，例如可用如下方法：在进料口中心位置放下一个工件，按下按钮SB1使高速计数器清零，然后按下按钮SB2，用点动方式驱动工件运动。仔细观察工件的运动，当其中心点到达某一希望的位置时立即停止。从编程软件的监控界面上读取高速计数器当前值并加以记录，此值即为该特定点对以进料口中心点为基准原点的坐标值。

这里根据上面的分拣单元平面尺寸图，给出各分拣位置的坐标值数据，如表3－15所示。

表3－15 分拣单元皮带上各点的C251坐标值

坐标点	光纤传感器中心点	电感传感器中心点	检测区出口中心点	推杆1中心点	推杆2中心点	推杆3中心点
坐标值	312	440	504	618	963	1305

程序基本上可分为两部分：一是系统启动/停止的控制，包括上电初始化、故障检测、

系统状态显示、检查系统是否准备就绪以及系统启动/停止的操作；二是系统启动后工艺过程的步进顺序控制，是工作单元的主控过程。

（1）状态检测与启停控制部分的编程要点。

分拣单元的启停控制部分程序如图 3－42 所示。

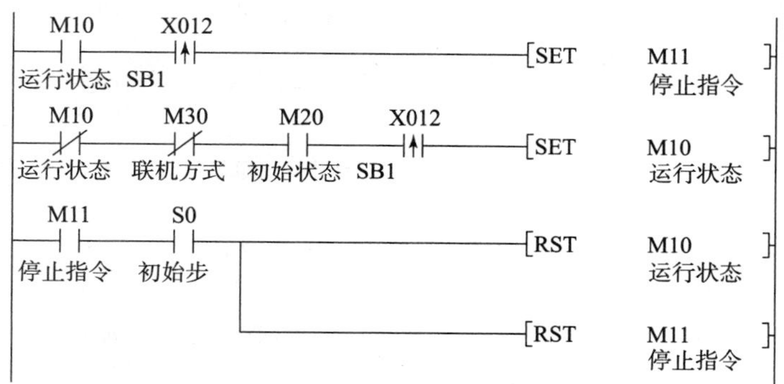

图 3－42　分拣单元的启停控制部分程序

（2）分拣步进顺控过程。

分拣单元工艺过程要求不同属性工件分别在三个出料槽被推出，因此工艺过程的步进程序具有三个选择分支。图 3－43 所示为分拣单元步进控制流程图。

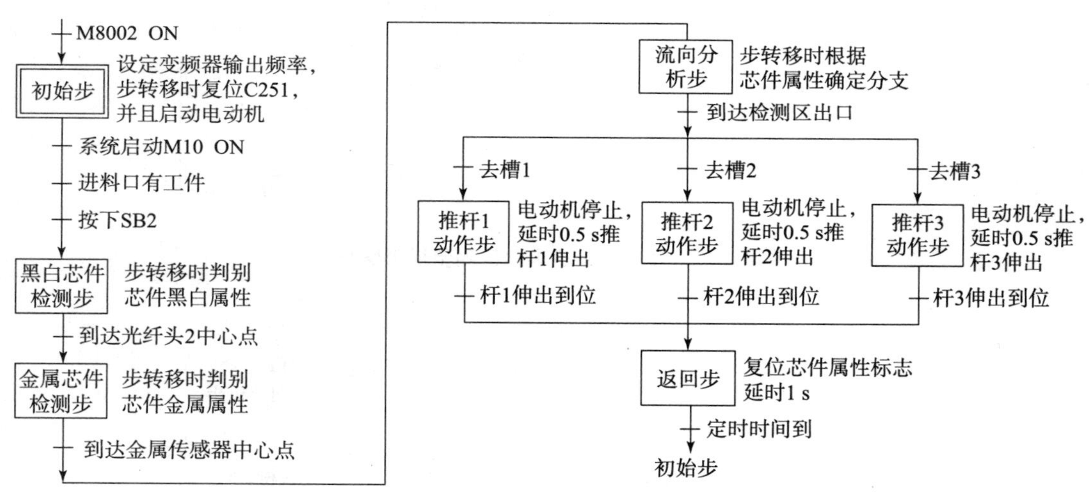

图 3－43　分拣单元步进控制流程图

根据步进控制流程图，下面给出初始步、黑白检测步、分配物料槽步和物料入槽步的梯形图。

①分拣单元的初始步梯形图程序如图 3－44 所示。

②分拣单元的黑白检测步梯形图程序如图 3－45 所示。

③分拣单元的分配物料槽步梯形图程序如图 3－46 所示。

④分拣单元的物料入槽步梯形图程序如图 3－47 所示。

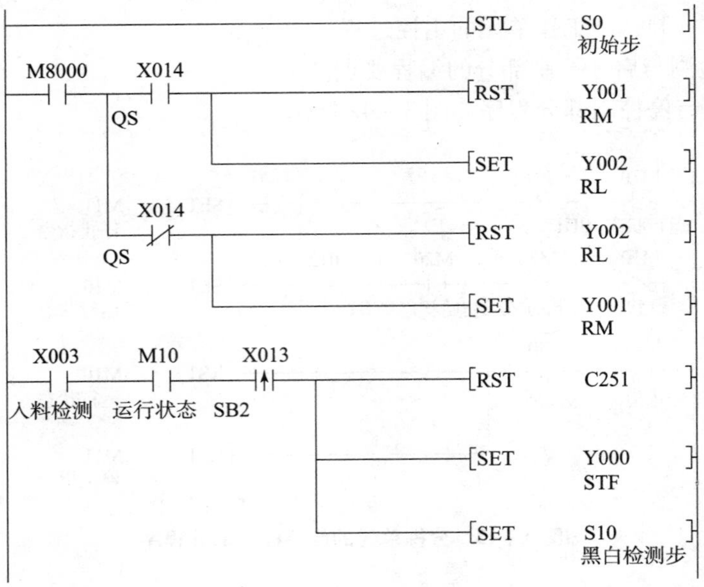

STL
S0
初始步
M8000
X014
QS
RST
Y001
RM
SET
Y002
RL
X014
QS
RST
Y002
RL
SET
Y001
RM
X003
入料检测
M10
运行状态
X013
SB2
RST
C251
SET
Y000
STF
SET
S10
黑白检测步

图 3-44 分拣单元的初始步梯形图程序

STL
S10
黑白检测步
D>=
C251
D110
黑白检测
X004
白芯检测
SET
M4
白芯芯件
SET
S12
金属检测步

图 3-45 分拣单元的黑白检测步梯形图程序

STL
S14
流向分析步
D>=
C251
D118
检测出口
M4
白色芯件
M5
金属芯件
SET
S16
去槽1步
M4
白色芯件
M5
金属芯件
SET
S18
去槽2步
M5
金属芯件
SET
S20
去槽3步

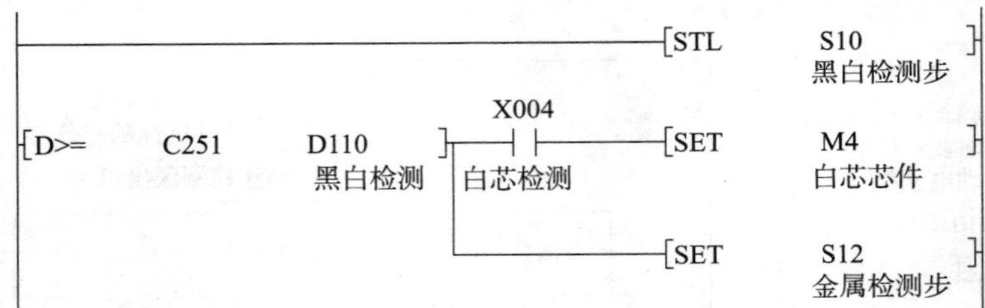

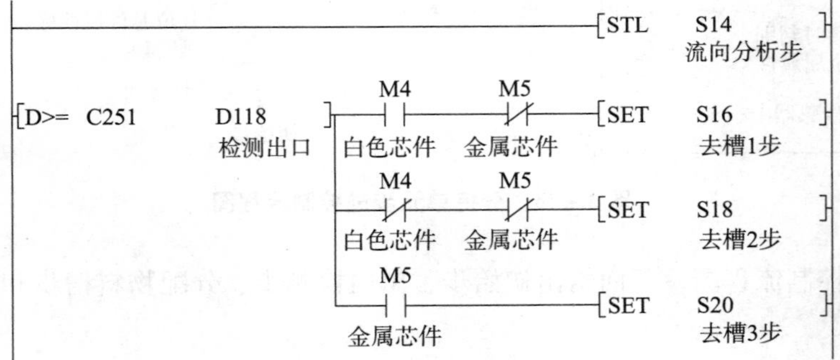

图 3-46 分拣单元的分配物料槽步梯形图程序

```
——————————————————————[STL    S16     ]
                              去槽1步
[D>=   C251   D122   ]—————[RST    Y000    ]
              杆1位置           STF
                     |——————————————(T11  K5 )
                     |   T11
                     |———| |————[SET    Y004    ]
                                杆1驱动
 X007
—|↑|—————————————————————[RST    Y004    ]
杆一伸出                         杆1驱动
       |————————————————————[SET    S22     ]
                                返回步
——————————————————————————[STL    S22     ]
                                返回步
 M8000
—| |————————————————————————(T1   K10 )
 T14
—| |———————————————————————[RST    M4      ]
       |                        白色芯件
       |————————————————————[RST    M5      ]
       |                        金属芯件
       |————————————————————————(S0       )
                              启动步
```

图 3－47　分拣单元的物料入槽步梯形图程序

3. 程序的调试

本工作任务的分拣要求并不复杂，但要准确判别工件属性、在目标料槽气缸中心位置平稳地推出工件，则需要进行细致的调试。

（1）单机运行时，在进料口放下工件是人工实现的。请注意工件位置应尽可能调整到作为传送带原点的进料口中心位置，才按下传送带启动按钮，否则各特定点坐标位置将因参考点的偏离而带来误差，至使出现推料不准确等现象。

（2）传感器灵敏度的调整是判别工件属性的关键，应仔细地反复调整，同时应考虑各种因素的影响。例如新旧不同的白色芯件可能颜色有所变化，使用时久的黑色芯件会积聚灰尘而略带灰色等。

（3）平稳地推出工件的关键是推料气缸伸出速度的调整，应反复调整推料气缸上的节流阀，确保推出动作无冲击、无卡滞现象。

任务3.5　自动化生产线输送单元

任务提出

输送单元的功能是：输送单元是连接其他单元的纽带，主要完成各单元之间的工件输送任务。输送单元的装置侧是由直线运动传动组件、抓取机械手装置、拖链装置、接线端口等部件组成。该单元由安装在工作台上的装置侧部分和安装在下面抽屉内的PLC侧以及触摸屏组成。

我们的任务是：对设备进行安装，包括装置侧的机械装配和气路连接以及PLC侧的电路的连接并进行调试；还有对伺服驱动器进行参数设定；编写PLC控制程序并进行单机调试，最终达到工作要求。

任务分析

1. 知识目标

了解输送单元的结构和工作过程；掌握输送单元的元件组成及功能，包括：各类传感器、气动机械手、伺服驱动器、伺服电动机等；掌握该单元的PLC控制伺服驱动器的工作原理以及程序流程的编制。

2. 技能目标

能够熟练完成输送单元装置侧机械安装以及气路的连接与调试；能按要求设计该单元的PLC控制电路，绘制电路图，然后进行电气接线；能够设定伺服驱动器的参数；能够按要求编制和调试PLC控制程序。

3. 情感目标

培养学生团队合作精神。

根据任务驱动，培养学生分析问题、解决问题的能力。

任务实施

根据输送单元的任务分析，将任务分为三个模块：一输送单元的装配；二输送单元的电路与气路连接；三输送单元的编程与单机调试。

3.5.1　输送单元的装配

安装在工作台面上的输送单元装置侧部分如图3-48所示。

1. 输送单元的组成

1）直线运动组件

直线运动组件由直线导轨及底板、承载抓取机械手的滑动溜板、由伺服电动机和主动

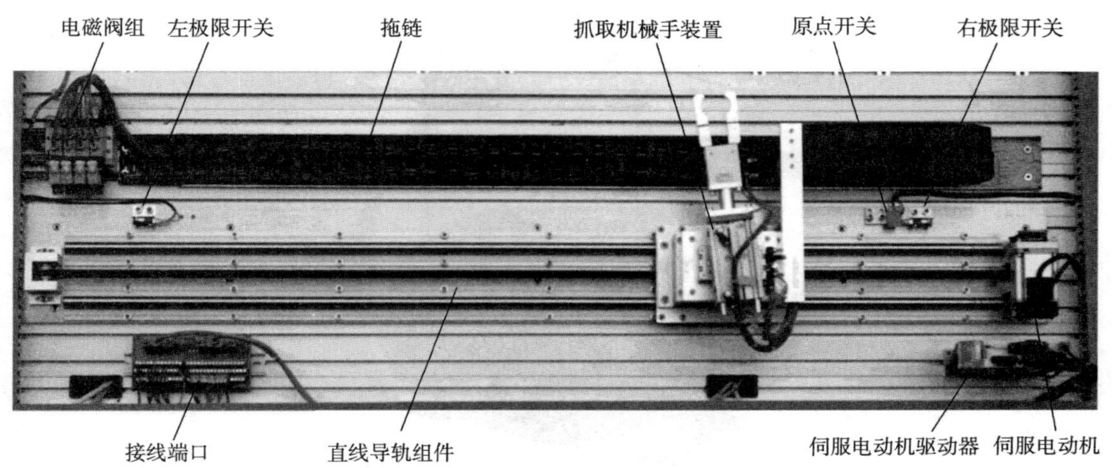

图 3－48　输送单元装置侧部分

同步轮构成的动力头构件、同步带和从动同步轮构件等机械构件，以及原点接近开关和左、右极限开关组成，如图 3－49 所示。

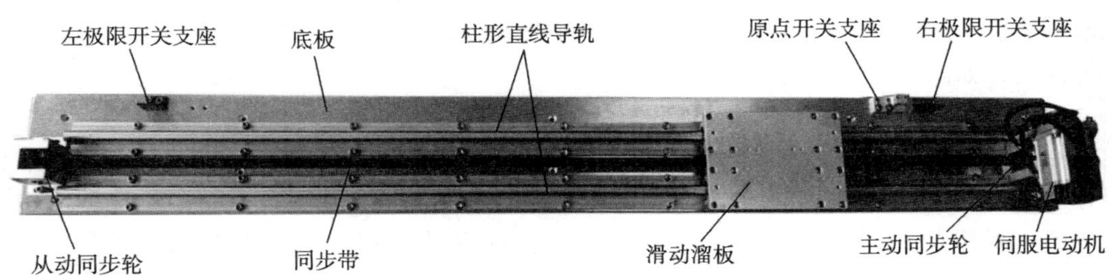

图 3－49　输送单元的直线运动组件示意图

其中，伺服电动机由伺服电动机放大器驱动，通过齿轮和同步带带动滑动溜板沿直线导轨做往复直线运动，从而带动滑动溜板上的机械手做往复直线运动。

原点接近开关是一个电感式接近传感器，其安装位置提供了直线运动的原点信息。

左、右极限开关是有触点的微动开关，用来提供越程故障时的保护信号：当滑动溜板在运动中越过左或右极限位置时，极限开关会动作，从而向系统发出越程故障信号。

2）机械手装置

机械手装置能实现升降、伸缩、夹紧/松开和旋转的 4 个运动，该装置整体安装在直线运动传动组件的滑动溜板上，在传动组件带动下整体做直线往复运动，定位到其他各工作单元的物料台，然后完成抓取和放下工件的功能，其示意图如图 3－50 所示。

机械手装置的各部件功能如下：

气动手爪：用于在各工作站料台上抓取/放下工件，由二位五通双向电控阀控制。

伸缩气缸：用于驱动手臂伸出/缩回，由一个二位五通单向电控阀控制。

回转气缸：用于驱动手臂正反向 90°旋转，由一个二位五通双向电控阀控制。

提升气缸：用于驱动整个机械手提升/下降，由一个二位五通单向电控阀控制。

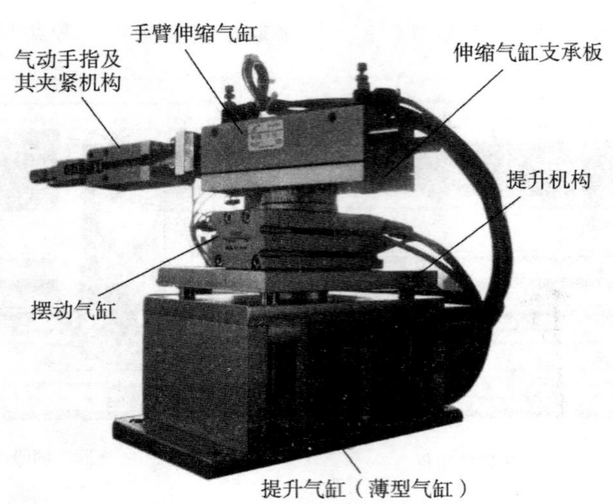

图 3－50　输送单元的机械手示意图

3）拖链装置

当机械手装置做往复运动时，连接到机械手装置上的气管和电气连接线也随之运动，机械手装置上的所有气缸连接的气管和电线沿拖链带敷设，插接到电磁阀组上。输送单元的拖链装置如图 3－51 所示。

4）原点开关和极限开关

原点开关是一个电感式接近传感器，其安装位置提供了直线运动的原点信息。左右极限开关是有触点的微动开关，用来提供越程故障时的保护信号，当滑动溜板在运动中越过左或右极限位置时，极限开关会动作，从而向系统发出越程故障信号，如图 3－52 所示。

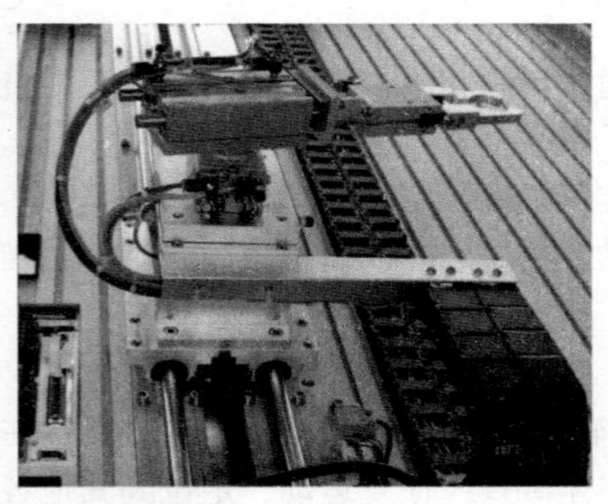

图 3－51　输送单元的拖链装置

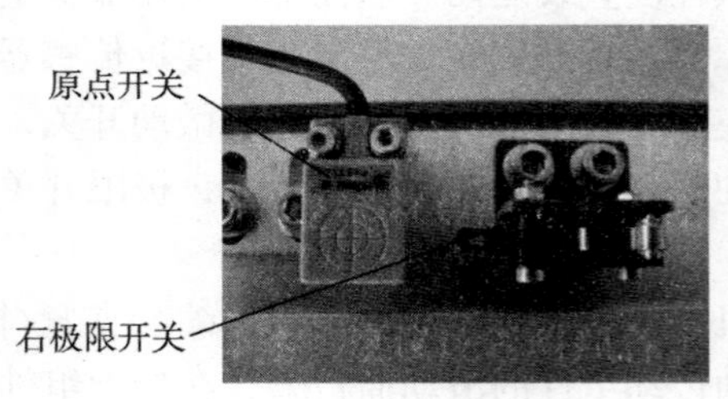

图 3－52　输送单元的原点开关和极限开关示意图

2. 输送单元装置侧的安装

输送单元装置侧的安装分为两部分：直线运动组件的安装、拖链的安装和机械手装置的安装。

（1）直线运动组件的安装步骤分 10 步，如表 3－16 所示。

表 3-16　直线运动组件的安装步骤

步骤 1　在底板上装配直线导轨	
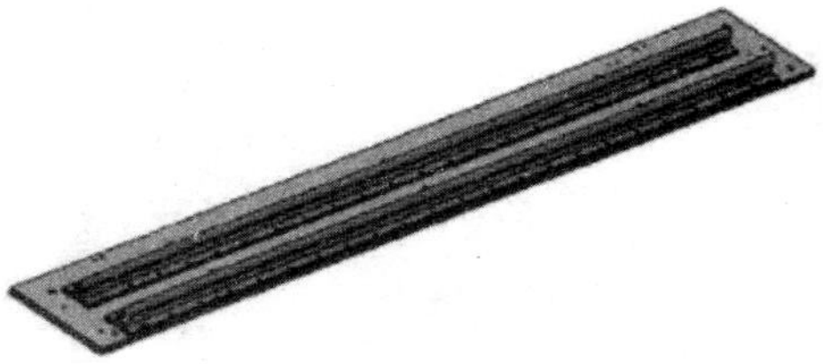	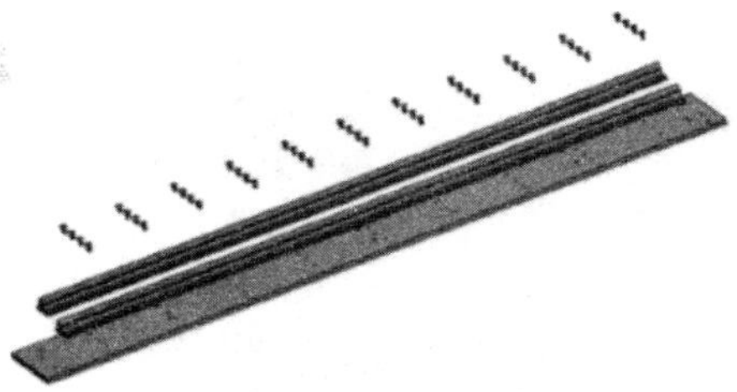
步骤 2　大溜板与四个滑块组件的连接	步骤 5　主动同步轮及其支座装配
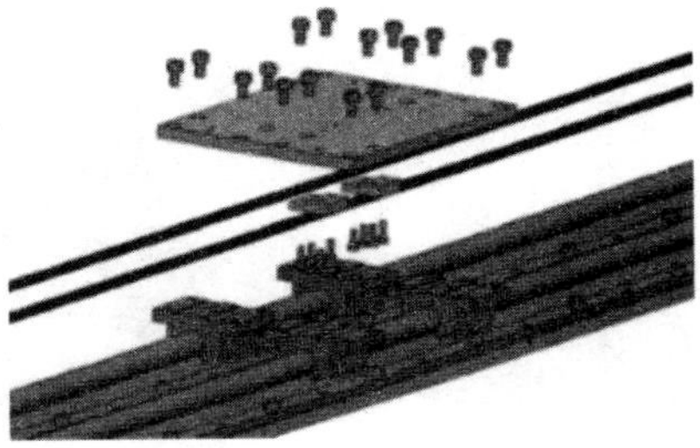	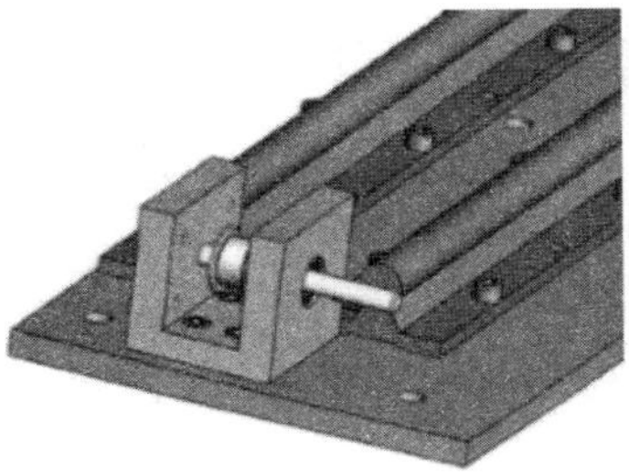
步骤 3　连接同步带	步骤 6　伺服电动机安装支架装配
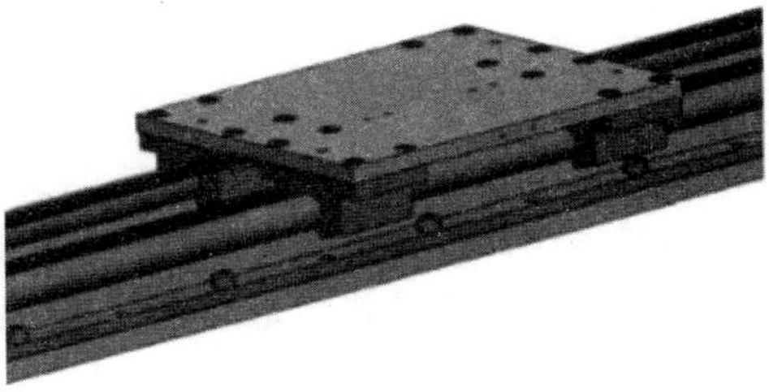	
步骤 4　备齐动力头构件的零部件	步骤 7　伺服电动机安装

续表

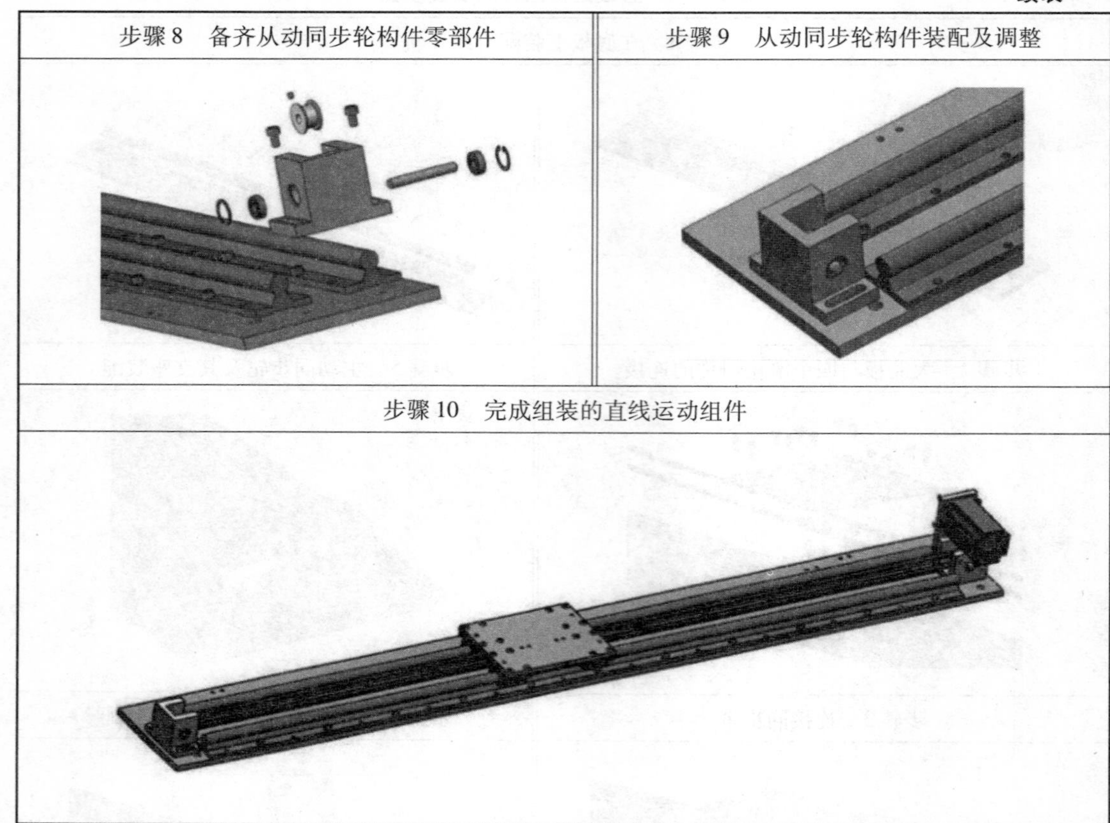

步骤 8　备齐从动同步轮构件零部件

步骤 9　从动同步轮构件装配及调整

步骤 10　完成组装的直线运动组件

直线运动组件安装注意事项：

步骤 1：输送单元直线导轨是一对较长的精密机械运动部件，安装时应首先调整好两导轨的相互位置（间距和平行度），然后拧紧其固定螺栓。由于导轨固定螺栓较多，紧固时必须按一定的顺序逐步进行，使其运动平稳、受力均匀、运动噪声小。

步骤 2、3：大溜板构件装配，首先应调整四个滑块与大溜板的平衡连接，方法是将大溜板与两直线导轨上的四个滑块的位置找准并进行固定，在拧紧固定螺栓的时候，应一边推动大溜板左右运动一边拧紧螺栓，直到滑动顺畅。然后将连接了四个滑块的大溜板从导轨的一端取出，将同步带两端固定座安装在大溜板的反面，再重新将滑块套在柱形导轨上。注意：用于滚动的钢球嵌在滑块的橡胶套内，滑块取出和套入导轨时必须避免橡胶套受到破坏或用力太大致使钢球掉落。

步骤 4 ~ 7：动力头构件的装配，安装主动同步轮支座，请注意其安装方向。在支座上装入同步轮前，先把同步带套入同步轮。在安装伺服电动机时，将电动机安装板固定在电动机侧同步轮支架组件的相应位置，将电动机与电动机安装活动连接，并在主动轴、电动机轴上分别套接同步轮，安装好同步带，调整电动机位置，锁紧连接螺栓。注意：伺服电动机是一精密装置，安装时注意不要敲打它的轴端，更千万不能拆卸电动机。

步骤 8、9：从动同步轮构件的组装，安装从动同步轮支座，请注意其安装方向。在支座上装入同步轮前，先把同步带套入同步轮。调整好同步带的张紧度，锁紧从动同步轮支座螺栓。

在以上各构成零件中，轴承以及轴承座均为精密机械零部件，拆卸以及组装需要较熟练的技能和专用工具，因此，不可轻易对其进行拆卸或修配工作。

（2）拖链的安装。

连接到机械手装置上的管线首先绑扎在拖链带安装支架上，然后沿拖链带敷设，进入管线线槽中。绑扎管线时要注意管线引出端到绑扎处保持足够长度，以免机构运动时被拉紧造成脱落。沿拖链敷设时注意管线间不要相互交叉。拖链示意图如图 3 – 53 所示。

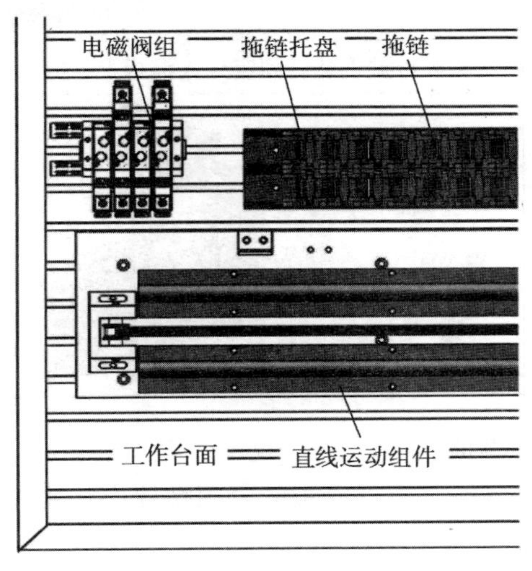

图 3 – 53　拖链示意图

（3）机械手装置的组装步骤如表 3 – 17 所示。

表 3 – 17　机械手装置的组装步骤

步骤 1　装配机械手支撑架	步骤 2　装配提升机构
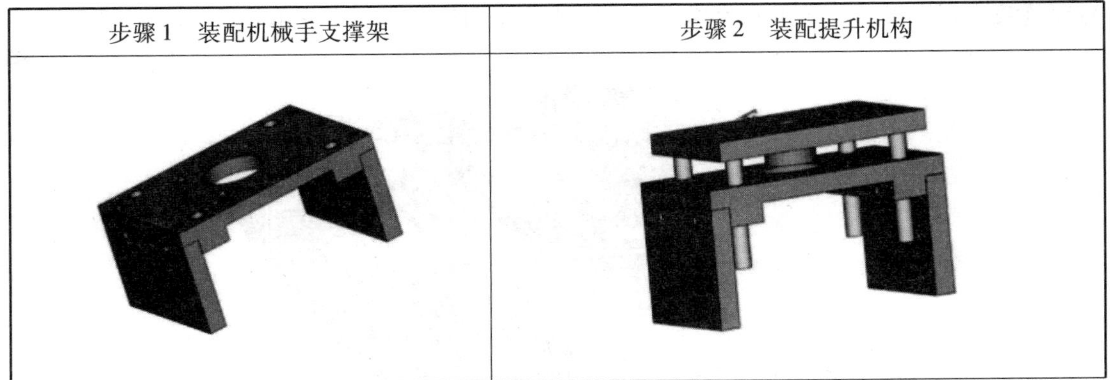	

续表

步骤 3　提升机构组件装配	步骤 4　装配摆动气缸、伸缩气缸及气动手指
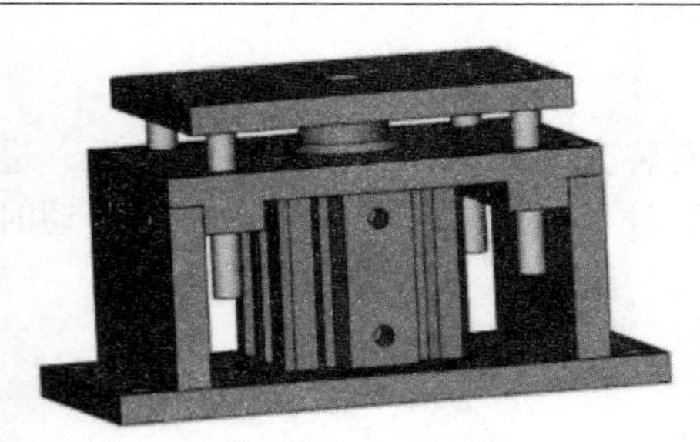	
步骤 5　抓取机械手装置固定到大溜板上，完成组装	

机械手装置组装的注意事项：

在步骤 3 中，固定提升气缸、组件底板的紧固螺栓应从底部向上旋入，在步骤 2 完成后翻转过来以便操作。

步骤 4 装配顺序为：把摆动气缸固定在组装好的提升机构上。在摆动气缸上固定伸缩气缸安装板，安装时要先找好伸缩气缸安装板与摆动气缸连接的原始位置，以便有足够的回转角度，再连接气动手指和伸缩气缸，然后把伸缩气缸固定到伸缩气缸安装板上。

（4）最后，把机械手装置固定到直线运动组件的滑动溜板上，再装上拖链连接器，并与拖链装置相连接。输送单元装置侧安装完成示意图如图 3－54 所示。

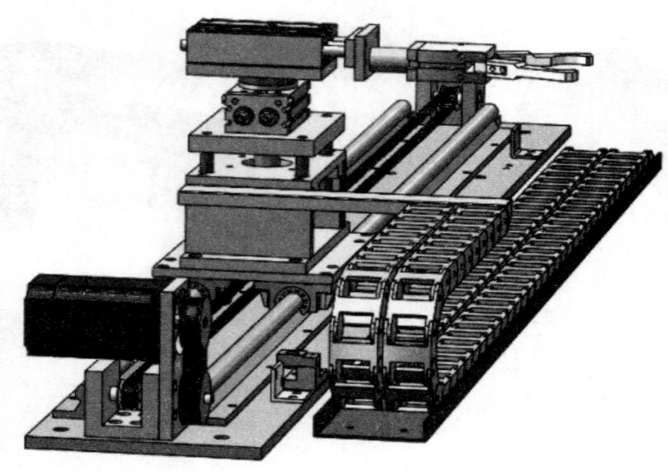

图 3－54　输送单元装置侧安装完成示意图

3.5.2　输送单元的电路与气路连接

1. 输送单元的气路连接

输送单元的气路是用于机械手的提升/下降、伸出/缩回、左右摆动、抓紧/松开的动作。输送单元的气路原理图如图 3－55 所示。

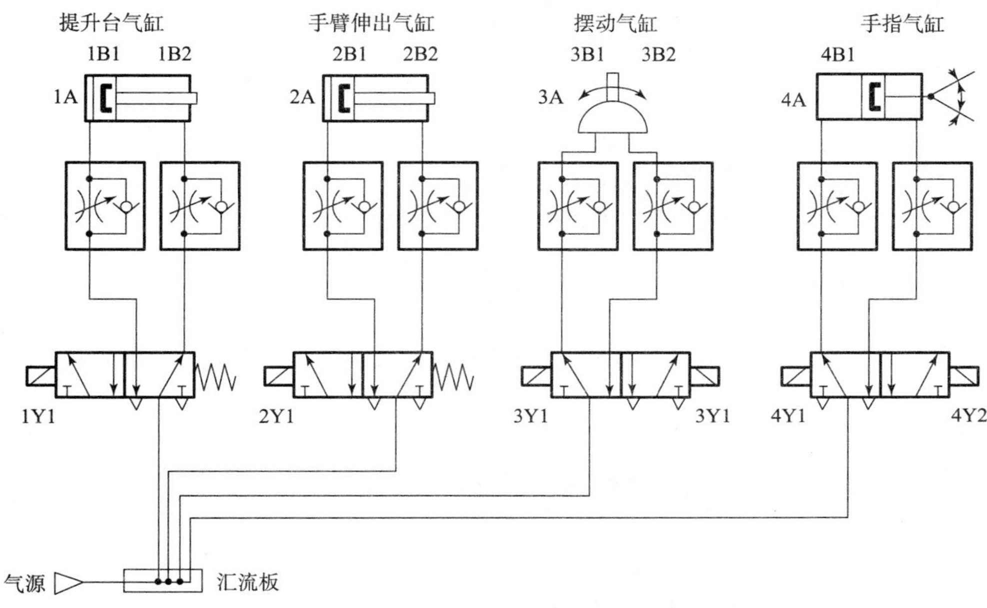

图 3－55　输送单元的气路原理图

2. 输送单元的电路连接

输送单元的装置侧电路接线包括：机械手装置各气缸上磁性开关引出线、原点开关、左右限位开关的引出线，以及伺服驱动器控制线等连接到输送单元装置侧的接线端口。

（1）输送单元装置侧的端子排接线分配如表 3－18 所示。

表 3－18　输送单元装置侧的端子排接线分配

输入端装置侧接线端子排			输出端装置侧接线端子排		
端子号	设备符号	设备信号线	端子号	设备符号	设备信号线
2	BG1	原点传感器	2	PULS2	伺服电动机脉冲
3	SQ1_K	右限位开触点	3		
4	SQ2_K	左限位开触点	4	SIGN2	伺服电动机方向
5	1B1	机械手抬升下限	5	1Y1	提升气缸上升
6	1B2	机械手抬升上限	6	3Y1	摆动气缸左旋
7			7	3Y2	摆动气缸右旋
8			8	2Y1	手爪伸出

续表

输入端装置侧接线端子排			输出端装置侧接线端子排		
端子号	设备符号	设备信号线	端子号	设备符号	设备信号线
9	2B1	机械手旋转右限	9	4Y1	手爪夹紧
10	2B2	机械手旋转左限	10	4Y2	手爪松开
11	3B1	机械手缩回到位			
12	3B2	机械手伸出到位			
13	POT	右限位闭触点			
14	NOT	左限位闭触点			
15	ALM +	伺服报警信号			
16					
没有填写的端子空置			没有填写的端子空置		

注意：伺服脉冲线连接到 PULS2，其方向信号线连接到 SIGN2，OPC1 和 OPC2 接 +24 V。

（2）输送单元的 PLC 选用三菱 FX 系列 PLC，采用 FX3U－48MT PLC，共 24 点输入，24 点晶体管输出。这里注意，输送单元的 PLC 输出类型是晶体管，其他单元的 PLC 输出类型是继电器，不一样。

输入单元的 PLC 侧输入/输出端分配如表 3－19 所示。

表 3－19　输送单元的 PLC 侧输入/输出端分配

PLC 侧输入端		PLC 侧输出端	
PLC 输入点	设备信号线	PLC 输出点	设备信号线
X0	原点开关检测	Y0	伺服电动机脉冲
X1	右限位保护	Y1	
X2	左限位保护	Y2	伺服电动机方向
X3	提升气缸下限	Y3	提升气缸上升
X4	提升气缸上限	Y4	手臂左旋驱动
X5	手臂旋转左限	Y5	手臂右旋驱动
X6	手臂旋转右限	Y6	手爪伸出
X7	手臂伸出到位	Y7	手爪夹紧
X10	手臂缩回到位	Y10	手爪放松
X11	手爪夹紧检测	Y11	

续表

PLC 侧输入端		PLC 侧输出端	
PLC 输入点	设备信号线	PLC 输出点	设备信号线
X12	伺服报警信号	Y12	
X13 ~ X23	未接线	Y13	
X24	SB2（启动按钮）	Y14	
X25	SB1（复位按钮）	Y15	HL1
X26	QS（急停按钮）	Y16	HL2
X27	SA（选择开关）	Y17	HL3

（3）下面根据输送单元的 PLC 的输入/输出分配表，绘制 PLC 的控制电路图，如图 3－56 所示。

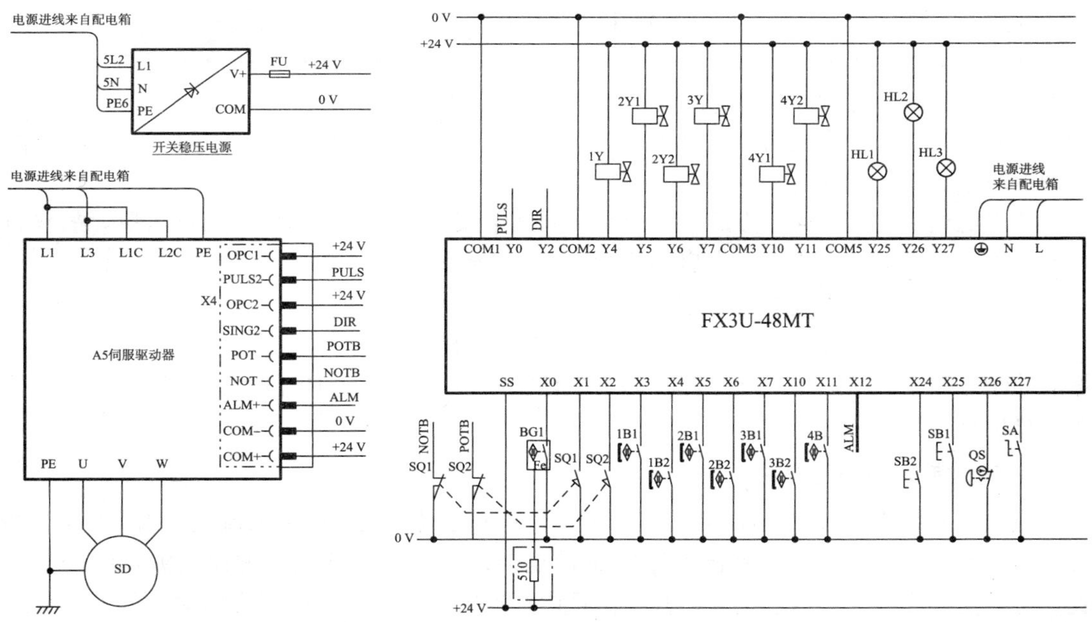

图 3－56　输送单元的 PLC 控制电路图

输送单元的 PLC 侧接线注意事项：

①输送单元的 PLC 采用晶体管输出，接线时须注意输出公共端的电源极性，输出公共端接电源负极。

②接线完毕，可用编程软件的状态监控表校验逻辑控制部分的 I/O 接线，但 PLC 与伺服驱动器之间的 I/O 接线宜用万用表校验。

3.5.3 输送单元的编程与单机调试

1. 输送单元的控制要求

（1）设备上电和气源接通后，若系统已在初始状态，则指示灯 HL1 长亮，否则该指示灯以 1 Hz 频率闪烁。

（2）若系统不在初始状态，应按下按钮 SB1 执行复位操作。复位完成，指示灯 HL1 长亮。若按钮/指示灯模块的方式选择开关 SA 置于“单机方式”位置，按下启动按钮 SB2，设备启动，“设备运行”指示灯 HL2 也长亮，开始功能测试过程。

（3）正常功能测试：

①抓取机械手装置从供料单元物料台抓取工件。

②抓取动作完成后，机械手装置向装配单元移动，移动速度不小于 300 mm/s。到达装配单元物料台的正前方后，把工件放到装配单元物料台上。

③放下工件动作完成 2 s 后，机械手装置执行抓取装配单元工件的操作。

④抓取动作完成后，机械手装置向加工单元移动，移动速度不小于 300 mm/s。到达加工单元物料台的正前方后，把工件放到加工单元物料台上。

⑤放下工件动作完成 2 s 后，机械手装置执行抓取加工单元工件的操作。

⑥抓取动作完成后，摆台逆时针旋转 90°，然后机械手装置向分拣单元移动，移动速度不小于 300 mm/s，到达后在分拣单元进料口把工件放下。

⑦放下工件动作完成后，机械手手臂缩回，摆台顺时针旋转 90°，然后以 350 mm/s 的速度返回原点。

⑧当机械手装置返回原点后，一个测试周期结束，系统停止运行。当供料单元的物料台上放置了工件时，可再按一次启动按钮 SB2，开始新一轮的测试。

（4）系统运行的紧急停车测试：

若在工作过程中按下急停按钮 QS，则系统立即停止运行。急停按钮复位后系统从急停前的断点开始继续运行。在急停状态，绿色指示灯 HL2 以 1 Hz 的频率闪烁，直到急停按钮复位且恢复正常运行时，HL2 恢复长亮。

2. 输送单元的编程思路

输送单元单机运行的程序结构与其他工作单元类似，也是包括系统启动/停止控制和主顺序控制过程两部分，但具体程序则比较复杂，所以若不预先考虑而到编程时随意设置，将会使程序凌乱，可读性差，甚至出现内存冲突的后果。因此编程前对中间变量有一个大体的规划是必要的，通常的做法是按变量功能划分存储区域，设置必要的中间变量，并留有充分余地，以便程序调试时添加或修改。

下面分步骤给出具体的编程思路：

1）异常情况检测和处理

在设备工作之前，先要对设备进行异常情况检测，在设备没有问题的情况下才能工作，输送单元的异常情况包括：发生越程故障和急停按钮被按下两种情况。

输送单元异常情况检测梯形图如表 3－20 所示。

表 3－20 输送单元异常情况检测梯形图

编程要点说明	程序段梯形图
（1）越程故障发生或运行中按下急停按钮，立即使 M8349 ON，停止脉冲输出。 （2）急停按钮按下后延迟一个扫描周期，置位急停标志，以停止步进控制程序的执行，直到急停按钮被复位。 注意事项：越程故障时，伺服将报警并立即停止。只有断开伺服电源，并将机械手移出越程位置，重新上电后伺服报警才能复位。如果出现越程故障，说明系统有缺陷，必须停机检查	X001 右限位 / X002 左限位 —[SET M40 越程故障] M40 越程故障 / X026 急停按钮 M10 系统运行 —(M8349 脉冲停止) X026 急停按钮 M10 系统运行 M45 —[SET M45 急停标志] —(M46) X026 急停按钮 —[RST M45 急停标志]

紧急停车处理的程序梯形图如图 3－57 所示。

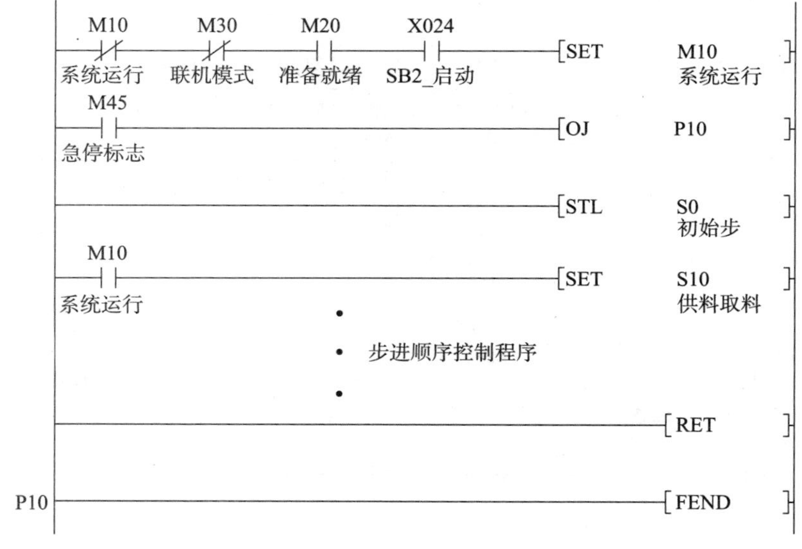

图 3－57 紧急停车处理的程序梯形图

2）上电初始化

初始化的主要工作是检查机械手各气缸是否在初始位置、机械手是否在原点位置，如果系统尚未满足准备就绪条件，就需要按下复位按钮调用系统复位子程序，执行复位操作，使机械手装置复位到初始位置，然后调用原点回归子程序进行原点搜索，当原点搜索完成且机械手装置位于原点位置时，系统处于初始状态。

初始化的操作流程如图 3－58 所示。

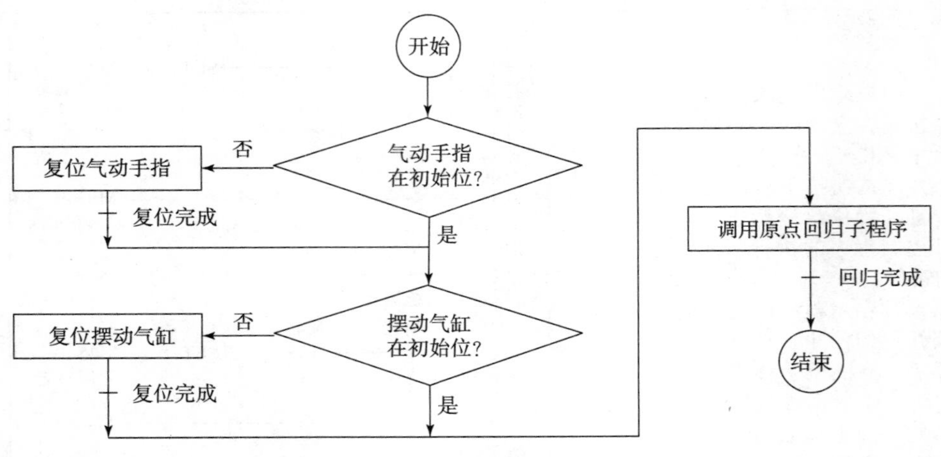

图 3－58　初始化操作流程图

输送单元初始化梯形图如表 3－21 所示。

表 3－21　输送单元初始化梯形图

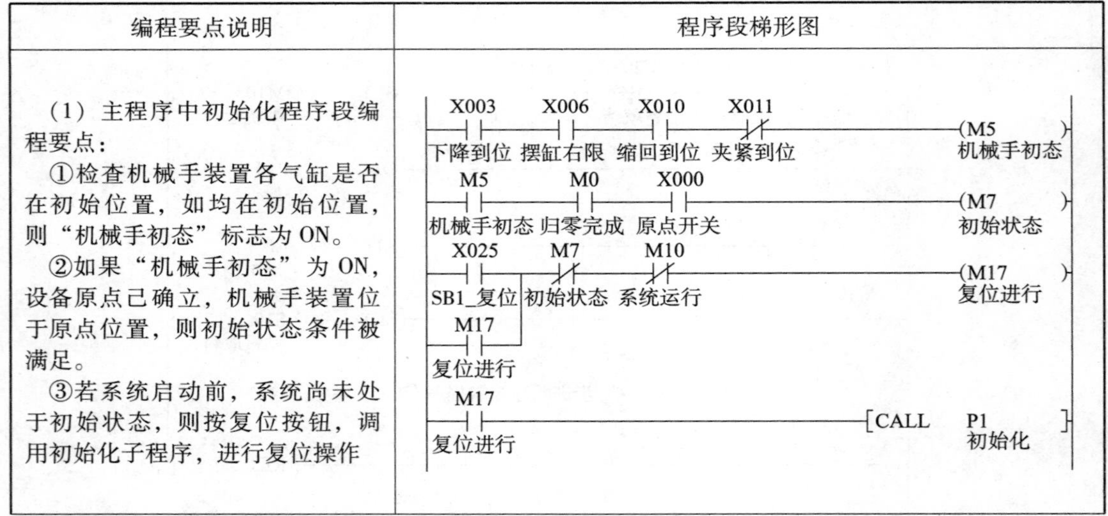

编程要点说明	程序段梯形图
（1）主程序中初始化程序段编程要点： ①检查机械手装置各气缸是否在初始位置，如均在初始位置，则“机械手初态”标志为 ON。 ②如果“机械手初态”为 ON，设备原点已确立，机械手装置位于原点位置，则初始状态条件被满足。 ③若系统启动前，系统尚未处于初始状态，则按复位按钮，调用初始化子程序，进行复位操作	X003 下降到位　X006 摆缸右限　X010 缩回到位　X011 夹紧到位　(M5 机械手初态) M5 机械手初态　M0 归零完成　X000 原点开关　(M7 初始状态) X025 SB1_复位　M7 初始状态　M10 系统运行　(M17 复位进行) M17 复位进行 M17 复位进行　[CALL P1 初始化]

续表

编程要点说明	程序段梯形图
（2）初始化子程序 P1 编程要点： ①机械手装置的复位操作，只须考虑由双电控电磁阀驱动的气动手指和摆动气缸，由单电控电磁阀驱动的提升气缸和伸缩气缸不需要考虑。 ②如果气动手指在夹紧状态，则置位松开驱动输出，使电磁阀用于松开的线圈得电。气动手指复位到松开状态后，延时 1 s 复位松开驱动输出，使复位后驱动电磁阀的两个线圈均失电。 ③摆动气缸的复位编程方法与气动手指相同。 ④在正常安装下，若气动手指和摆动气缸均在复位状态，则机械手装置处于初始位置。如果设备原点尚未确立，则调用原点回归子程序 P1 以确定设备原点	M8000 — X011 夹紧到位 — Y007 夹紧驱动（常闭）— [SET Y010 松开驱动] X011 夹紧到位 — [RST Y007 夹紧驱动] X011 夹紧到位（常闭）— Y010 松开驱动 — (T39 K10) T39 — [RST Y010 松开驱动] M8000 — X005 摆缸左限 — Y004 左转驱动（常闭）— [SET Y005 右转驱动] X005 摆缸左限 — [SET Y004 左转驱动] X006 摆缸右限（常闭）— Y005 右转驱动 — (T40 K5) T40 — [RST Y005 右转驱动] M5 机械手初态 — M0 归零完成（常闭）— [CALL P2 原点回归] [SRET]
（1）原点回归子程序 P2 编程要点： ①由于原点位置定义在原点开关的中心线位置，编制原点回归子程序 P2 时，应分为 2 个阶段：分别用归零 1 和归零 2 两个标志表示。 ②在归零 1 阶段，用原点回归指令（DZRN），使机械手装置从原点开关前端位置（例如直线运动机构中间）开始向负方向移动，搜索原点开关位置的近点信号，最后在近点信号的下降沿处停止。当前值寄存器清零，这时机械手装置与原点开关中心线之间有一个准确的负方向的偏移量（2 200 p/s）。 ③在归零 2 阶段，执行绝对位置控制指令（DDRVA），使机械手装置沿正方向移动到中心线位置处，并使当前值寄存器再次清零，这样设备原点即被确定，“归零完成”标志被置位	M1 归零1（常闭）— M2 归零2（常闭）— (T37 K2) T37 — [SET M1 归零1] M1 归零1 — [DZRN K20000 K1000 X000 原点开关 Y000 脉冲输出] M8029（上升沿）— [SET M2 归零2] [RST M1 归零1] M2 归零2 — (T38 K5) T38 — [DDRVA K2200 K3000 Y000 脉冲输出 Y002 方向输出] (M4) M8029（上升沿）— [RST M2 归零2] [DMOV K0 D8340 当前值] M1（下降沿）— [SET M0 归零完成] [SRET]

初始化阶段，机械手装置的复位操作，只须考虑由双电控电磁阀驱动的气动手指和摆动气缸，而由单电控电磁阀驱动的提升气缸和伸缩气缸不需要考虑。

原点回归过程完成后，“归零完成”标志被置位，从而直线运动的参考点被确立。在接下来的系统运行中，不需要再调用原点回归子程序。

3）主顺序控制过程

主顺序控制部分的主要任务是：工件输送。其工作过程是一个单顺序的步进顺序控制，共 14 步。第 0 步在 PLC 上电的首个扫描周期置位。

步进顺序控制过程的流程图如图 3－59 所示。

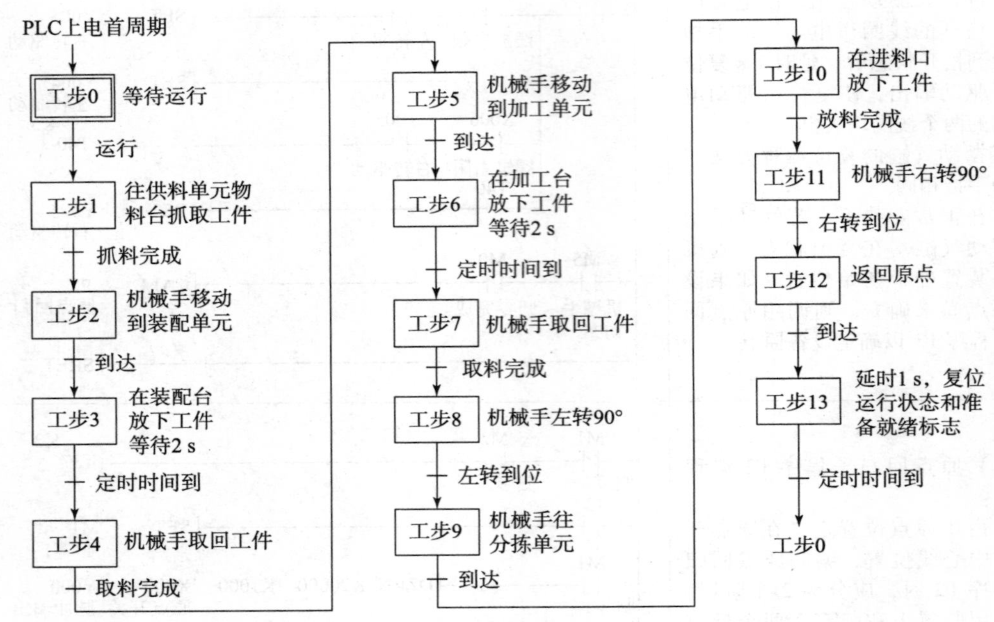

图 3－59　步进顺序控制过程的流程图

4）定位控制的编程

输送单元的机械手定位是利用绝对位置控制指令“DRVA”来实现的，根据脉冲数来控制机械手的位置，具体请参考本书的项目二、任务 7.5“伺服电动机控制技术”，这里不再重复。表 3－22 所示为各工作单元的定位数据（具体数据需要根据实际安装位置调整）。

表 3－22　各工作单元的定位数据

项目	供料单元	装配单元	加工单元	分拣单元
设计值	0	33 000	98 000	104 000
实际值	0	32 920	97 925	104 965

下面以工步 2，机械手移动到装配单元为例，其梯形图如图 3－60 所示。

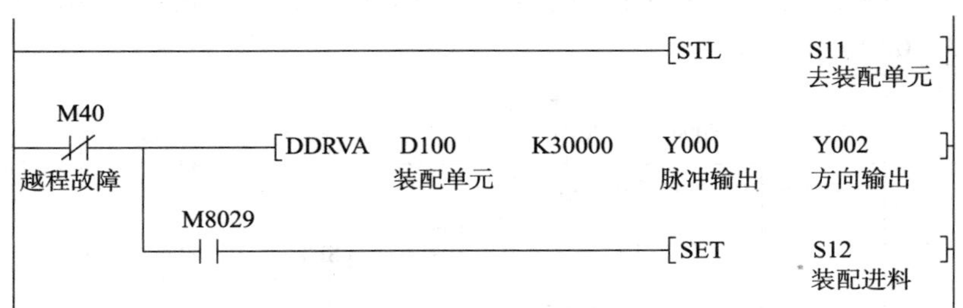

图 3-60　输送单元机械手定位到装配单元梯形图

5）取机械手的抓取和放下工件操作的编程

由于机械手在不同的阶段抓取工件或放下工件的动作顺序是相同的，所以采用子程序调用的方法来实现，这样使程序编写得以简化。

（1）抓取工件的动作是从机械手在初始位置开始，经过手臂伸出→手爪夹紧→提升，将工件抓起的功能，然后手臂缩回，完成抓取工件的动作，输出“抓取完成”标志。输送单元机械手抓取工件梯形图如图 3-61 所示。

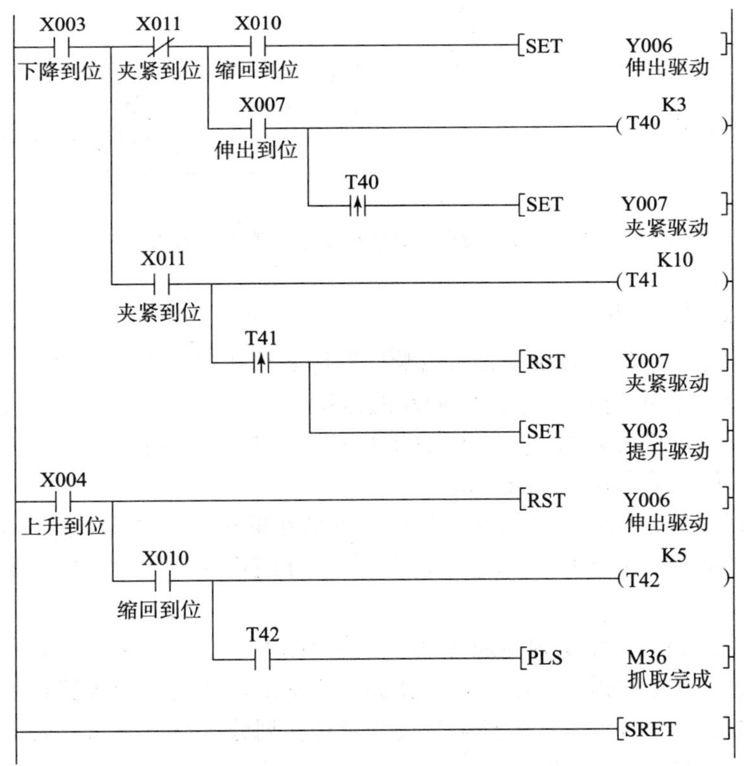

图 3-61　输送单元机械手抓取工件梯形图

（2）放下工件的动作则是在提升气缸在上限位置，手爪夹紧状态开始，经过手臂伸出→提升台下降→手爪松开等动作，将工件放下，然后手臂缩回返回到各气缸的初始位置，延时 0.5 s 后完成放下工件动作，输出“放下完成”标志。输送单元机械手放下工件梯形图如图 3－62 所示。

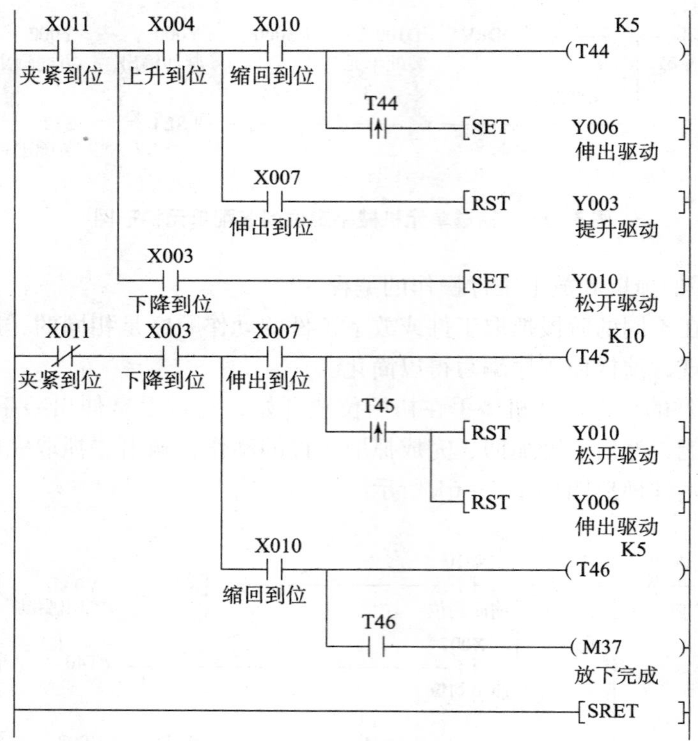

图 3－62　输送单元机械手放下工件梯形图

3. 程序调试注意事项

（1）在 FX 系列 PLC 的系统中，步进顺序程序必须在主程序中编制，子程序中不能使用 STL/RET 指令，否则会发生代号为 6606 的错误。

（2）运行程序前必须检查左、右极限开关和原点开关的动作可靠性，防止在调试过程中机械手越出行程而发生撞击设备事故。

（3）运行程序前，机械手不能置于原点开关动作的位置，否则执行原点回归指令时，会发生右越程故障。因此设备上电前，应按工作任务的要求，手动将机械手移动到直线导轨约中间位置。

（4）输送单元的主程序结构与前面几个工作单元比较，较为复杂。若不预先考虑而到编程时随意设置，将会使程序凌乱，可读性差，甚至出现冲突。因此编程前对中间变量有一个大体的规划是必要的，通常的做法是按变量功能划分区域，设置必要的中间变量，并留有充分余地，以便程序调试时添加或修改。

表 3－23 所示为示例程序中所使用的中间变量存储区域。

表 3－23　输送单元中间变量存储区域

中间变量含义	PLC 变量	中间变量含义	PLC 变量
初始化操作	M0 ~ M7	工作模式及状态	M30 ~ M37
系统运行操作	M10 ~ M17	异常情况及处理	M40 ~ M47
准备就绪检查	M20 ~ M27		

项目四　自动化生产线全线安装与调试

任务 4.1　自动化生产线设备安装

任务提出

自动化生产线设备由供料、输送、装配、加工和分拣等 5 个工作单元组成，根据图 4 - 1 完成各个单元的装配工作，并将这些工作单元和电气元件安装在自动化生产线的工作台上。

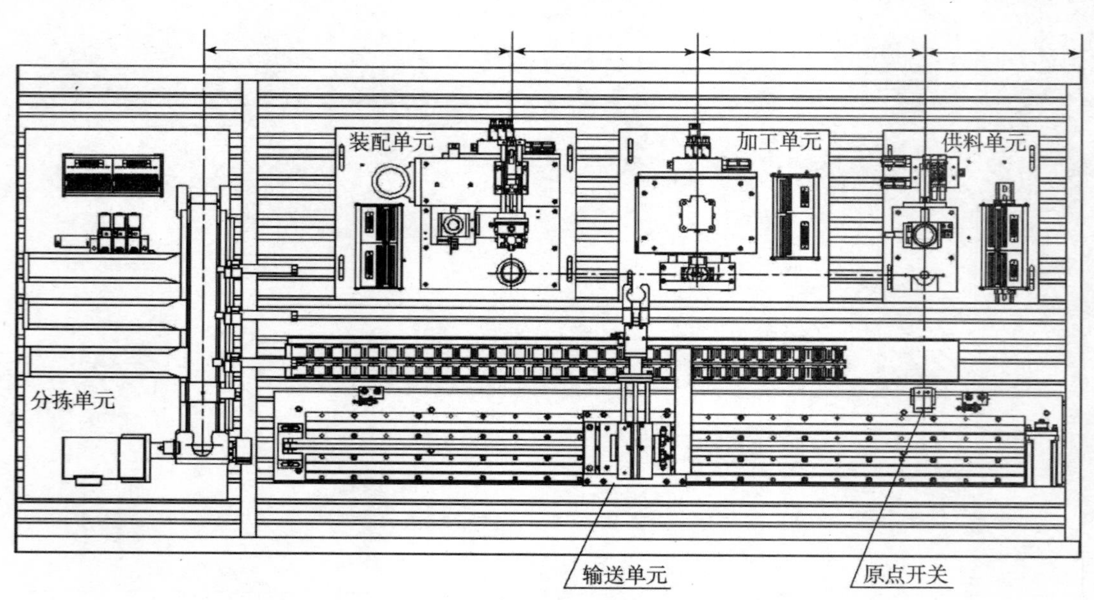

图 4 - 1　自动化生产线设备安装

任务分析

1. 知识目标

了解自动化生产线设备各个工作单元的基本组成结构，熟练掌握各个工作单元和电气元件的摆放位置，理解各个工作单元和电气元件的结构原理。

2. 技能目标

能够根据图纸，熟练安装、调试各个工作单元的机械组件；能够根据功能要求，熟练安装电气元件，并保证安装稳定可靠。

3. 情感目标

培养学生团队合作精神。

根据任务驱动，培养学生分析问题、解决问题的能力。

任务实施

根据自动化生产线设备安装的任务分析，将任务分为五个模块，一是自动化生产线输送单元的安装，二是自动化生产线供料单元的安装，三是自动化生产线装配单元的安装，四是自动化生产线加工单元的安装，五是自动化生产线分拣单元的安装。

4.1.1　自动化生产线输送单元的安装

自动化生产线输送单元如图 4－2 所示。

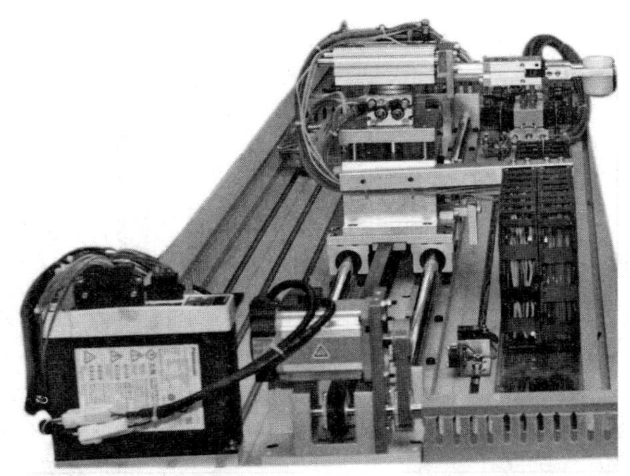

图 4－2　自动化生产线输送单元

按照项目三中自动化生产线输送单元的安装要求，完成该单元的安装任务。可参考自动化生产线输送单元安装步骤进行，并将装好的输送单元安装到自动化生产线的工作台上。

自动化生产线输送单元安装步骤如图 4－3 所示。

4.1.2　自动化生产线供料单元的安装

自动化生产线供料单元如图 4－4 所示。

按照项目三中自动化生产线供料单元的安装要求，完成该单元的安装任务。可参考自动化生产线供料单元安装步骤进行，并将装好的供料单元安装到自动化生产线的工作台上。

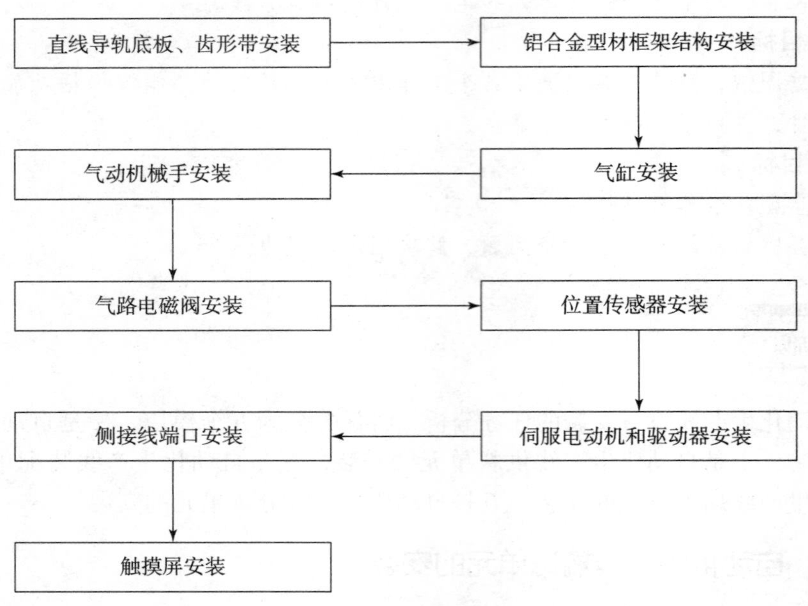

图 4-3 自动化生产线输送单元安装步骤

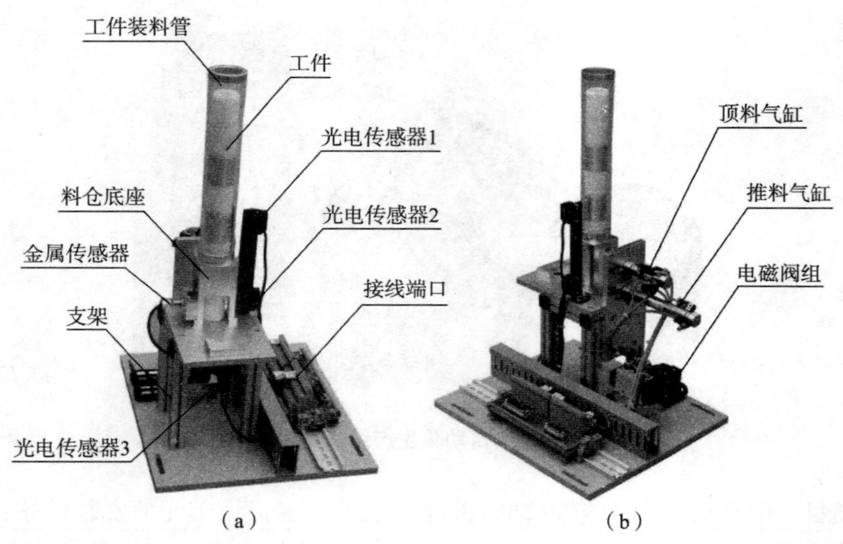

图 4-4 自动化生产线供料单元

(a) 正视图；(b) 侧视图

自动化生产线供料单元安装步骤如图 4-5 所示。

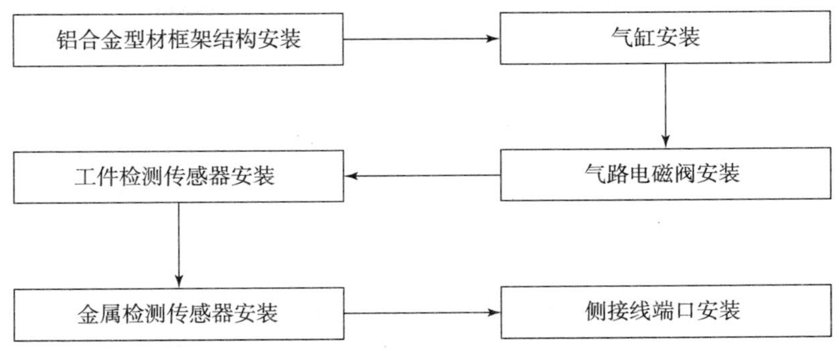

图 4－5　自动化生产线供料单元安装步骤

4.1.3　自动化生产线装配单元的安装

自动化生产线装配单元如图 4－6 所示。

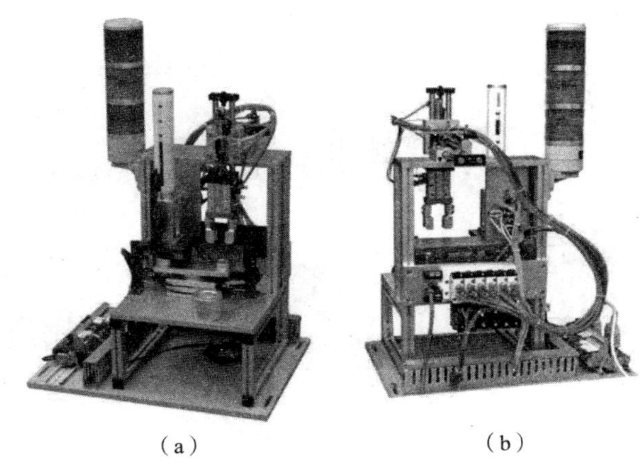

图 4－6　自动化生产线装配单元

（a）前视图；（b）后视图

按照项目三中自动化生产线装配单元的安装要求，完成该单元的安装任务。可参考自动化生产线装配单元安装步骤进行，并将装好的装配单元安装到自动化生产线的工作台上。

自动化生产线装配单元安装步骤如图 4－7 所示。

4.1.4　自动化生产线加工单元的安装

自动化生产线加工单元如图 4－8 所示。

按照项目三中自动化生产线加工单元的安装要求，完成该单元的安装任务。可参考自动化生产线加工单元安装步骤进行，并将装好的加工单元安装到自动化生产线的工作台上。

自动化生产线加工单元安装步骤如图 4－9 所示。

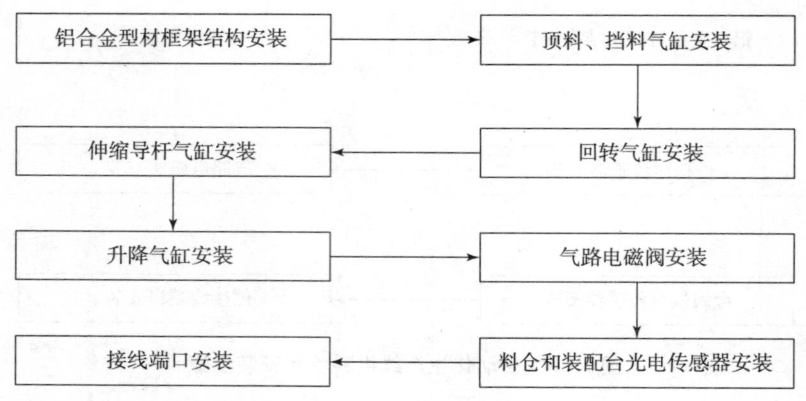

图 4-7　自动化生产线装配单元安装步骤

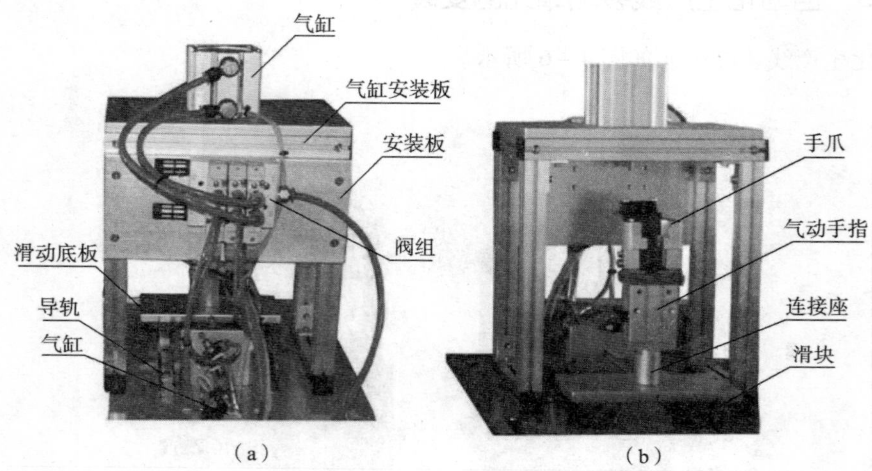

图 4-8　自动化生产线加工单元

(a) 后视图；(b) 前视图

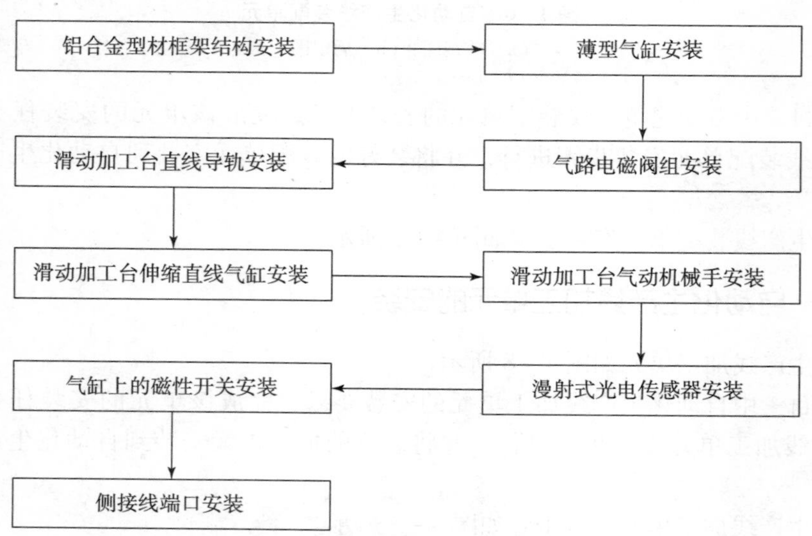

图 4-9　自动化生产线加工单元安装步骤

4.1.5　自动化生产线分拣单元的安装

自动化生产线分拣单元如图 4－10 所示。

按照项目三中自动化生产线分拣单元的安装要求，完成该单元的安装任务。可参考自动化生产线分拣单元安装步骤进行，并将装好的分拣单元安装到自动化生产线的工作台上。

自动化生产线分拣单元安装步骤如图 4－11 所示。

图 4－10　自动化生产线分拣单元

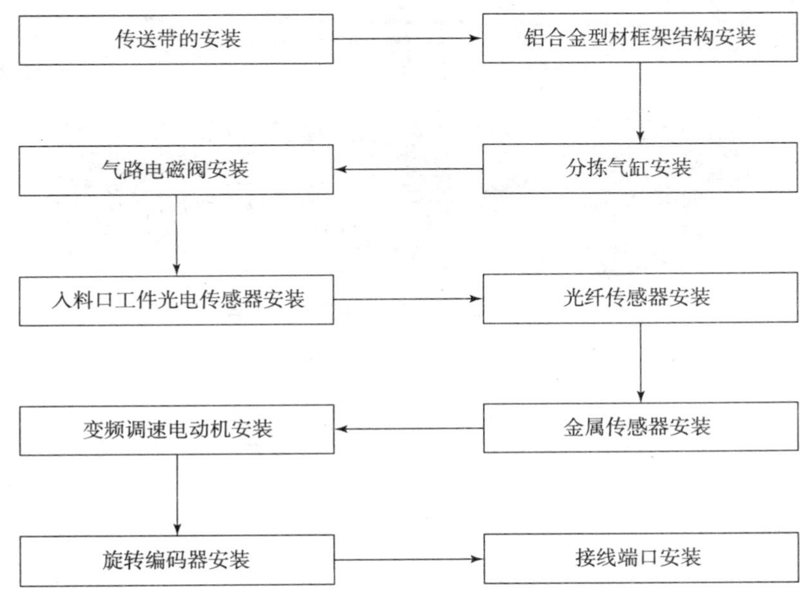

图 4－11　自动化生产线分拣单元安装步骤

任务 4.2　自动化生产线电路与气路连接

任务提出

自动化生产线设备由供料、输送、装配、加工和分拣等 5 个工作单元组成，根据图纸完成电路和气路的连接，并进行检测线路的连通性，如图 4－12 所示。

任务分析

1. 知识目标

理解各电气元件和气动元件的工作原理及使用方法，读懂电路图和气路图设计思路和

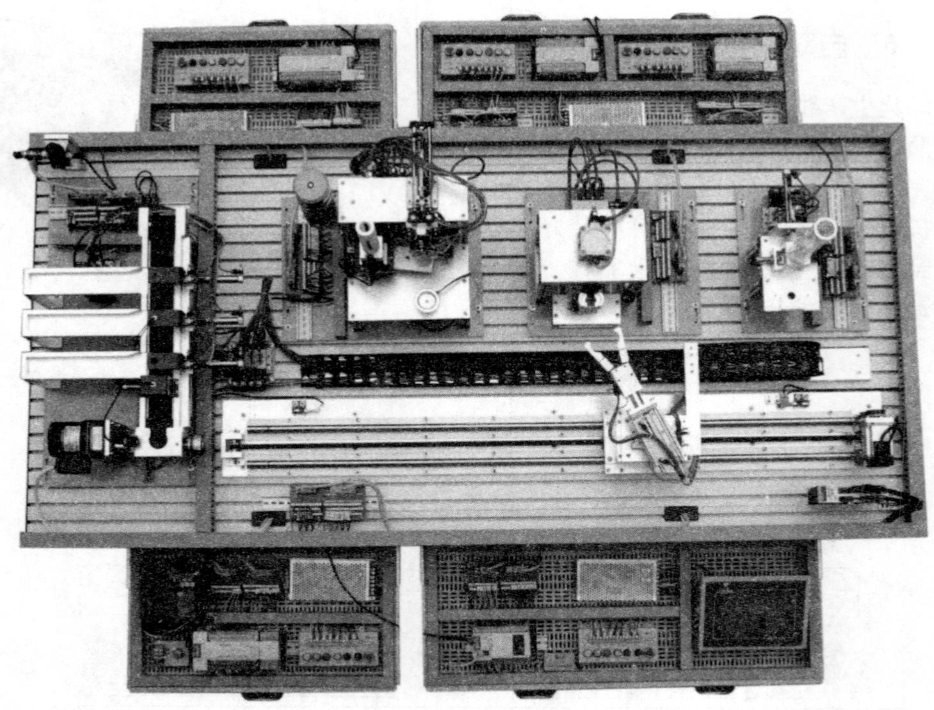

图 4－12　自动化生产线电路与气路连接

实现功能。

2. 技能目标

能够根据电路图，熟练进行控制电路的接线、调试并符合工艺规范；能够根据气路图，熟练进行气动元件的连接、调试，并符合工艺规范。

3. 情感目标

培养学生团队合作精神。

根据任务驱动，培养学生分析问题、解决问题的能力。

任务实施

根据自动化生产线电路与气路连接的任务分析，将任务分为两个模块，一是自动化生产线电路连接，二是自动化生产线气路连接。

4.2.1　自动化生产线电路连接

1. 训练目标

根据已经掌握的电路知识，读懂电路图的接线和工作原理，完成包括电源电路和各个分单元电路的连接。

2. 电路图

自动化生产线电路图如图 4－13 ~ 图 4－17 所示。

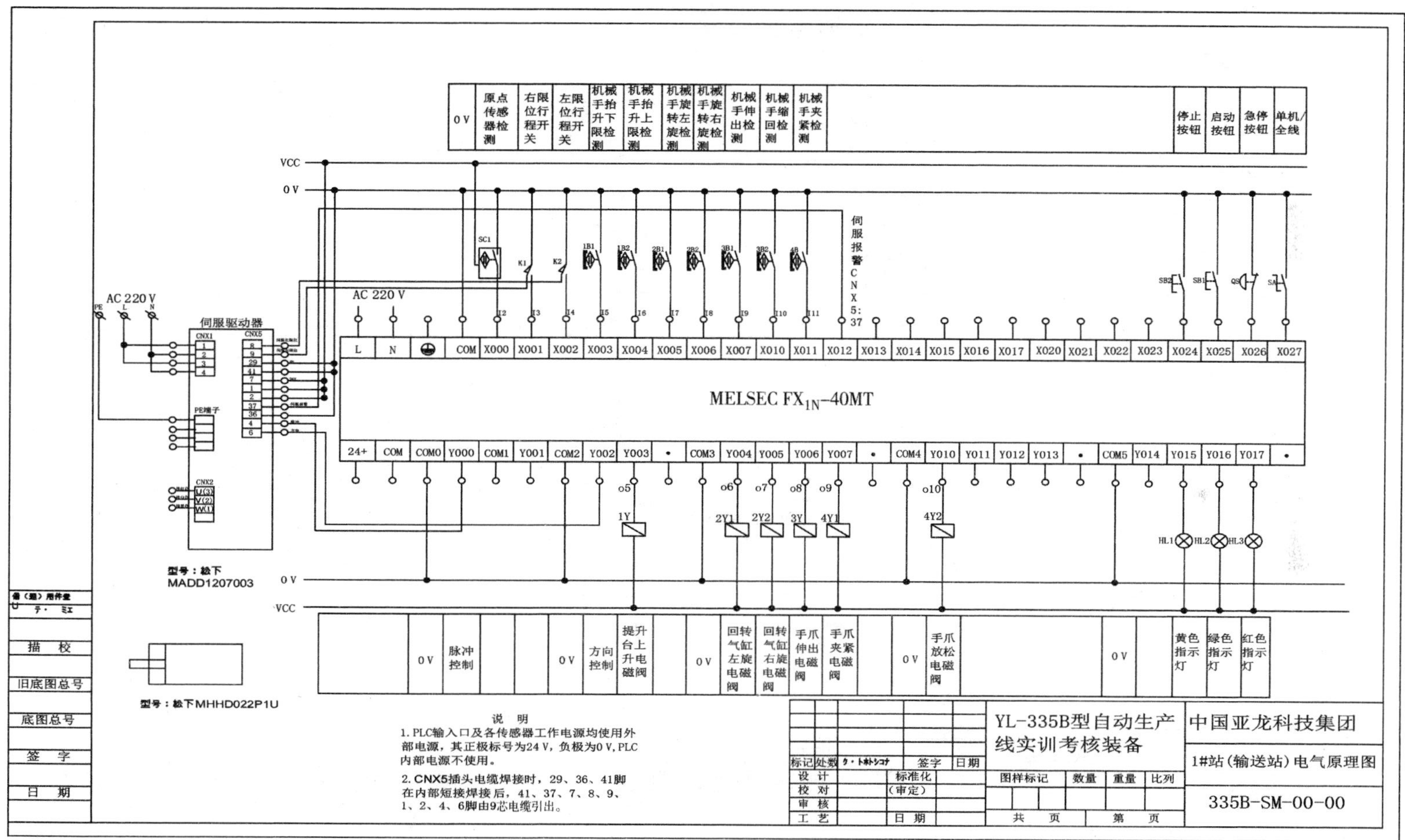

图 4-13　输送单元电气原理图

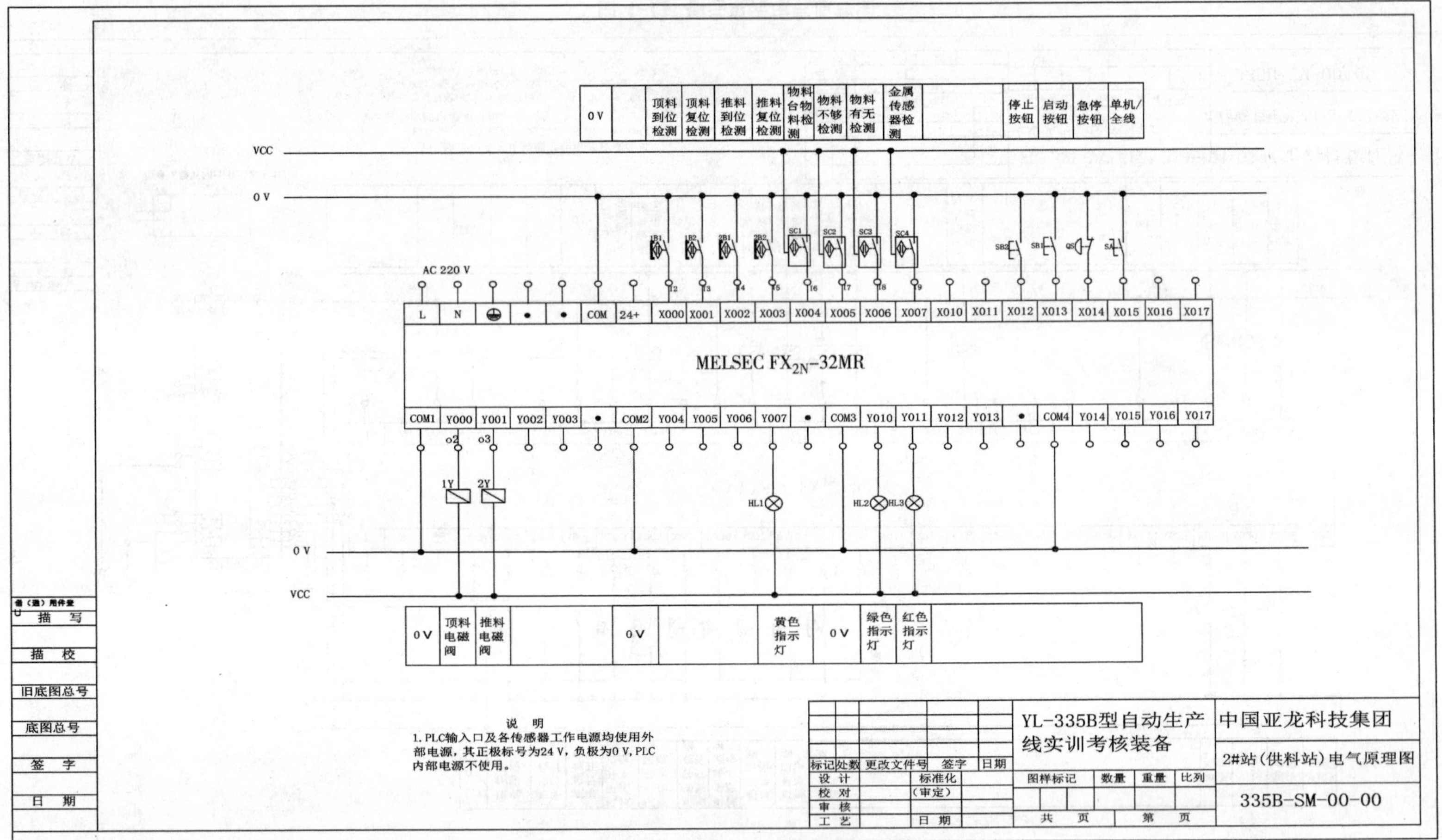

图 4-14 供料单元电气原理图

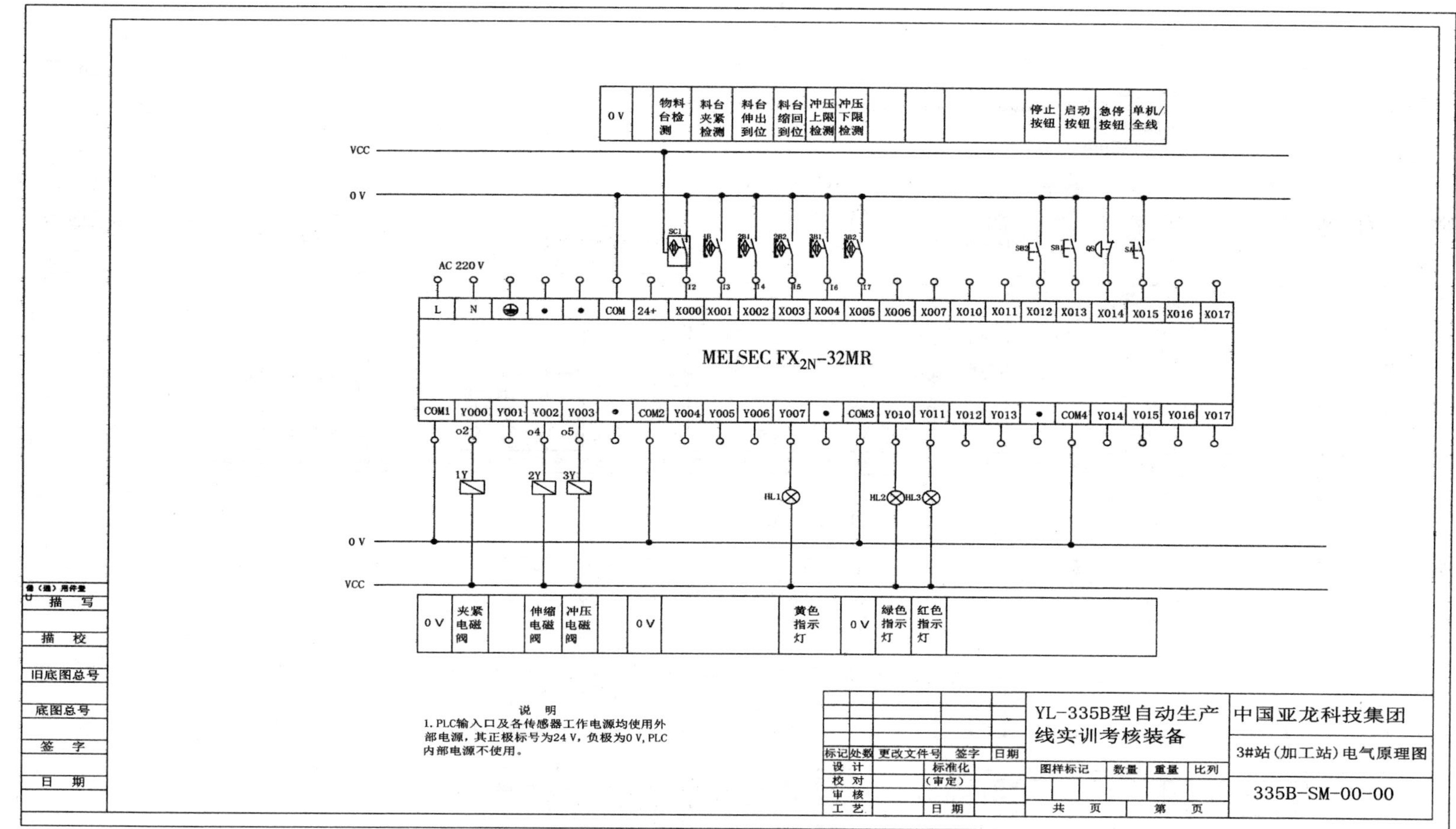

图 4-15　加工单元电气原理图

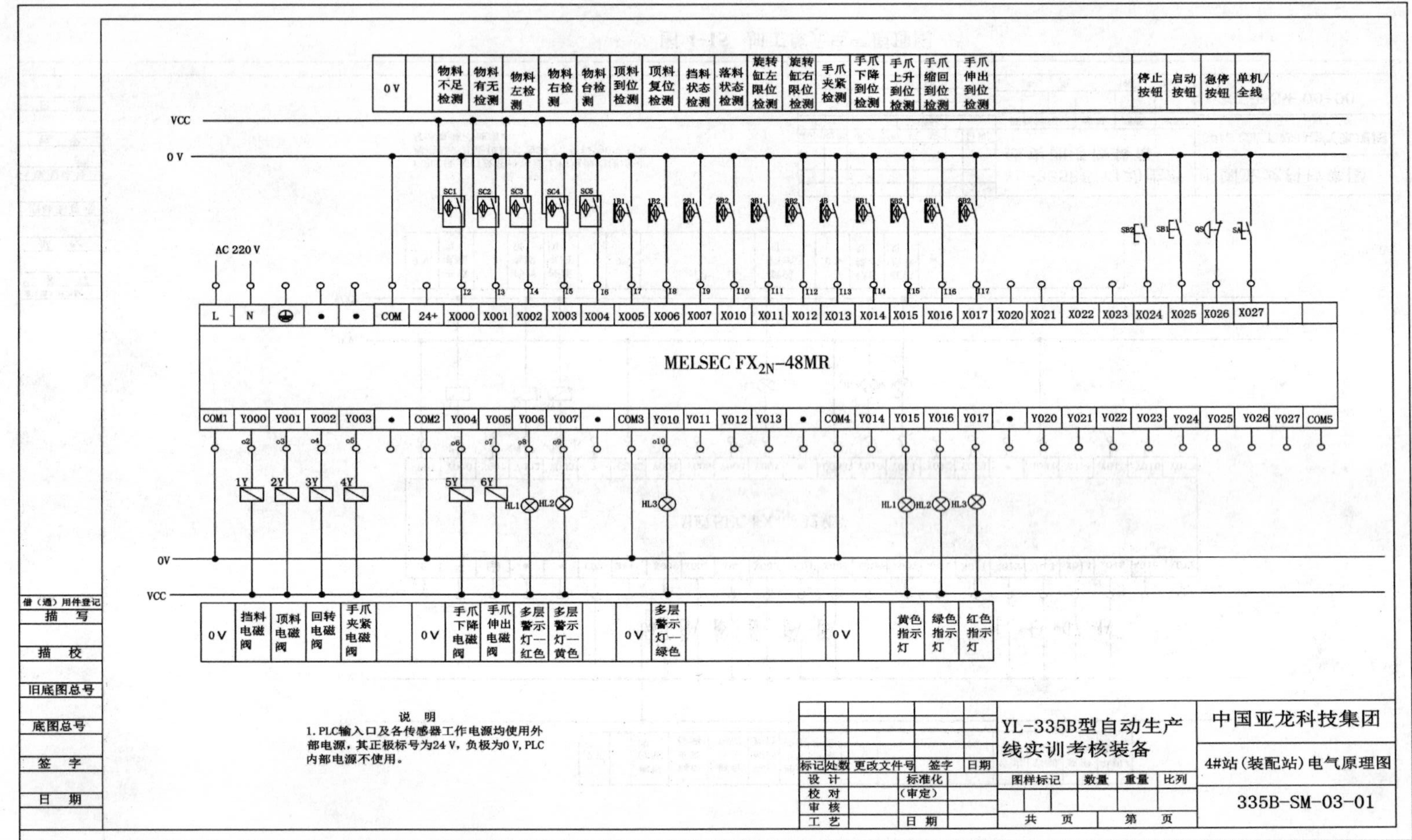

图 4-16 装单元电气原理图

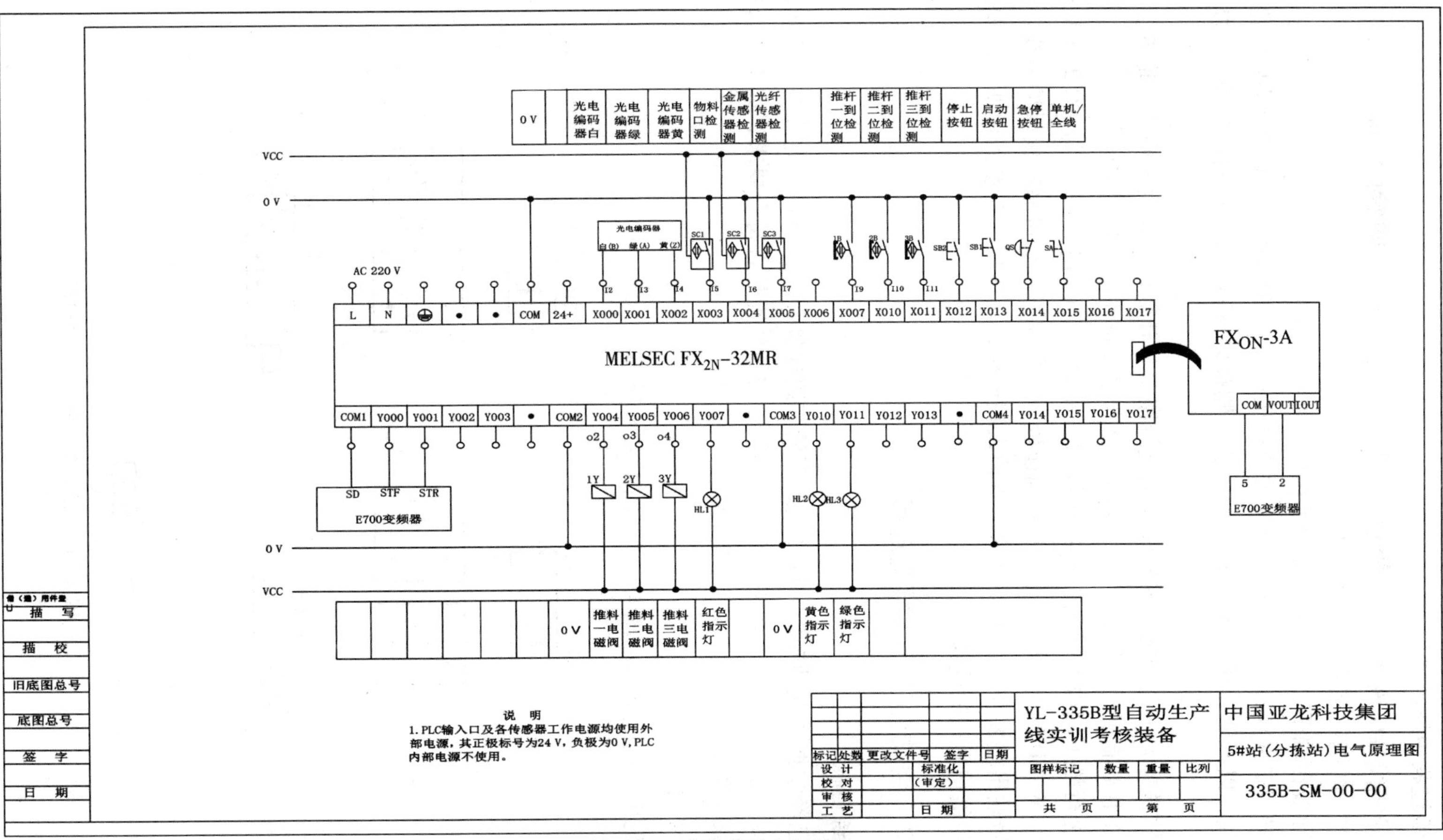

图 4-17　分拣单元电气原图

3. 安装过程中注意事项

（1）导线线端应该处理干净，无线芯外露，裸露铜线不得超过 2 mm。一般应该做冷压插针处理，线端应该套规定的线号。

（2）导线在端子上都压接，以用手稍用力外拉不动为宜。

（3）导线走向应该平顺有序，不得重叠挤压折曲、顺序凌乱。线路应该用黑色尼龙扎带进行绑扎，以不使导线外皮变形为宜。装置侧接线完成后，应用扎带绑扎，力求整齐美观。

（4）输送单元拖链中的气路管线和电气线路要分开敷设，长度要略长于拖链。电、气管线在拖链中不能相互交叉、打折、纠结，要有序排布并用尼龙扎带绑扎。

（5）进行松下伺服电动机驱动器接线时，驱动器上的 L1、L2 要与 AC 220 V 电源相连；U、V、W、D 端与伺服电动机电源端连接。接地端一定要可靠连接保护地线。伺服驱动器的信号输出端要和伺服电动机的信号输入端连接，具体接线应参照说明书。要注意伺服驱动器使能信号线的连接。

4.2.2 自动化生产线气路连接

1. 训练目标

根据已经掌握的气动知识，读懂气路图的气路连接和工作原理，完成各个分单元气动回路的连接；接通气源后检查各个工作单元气缸初始位置是否符合要求，如不符合须适当调整；完成气路调整，确保各气缸运行顺畅和平稳。

2. 气路图

自动化生产线气路图如图 4－18～图 4－21 所示。

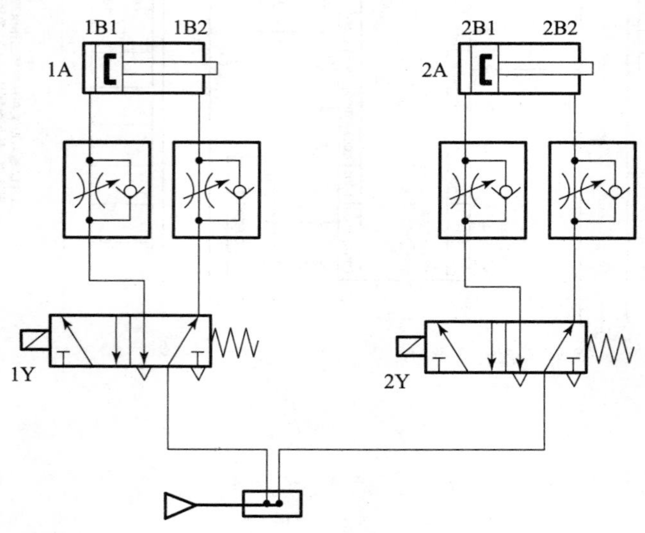

图 4－18 供料单元气动系统原理图

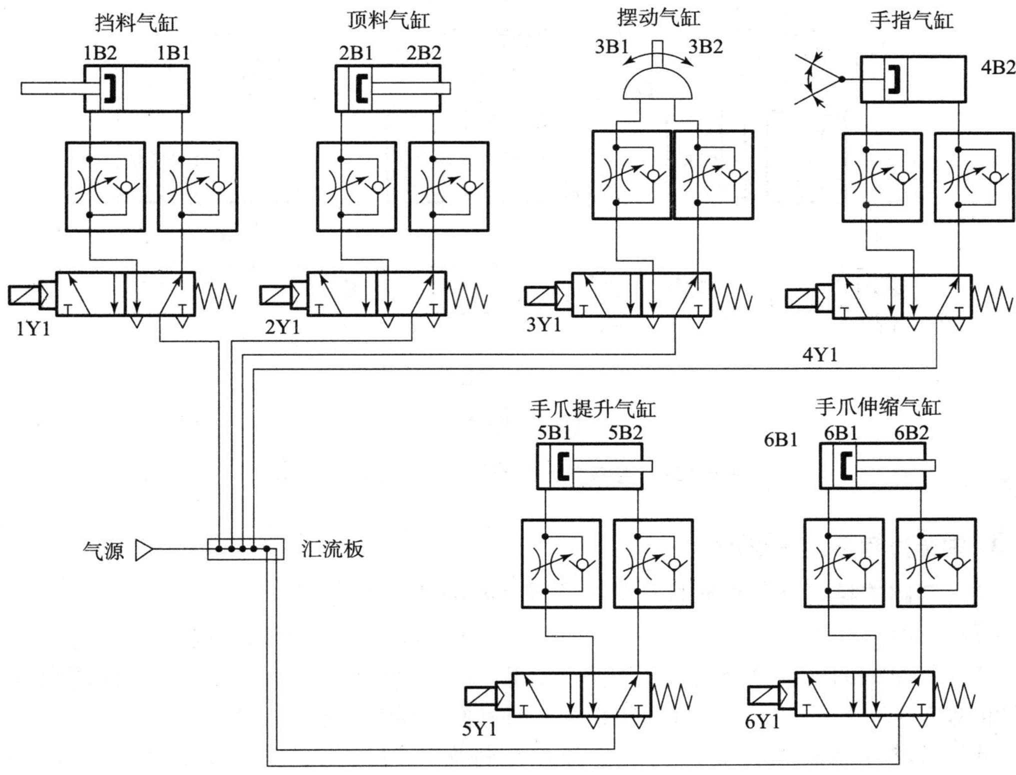

图 4-19　装配单元气动系统原理图

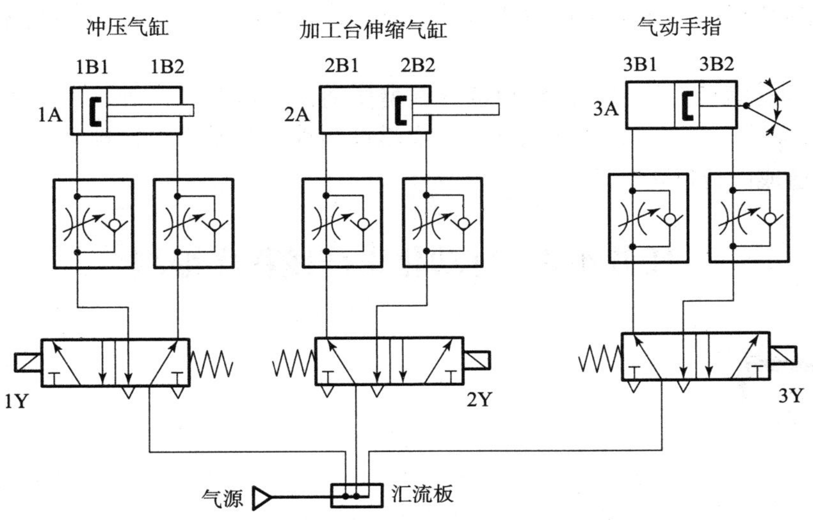

图 4-20　加工单元气动控制回路工作原理图

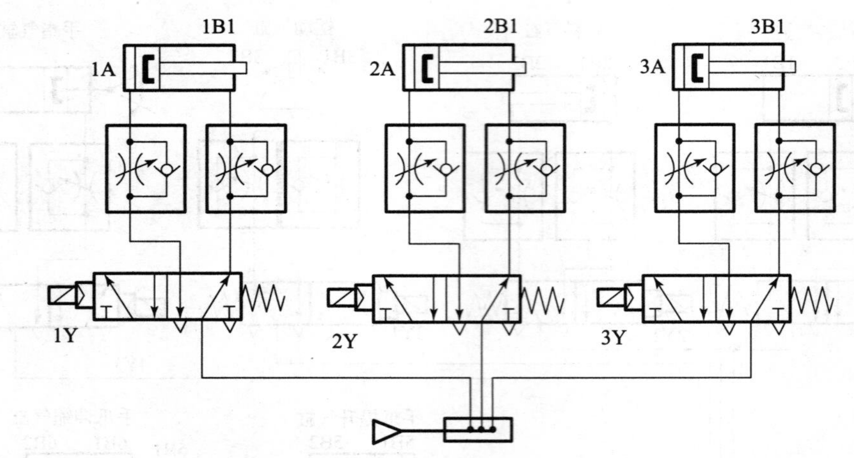

图 4-21　分拣单元气动控制回路工作原理图

3. 安装过程中注意事项

（1）气路连接要完全按照自动化生产线气路图进行连接。

（2）气路连接时，气管一定要在快速接头中插紧，不能够有漏气现象。

（3）气路中的气缸节流阀调整要适当，以活塞进出迅速、无冲击、无卡滞现象为宜，以不推倒工件为准。如果有气缸动作相反，将气缸两端进气管位置颠倒即可。

（4）气路气管在连接走向时，应该按序排布，均匀美观，不能交叉、打折、顺序凌乱。

（5）所有外露气管必须用黑色尼龙扎带进行绑扎，松紧程度以不使气管变形为宜，外形美观。

（6）电磁阀组与气体汇流板的连接必须压在橡胶密封垫上固定，要求密封良好，无泄漏。

（7）当回转摆台需要调节回转角度或调整摆动位置精度时，根据要求把回转缸调成90°固定角度旋转。当调整好摆动角度后，应将反扣螺母与基本反扣锁紧，防止调节螺杆松动，从而造成回转精度降低。

任务 4.3　自动化生产线程序编制

任务提出

自动化生产线是将供料单元料仓内的工件送往加工单元的物料台，加工完成后，把加工好的工件送往装配单元的装配台，然后把装配单元料仓内的白色和黑色两种不同颜色的小圆柱零件嵌入到装配台上的工件中，完成装配后的成品送往分拣单元分拣输出。

任务分析

1. 知识目标

了解自动化生产线的工作方式，掌握三菱 PLC 编程语言的使用方法。

2. 技能目标

熟练使用编程指令进行编程。

3. 情感目标

培养学生团队合作精神。

根据任务驱动，培养学生分析问题、解决问题的能力。

任务实施

自动化生产线的工作模式分为单机工作和全线运行模式。

单机工作的编程在项目三里都已经讲过了。而从单机工作模式切换到全线运行方式的条件是：各工作单元均处于停止状态，各单元的按钮/指示灯模块上的工作方式选择开关置于全线模式，此时若人机界面中选择开关切换到全线运行模式，系统进入全线运行状态。

要从全线运行方式切换到单机工作模式，仅限当前工作周期完成后人机界面中选择开关切换到单机运行模式才有效。

在全线运行方式下，各工作单元仅通过网络接收来自人机界面的主令信号，除主站急停按钮外，所有本单元主令信号无效。

根据自动化生产线程序编制的任务分析，将任务分为两个模块，一是自动化生产线从站控制程序，二是自动化生产线主站控制程序。

4.3.1　自动化生产线从站控制程序

1. 训练目标

根据全线运行的要求，对供料单元、装配单元、加工单元、分拣单元的程序进行修改，完成从站控制程序的编写。

2. 程序的编制

自动化生产线各工作单元在单机运行时的编程思路，在前面各项目中均做了介绍。在联机运行情况下，由工作任务书规定的各从站工艺过程是基本固定的，原单机程序中工艺控制程序基本变动不大。在单机程序的基础上修改、编制联机运行程序，实现上并不太困难。下面首先以供料单元的联机编程为例说明编程思路。

联机运行情况下的主要变动，一是在运行条件上有所不同，主令信号来自系统通过网络下传的信号；二是各工作单元之间通过网络不断交换信号，由此确定各单元的程序流向和运行条件。

对于前者，首先须明确工作单元当前的工作模式，以此确定当前有效的主令信号。工作任务书明确地规定了工作模式切换的条件，目的是避免误操作的发生，确保系统可靠运行。工作模式切换条件的逻辑判断在上电初始化（M8002 ON）后即进行。工作单元初始化和工作方式确定如图 4－22 所示。

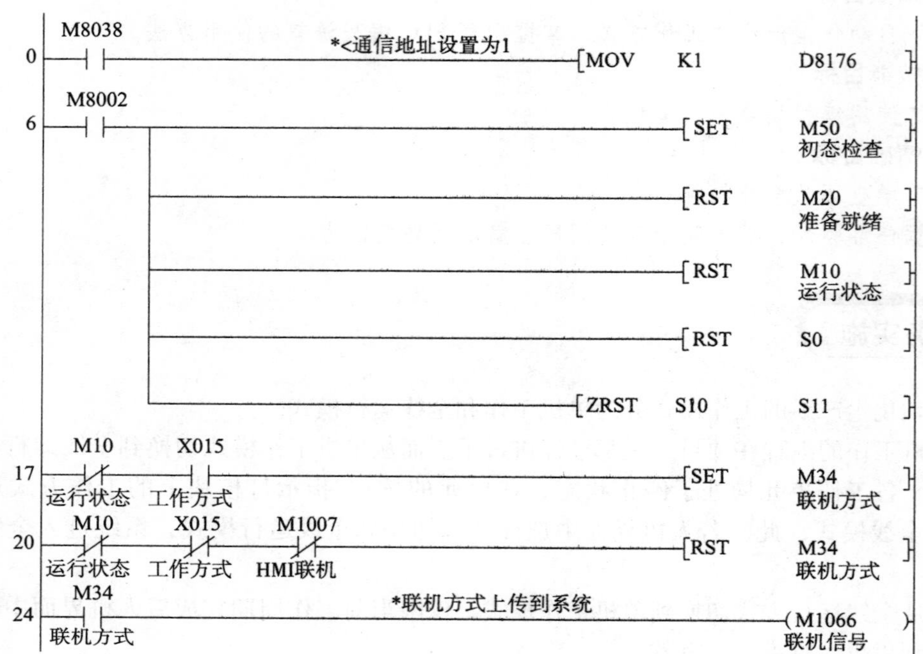

图 4－22　工作单元初始化和工作方式确定

接下来的工作与前面单机时类似，即：

（1）进行初始状态检查，判别工作单元是否准备就绪。

（2）若准备就绪，则收到全线运行信号或本单元启动信号后投入运行状态。

（3）在运行状态下，不断监视停止命令是否到来，一旦到来即置位停止指令，待工作单元的工艺过程完成一个工作周期后，使工作单元停止工作。其梯形图程序如图 4－23 所示。

下一步就进入工作单元的工艺控制过程，即从初始步 S0 开始的步进顺序控制过程。这一步进程序与前面单机情况基本相同，只是增加了写网络变量向系统报告工作状态的工作。

其他从站的编程方法与供料单元基本类似，此处不再详述。建议读者对照各工作单元单机例程和联机例程仔细加以比较和分析。

4.3.2　自动化生产线主站控制程序

1. 训练目标

根据全线运行的要求，对输送单元的程序进行修改，完成主站控制程序的编写。

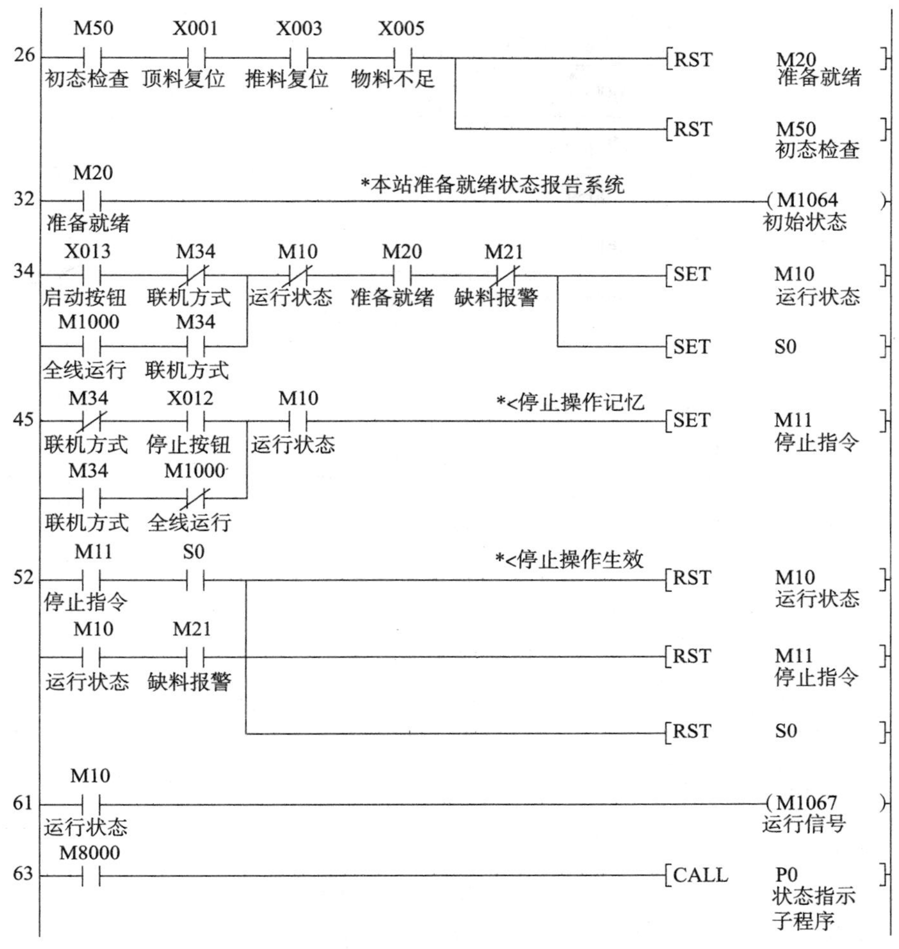

图 4－23　从站梯形图程序

2. 程序的编制

输送单元是自动化生产线中最为重要同时也是承担任务最为繁重的工作单元，主要体现在：

（1）输送单元 PLC 与触摸屏相连接，接收来自触摸屏的主令信号，同时把系统状态信息回馈到触摸屏。

（2）作为网络的主站，要进行大量的网络信息处理。

（3）需完成本单元的，且联机方式下的工艺生产任务与单机运行时略有差异。因此，把输送单元的单机控制程序修改为联机控制，工作量要大一些。下面着重讨论编程中应予注意的问题和有关编程思路。

1）内存的配置

为了使程序更为清晰合理，编写程序前应尽可能详细地规划所需使用的内存。前面已经规划了供网络变量使用的内存、存储区的地址范围。在人机界面组态中，也规划了人机界面与 PLC 的连接变量的设备通道，整理成表格形式，如表 4－1 所示。

表 4-1 人机界面与 PLC 的连接变量的设备通道

序号	连接变量	通道名称	序号	连接变量	通道名称
1	越程故障_输送	M0007（只读）	14	单机/全线_供料	M1066（只读）
2	运行状态_输送	M0010（只读）	15	运行状态_供料	M1067（只读）
3	单机/全线_输送	M0034（只读）	16	工件不足_供料	M1068（只读）
4	单机/全线_全线	M0035（只读）	17	工件没有_供料	M1069（只读）
5	复位按钮_全线	M0060（只写）	18	单机/全线_加工	M1131（只读）
6	停止按钮_全线	M0061（只写）	19	运行状态_加工	M1132（只读）
7	启动按钮_全线	M0062（只写）	20	单机/全线_装配	M1193（只读）
8	方式切换_全线	M0063（读写）	21	运行状态_装配	M1194（只读）
9	网络正常_全线	M0070（只读）	22	工件不足_装配	M1195（只读）
10	网络故障_全线	M0071（只读）	23	工件没有_装配	M1196（只读）
11	运行状态_全线	M1000（只读）	24	单机/全线_分拣	M1258（只读）
12	急停状态_输送	M1002（只读）	25	运行状态_分拣	M1259（只读）
13	输入频率_全线	VW1002（读写）	26	手爪位置_输送	D2000（只读）

只有在配置了上面所提及的存储器后，才能考虑编程中所用到的其他中间变量。避免非法访问内部存储器，是编程中必须注意的问题。

2）主程序结构

由于输送单元承担的任务较多，联机运行时，主程序有较大的变动。

（1）每一扫描周期，需调用网络读写子程序和通信子程序。

（2）完成系统工作模式的逻辑判断，除了输送单元本身要处于联机方式外，必须所有从站都处于联机方式。

（3）联机方式下，系统复位的主令信号由 HMI 发出。在初始状态检查中，系统准备就绪的条件，除输送单元本身要就绪外，所有从站均应准备就绪。因此，初态检查复位子程序中，除了完成输送单元本站初始状态检查和复位操作外，还要通过网络读取各从站准备就绪信息。

（4）总的来说，整体运行过程仍是按初态检查→准备就绪→等待启动→投入运行等几个阶段逐步进行，但阶段的开始或结束的条件则发生变化。

（5）为了实现急停功能，程序主体控制部分需要放在主控指令中执行，即放在 MC（主控）和 MCR（主控复位）指令间。当顺控指令断开时，顺控内部的元件现状保持的有：累计定时器、计数器、用置位和复位指令驱动元件。变成断开的元件有：非累计定时器、用 OUT 指令驱动的元件。MC、MCR 指令的具体使用方法和其他注意事项请参考 FX3U 编程手册。

以上是主程序编程思路，下面给出主程序清单，如图 4－24～图 4－27 所示。

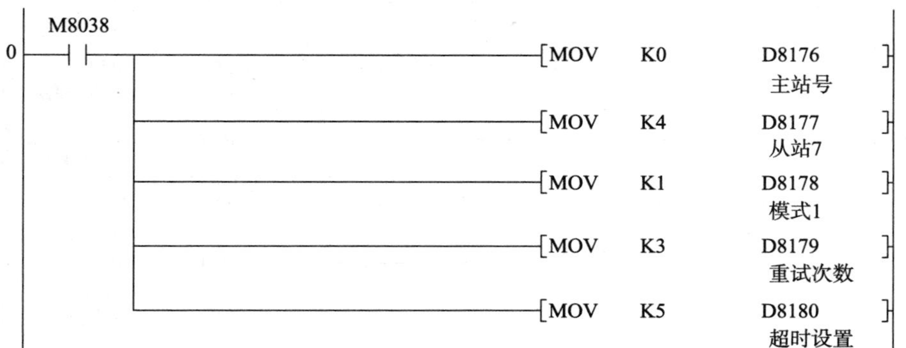

图 4－24　通信参数设置

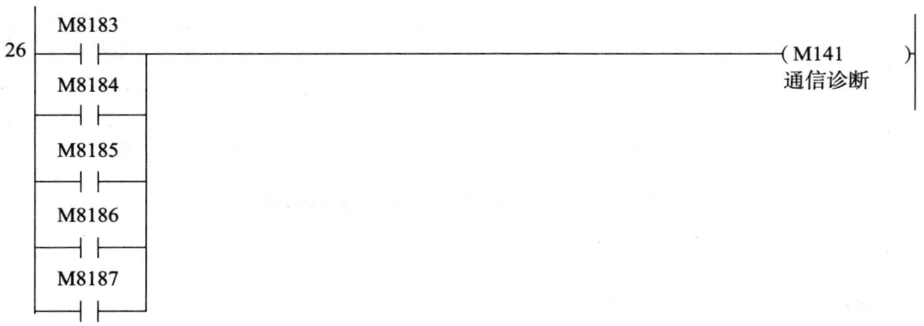

图 4－25　通信诊断

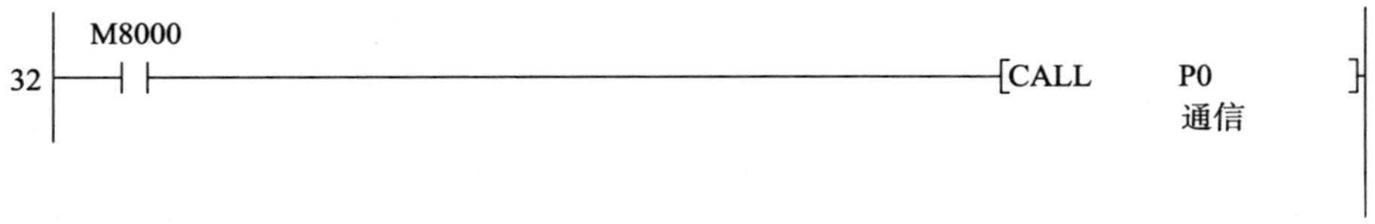

32
M8000
[CALL P0]
通信

图 4－26　调用通信子程序

初态检查包括主站初始状态检查及复位操作，以及各从站初始状态，如图 4－28～图 4－30 所示。

3）“运行控制”子程序的结构

输送单元联机的工艺过程与单机过程仅略有不同，需修改之处并不多，主要有如下几点：

（1）项目七工作任务中，传送功能测试子程序在初始步就开始执行机械手往供料单元物料台抓取工件，而联机方式下，初始步的操作应为：通过网络向供料单元请求供料，收到供料单元供料完成信号后，如果没有停止指令，则转移下一步即执行抓取工件。

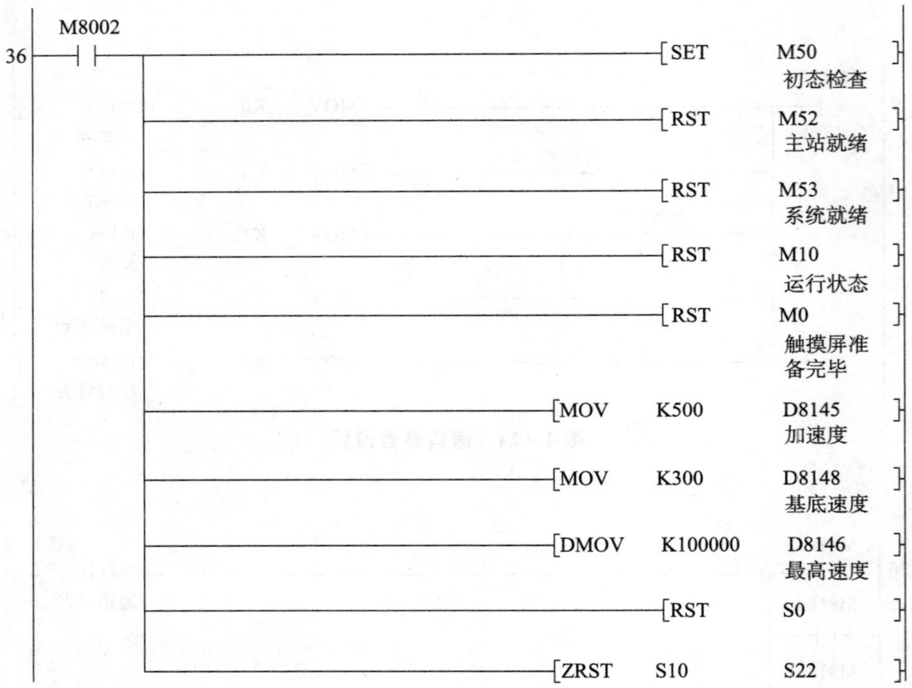

图 4－27　标志位复位的脉冲参数设置

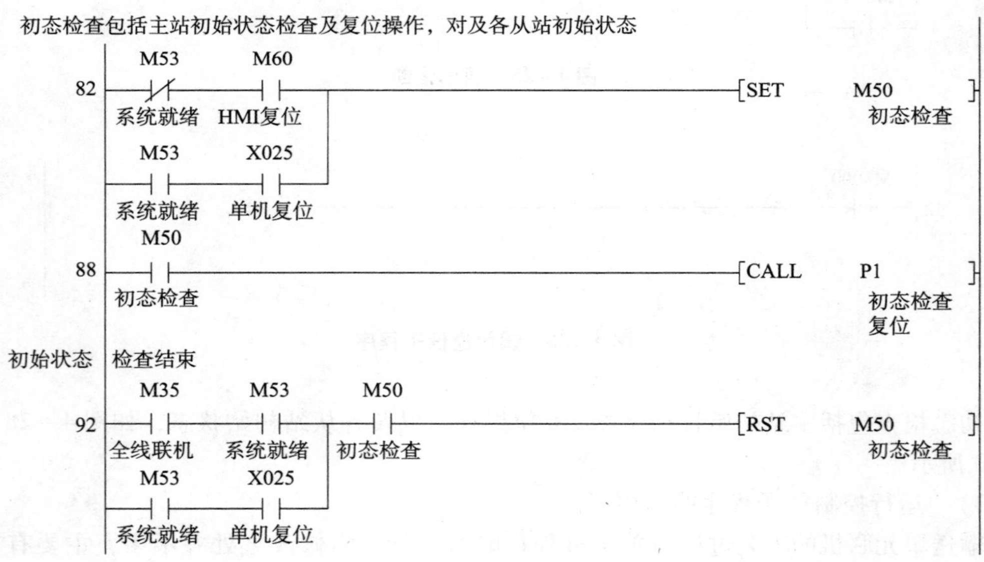

图 4－28　初始检测

（2）单机运行时，机械手往加工单元加工台放下工件，等待 2 s 取回工件，而联机方式下，取回工件的条件是收到来自网络的加工完成信号。装配单元的情况与此相同。

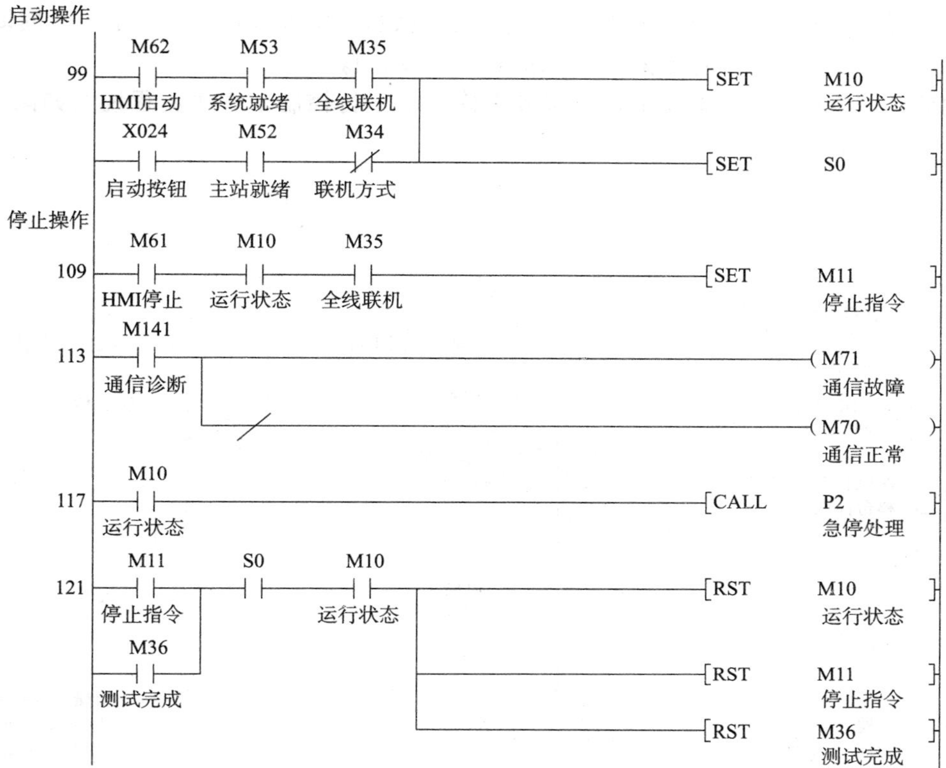

启动操作
M62
M53
M35
99
SET
M10
HMI启动
系统就绪
全线联机
运行状态
X024
M52
M34
SET
S0
启动按钮
主站就绪
联机方式
停止操作
M61
M10
M35
109
SET
M11
HMI停止
运行状态
全线联机
停止指令
M141
113
M71
通信诊断
通信故障
M70
通信正常
M10
117
CALL
P2
运行状态
急停处理
M11
S0
M10
121
RST
M10
停止指令
运行状态
运行状态
M36
RST
M11
停止指令
测试完成
RST
M36
测试完成

图 4－29　启停控制、急停处理

M10
128
Y016
运行状态
HL2（绿灯）
M8013
M1004
M34
130
Y015
从站复位
联机方式
HL1（黄灯）
M8013
M52
主站就绪
M52
主站就绪
M63
138
M107
HMI联机
HMI联机
X026
140
M103
急停按钮
全线急停
X001
142
M7
左限位
越程故障
X002
右限位

图 4－30　状态指示

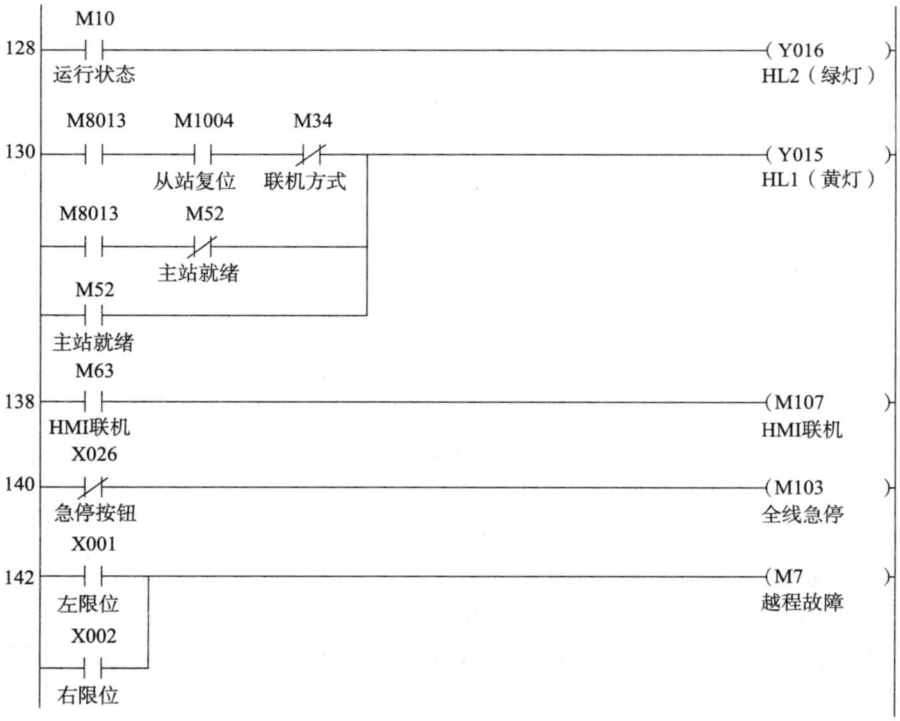

(3) 单机运行时，测试过程结束即退出运行状态。联机方式下，一个工作周期完成后，返回初始步，如果没有停止指令开始下一工作周期。

由此，在项目三输送单元子程序基础上修改的运行控制子程序流程说明如图 4－31 所示。

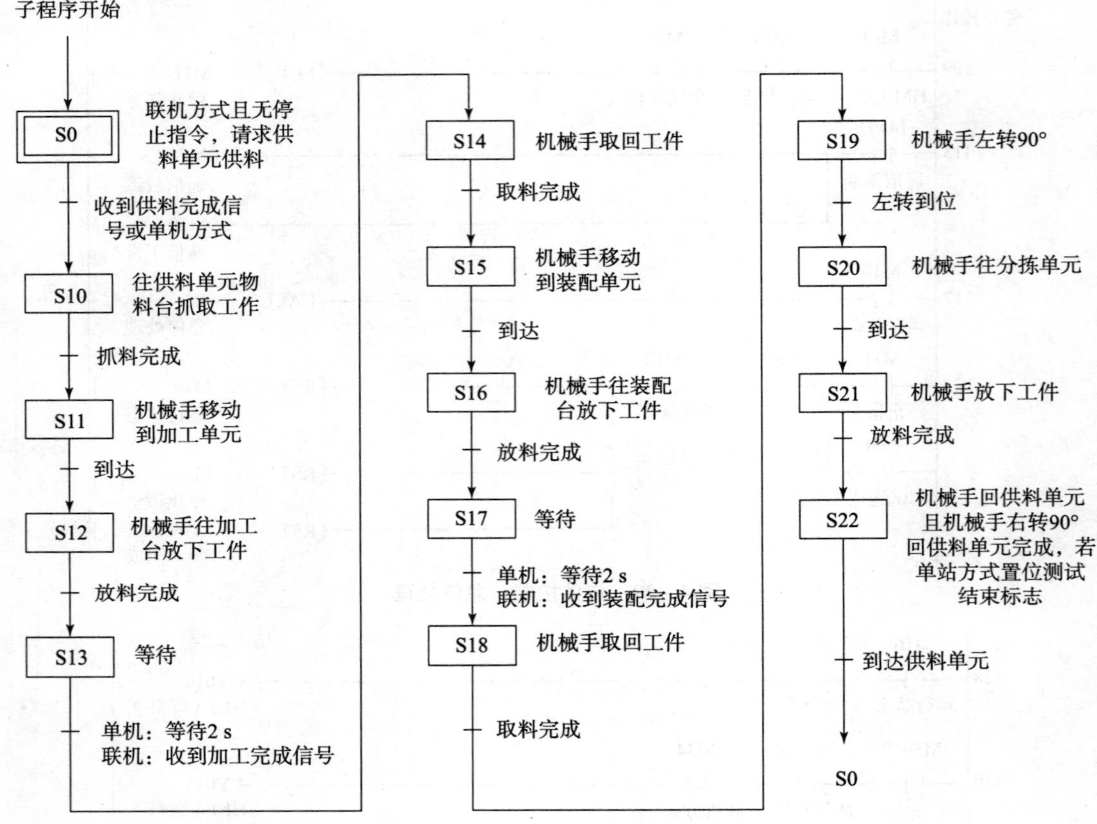

图 4－31 运行控制子程序流程说明

4) "通信" 子程序

"通信" 子程序的功能包括从站报警信号处理，转发（从站间、HMI）以及向 HMI 提供输送单元机械手当前位置信息。主程序在每一扫描周期都调用这一子程序。

(1) 报警信号处理、转发包括：

①供料单元工件不足和工件没有的报警信号转发往装配单元，为警示灯工作提供信息。

②处理供料单元"工件没有"或装配单元"零件没有"的报警信号。

③向 HMI 提供网络正常/故障信息。

(2) 向 HMI 提供输送单元机械手当前位置信息，由脉冲累计数除以 100 得到。

①在每一扫描周期把以脉冲数表示的当前位置转换为长度信息（mm），转发给 HMI 的连接变量 D2000。

②每当返回原点完成后，脉冲累计数被清零。

任务 4.4　自动化生产线触摸屏设计

任务提出

在 TPC7062K 人机界面上组态画面要求：用户窗口包括欢迎画面和主画面两个窗口，其中，欢迎界面是启动界面，触摸屏上电后运行，屏幕上方的标题文字向右循环移动，如图 4－32 和图 4－33 所示。

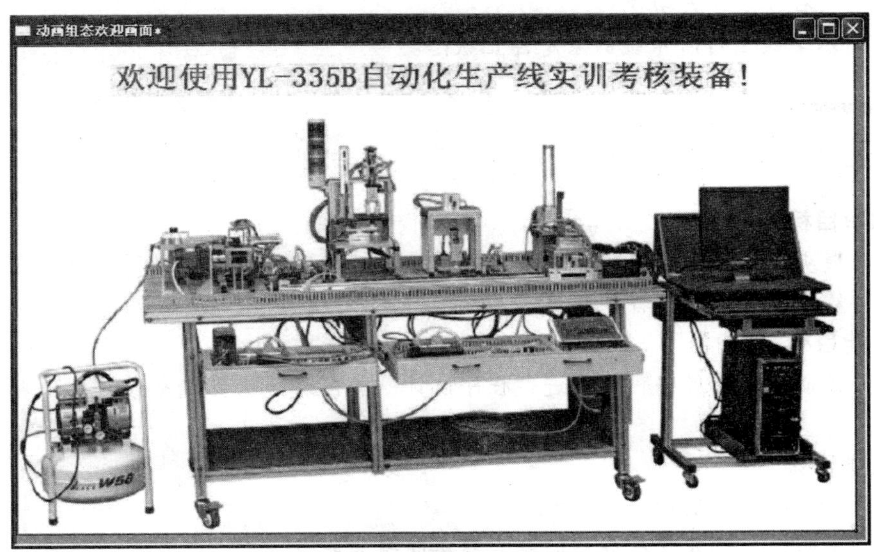

图 4－32　动画组态欢迎画面

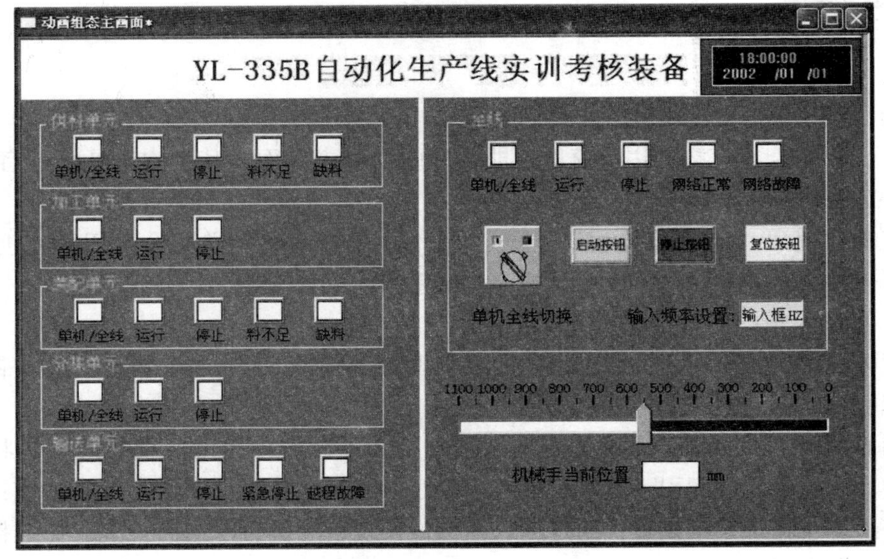

图 4－33　动画组态主画面

当触摸欢迎界面上任意部位时，都将切换到主窗口界面。主窗口界面组态应具有下列功能：

（1）提供系统工作方式（单机/全线）选择信号和系统复位、启动和停止信号。

（2）在人机界面上设定分拣单元变频器的输入运行频率（40 ~50 Hz）。

（3）在人机界面上动态显示输送单元机械手装置当前位置（以原点位置为参考点，度量单位为毫米）。

（4）指示网络的运行状态（正常、故障）。

（5）指示各工作单元的运行、故障状态。其中故障状态包括：①供料单元的供料不足状态和缺料状态。②装配单元的供料不足状态和缺料状态。③输送单元抓取机械手装置越程故障（左或右极限开关动作）。

（6）指示全线运行时系统的紧急停止状态。

任务分析

1. 知识目标

了解触摸屏的基本结构组成，理解触摸屏各个功能部件的工作原理及应用方法，熟练使用触摸屏软件进行程序设计和调试。

2. 技能目标

能够熟练使用触摸屏编程软件进行程序设计；能按照功能要求完成对各个功能部件参数的设置。

3. 情感目标

培养学生团队合作精神。

根据任务驱动，培养学生分析问题、解决问题的能力。

任务实施

根据工作任务，对工程分析并规划如下：

（1）工程框架：有 2 个用户窗口，即欢迎画面和主画面，其中欢迎画面是启动界面。1 个策略：循环策略。

（2）数据对象：各工作单元以及全线的工作状态指示灯，单机全线切换旋钮，启动、停止、复位按钮，变频器输入频率设置，机械手当前位置等。

（3）图形制作：

欢迎画面窗口：①图片：通过位图装载实现；②文字：通过标签实现；③按钮：由对象元件库引入。

主画面窗口：①文字：通过标签构件实现；②各工作单元以及全线的工作状态指示灯、时钟：由对象元件库引入；③单机/全线切换旋钮，启动、停止、复位按钮：由对象元件库引入；④输入频率设置：通过输入框构件实现；⑤机械手当前位置：通过标签构件和滑动输入器实现。

（4）流程控制：通过循环策略中的脚本程序策略块实现。

进行上述规划后，就可以创建工程，然后进行组态。步骤是：在“用户窗口”中单击“新建窗口”按钮，建立“窗口 0”“窗口 1”，然后分别设置两个窗口的属性。

根据自动化生产线触摸屏设计的任务分析，将任务分为两个模块，一是自动化生产线欢迎画面组态，二是自动化生产线主画面组态。

4.4.1 自动化生产线欢迎画面组态

1. 训练目标

根据功能要求，完成欢迎画面组态。

2. 建立欢迎画面

选中“窗口 0”，单击“窗口属性”，进入用户窗口属性设置，包括：

（1）窗口名称改为“欢迎画面”。

（2）窗口标题改为：欢迎画面。

（3）在“用户窗口”中选中“欢迎”，单击右键，选择下拉菜单中的“设置为启动窗口”选项，将该窗口设置为运行时自动加载的窗口。

3. 编辑欢迎画面

选中“欢迎画面”窗口图标，单击“动画组态”，进入动画组态窗口开始编辑画面。

1）装载位图

选择“工具箱”内的“位图”按钮，鼠标的光标呈“十字”形，在窗口左上角位置拖拽鼠标，拉出一个矩形，使其填充整个窗口。

在位图上单击右键，选择“装载位图”找到要装载的位图，单击选择该位图，如图 4－34 所示，然后单击“打开”按钮，则图片装载到了窗口。

图 4－34 装载位图

2）制作按钮

单击绘图工具箱中按钮图标，在窗口中拖出一个大小合适的按钮，双击按钮，出现如

图 4-35 所示的属性设置窗口。在可见度属性页中点选“按钮不可见”；在操作属性页中单击“按下功能”：打开用户窗口时候选择主画面，并使数据对象“HMI 就绪”的值置 1。

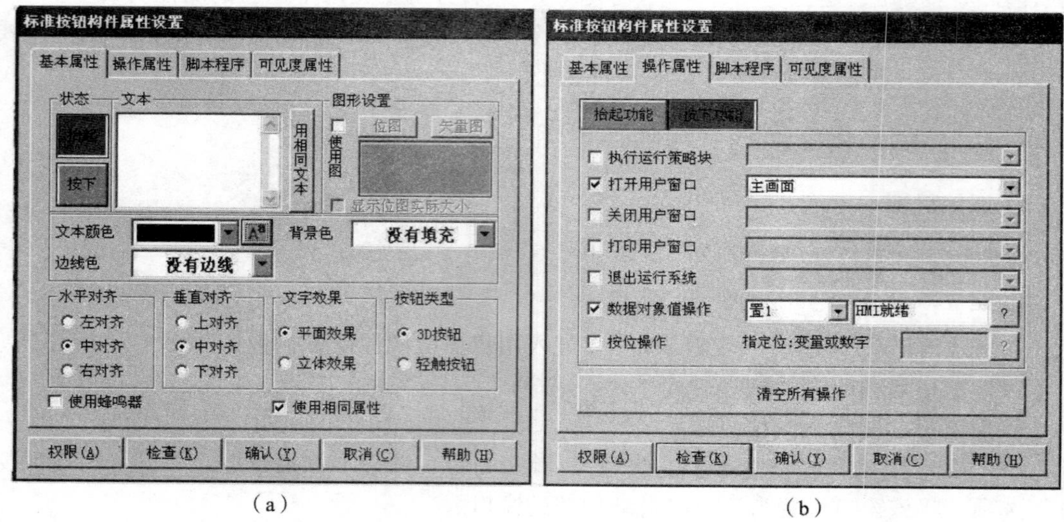

图 4-35 “标准按钮构件属性设置”对话框

(a) 基本属性页；(b) 操作属性页

3) 制作循环移动的文字框图

(1) 选择“工具箱”内的“标签”按钮，拖拽到窗口上方中心位置，根据需要拉出一个大小适合的矩形。在鼠标光标闪烁位置输入文字“欢迎使用 YL-335B 自动化生产线实训考核装备!”，按回车键或在窗口任意位置用鼠标单击一下，完成文字输入。

(2) 静态属性设置如下：文字框的背景颜色：没有填充；文字框的边线颜色为：没有边线；字符颜色：艳粉色；文字字体：华文细黑，字型：粗体，大小为二号。

(3) 为了使文字循环移动，在“位置动画连接”中勾选“水平移动”，这时在对话框上端就增添“水平移动”窗口标签。水平移动属性页的设置如图 4-36 所示。

设置说明如下：

①为了实现“水平移动”动画连接，首先要确定对应连接对象的表达式，然后再定义表达式的值所对应的位置偏移量。图 4-36 中，定义一个内部数据对象“移动”作为表达式，它是一个与文字对象的位置偏移量成比例的增量值，当表达式“移动”的值为 0 时，文字对象的位置向右移动 0 点（即不动），当表达式“移动”的值为 1 时，对象的位置向左移动 5 点（-5），这就是说“移动”变量与文字对象的位置之间关系是一个斜率为 -5 的线性关系。

②触摸屏图形对象所在的水平位置定义为：以左上角为坐标原点，单位为像素点，向左为负方向，向右为正方向。TPC7062KS 分辨率是 800×480，文字串“欢迎使用 YL-335B 自动化生产线实训考核装备!”向左全部移出的偏移量约为 -700 像素，故表达式“移动”的值为 +140。文字循环移动的策略是，如果文字串向左全部移出，则返回初始位置重新移动。

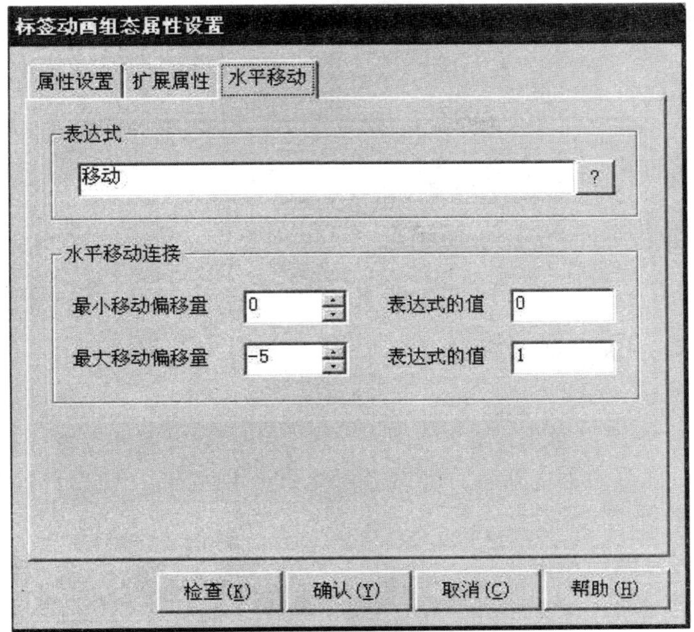

图 4-36 水平移动属性页的设置

4. 组态“循环策略”的具体操作

（1）在“运行策略”中，双击“循环策略”进入策略组态窗口。

（2）双击图标进入“策略属性设置”，将循环时间设为：100 ms，按“确认”。

（3）在策略组态窗口中，单击工具条中的“新增策略行”图标，增加一策略行，如图 4-37 所示。

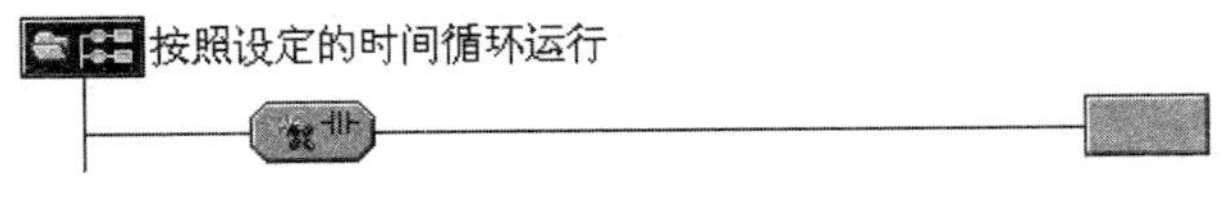

图 4-37 增加一策略行

（4）单击“策略工具箱”中的“脚本程序”，将鼠标指针移到策略块图标上，单击鼠标左键，添加脚本程序构件，如图 4-38 所示。

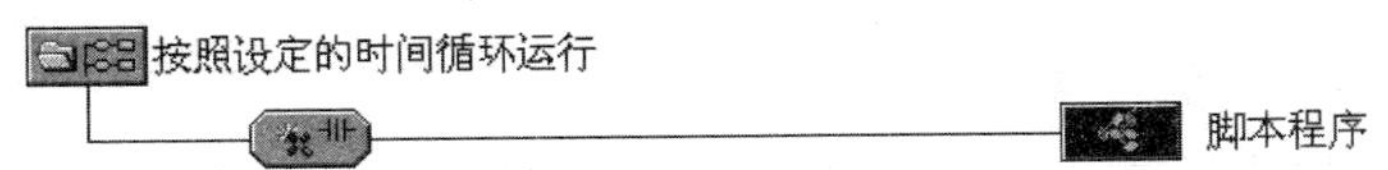

图 4-38 添加脚本程序构件

（5）双击进入策略条件设置，表达式中输入 1，即始终满足条件。

（6）双击进入脚本程序编辑环境，输入下面的程序：

```
if 移动 < =140 then
```

```
    移动 = 移动 +1
else
    移动 = -140
endif
```

（7）单击“确认”，脚本程序编写完毕。

4.4.2 自动化生产线主画面组态

1. 训练目标

根据功能要求，完成主画面组态。

2. 建立主画面

（1）选中“窗口1”，单击“窗口属性”，进入用户窗口属性设置。

（2）将窗口名称改为：主画面，窗口标题改为：主画面；“窗口背景”中，选择所需要颜色。

3. 定义数据对象和连接设备

1）定义数据对象

各工作单元以及全线的工作状态指示灯、单机全线切换旋钮，启动、停止、复位按钮、变频器输入频率设置，机械手当前位置等，都需要与PLC连接进行信息交换的数据对象。定义数据对象的步骤：

（1）单击工作台中的“实时数据库”窗口标签，进入实时数据库窗口页。

（2）单击“新增对象”按钮，在窗口的数据对象列表中增加新的数据对象。

（3）选中对象，按“对象属性”按钮或双击选中对象，则打开“数据对象属性设置”窗口。然后编辑属性，最后加以确定。表4-2所示为与PLC连接的数据对象。

表4-2　与PLC连接的数据对象

序号	对象名称	类型	序号	对象名称	类型
1	HMI-就绪	开关型	15	单机全线-供料	开关型
2	越程故障-输送	开关型	16	运行-供料	开关型
3	运行-输送	开关型	17	料不足-供料	开关型
4	单机全线-输送	开关型	18	缺料-供料	开关型
5	单机全线-全线	开关型	19	单机全线-加工	开关型
6	复位按钮-全线	开关型	20	运行-加工	开关型
7	停止按钮-全线	开关型	21	单机全线-装配	开关型
8	启动按钮-全线	开关型	22	运行-装配	开关型
9	单机全线切换_全线	开关型	23	料不足_装配	开关型
10	网络正常-全线	开关型	24	缺料-装配	开关型
11	网络故障-全线	开关型	25	单机全线-分拣	开关型
12	运行-全线	开关型	26	运行-分拣	开关型
13	急停-输送	开关型	27	手爪当前位置-输送	数值型
14	变频器频率-分拣	数值型			

2）设备连接

使定义好的数据对象和 PLC 内部变量进行连接，步骤如下：

(1) 打开“设备工具箱”，在可选设备列表中双击“通用串口父设备”，然后双击“三菱_FX 系列编程口”，出现“通用串口父设备”“三菱_FX 系列编程口”。

(2) 设置通用串口父设备的基本属性，如图 4-39 所示。

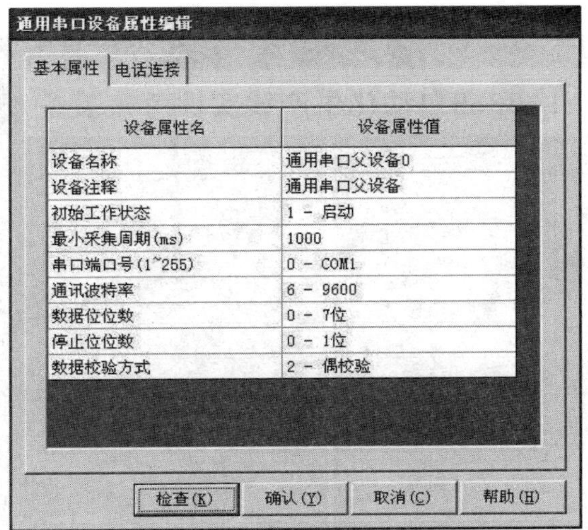

图 4-39　设置通用串口父设备的基本属性

(3) 双击“三菱_FX 系列编程口”，进入设备编辑窗口，按图 4-39 中的数据，逐个“增加设备通道”，如图 4-40 所示。

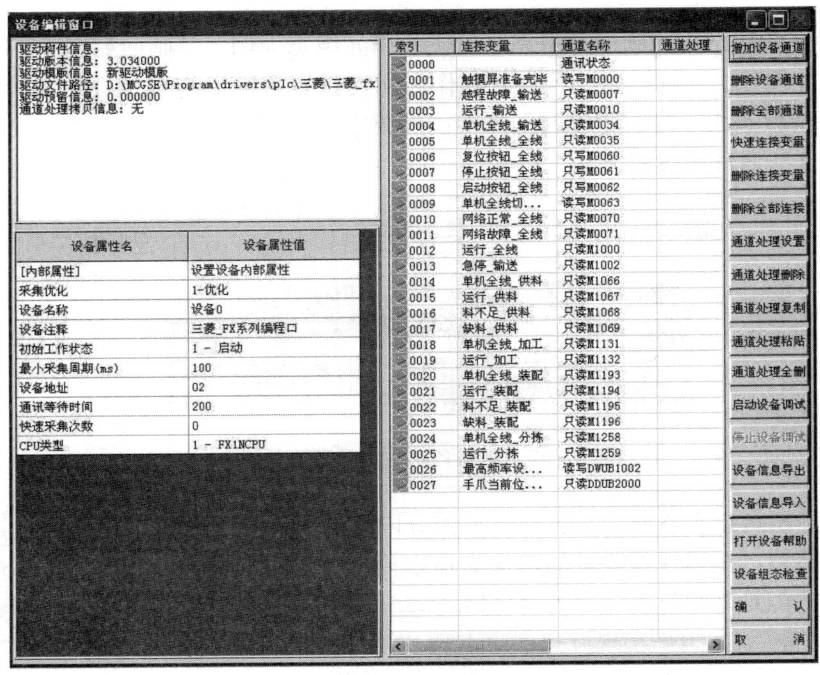

图 4-40　设备编辑窗口

4. 主画面制作和组态

按如下步骤制作和组态主画面：

（1）制作主画面的标题文字、插入时钟、在工具箱中选择直线构件，把标题文字下方的区域划分为如图 4－41 所示的两部分。区域左面制作各从站单元画面，右面制作主站输送单元画面。

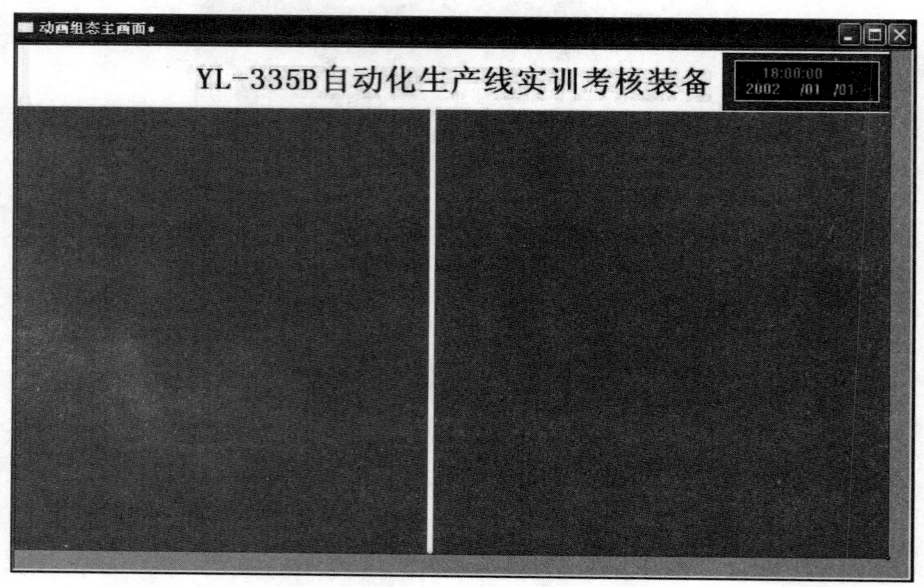

图 4－41　制作主画面

（2）制作各从站单元画面并组态。以供料单元组态为例，其画面如图 4－42 所示，图中还指出了各构件的名称。这些构件的制作和属性设置前面已有详细介绍，但“料不足”和“缺料”两状态指示灯有报警时闪烁功能的要求，下面通过制作供料单元缺料报警指示灯着重介绍这一属性的设置方法。

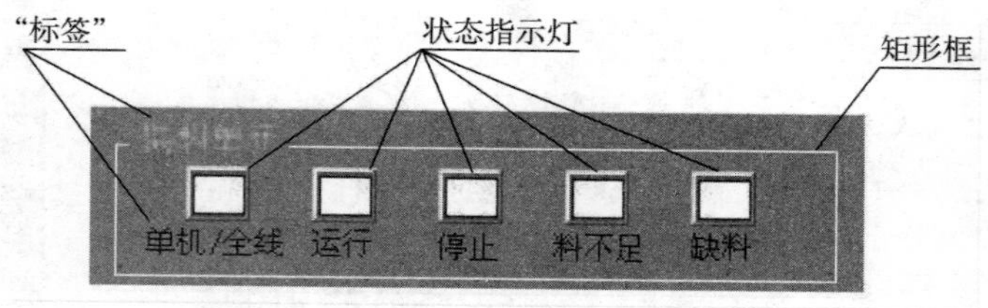

图 4－42　制作各从站单元画面并组态

与其他指示灯组态不同的是：缺料报警分段点 1 设置的颜色是红色，并且还需组态闪烁功能。步骤是：在属性设置页的特殊动画连接框中勾选“闪烁效果”，“填充颜色”旁边就会出现“闪烁效果”页，如图 4－43（a）所示。点选“闪烁效果”页，表达式选择为“缺料_供料”；在闪烁实现方式框中点选“用图元属性的变化实现闪烁”；填充颜色选择黄色，如图 4－43（b）所示。

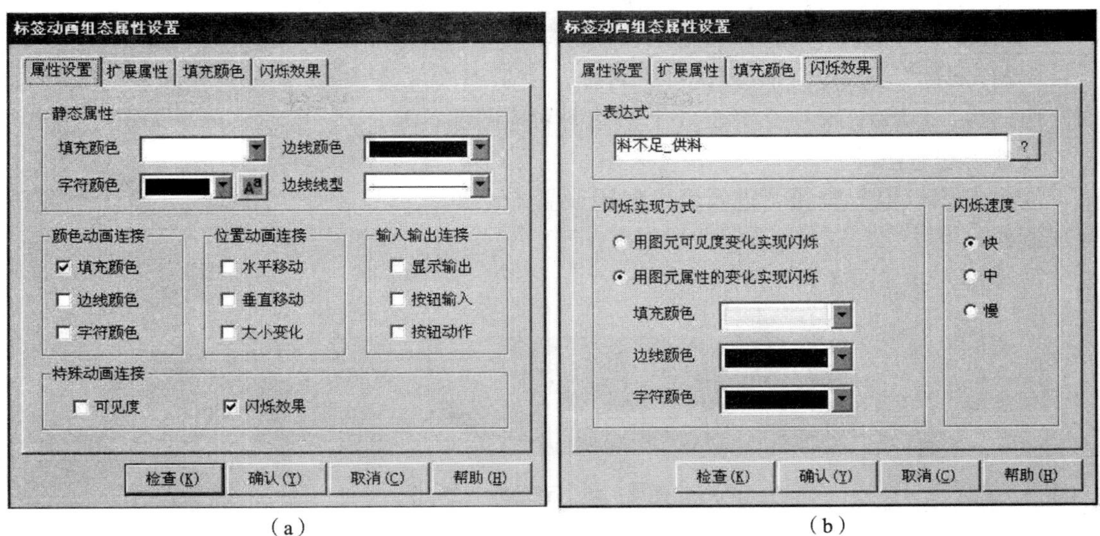

图 4－43　标签动画组态属性设置

(a) 属性设置；(b) 闪烁效果

(3) 制作主站输送单元画面。这里只着重说明滑动输入器的制作方法。步骤如下：

①选中“工具箱”中的滑动输入器图标，当鼠标呈“十”字形后，拖动鼠标到适当大小。调整滑动块到适当的位置。

②双击滑动输入器构件，进入如图 4－44 所示的属性设置窗口。

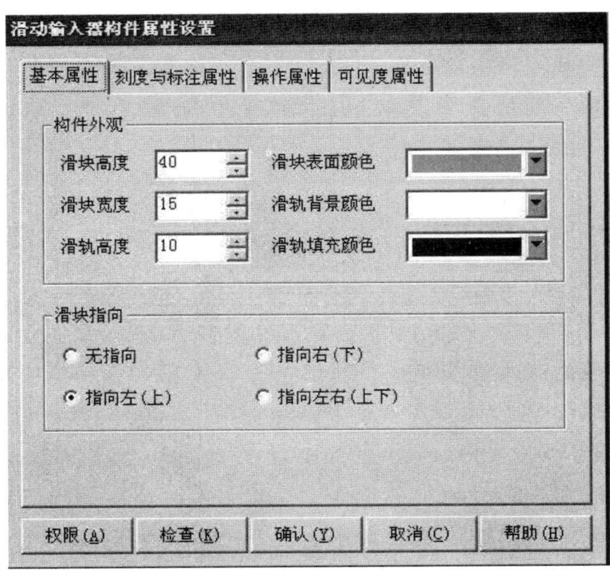

图 4－44　滑动输入器构件属设置

按照下面的值设置各个参数：

“基本属性”页中，滑块指向：指向左（上）。

“刻度与标注属性”页中，“主划线数目”：11，“次划线数目”：2；小数位数：0。

“操作属性”页中，对应数据对象名称：手爪当前位置_输送；滑块在最左（下）边时对应的值：1 100；滑块在最右（上）边时对应的值：0。

其他为缺省值。

④单击“权限”按钮，进入用户权限设置对话框，选择管理员组，按“确认”按钮完成制作。

滑动输入器如图 4－45 所示。

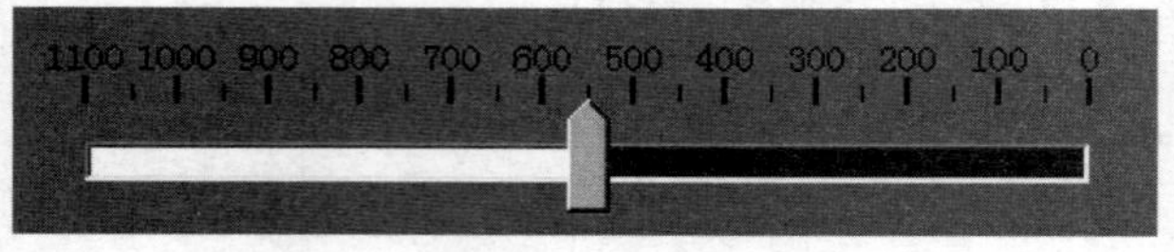

图 4－45 滑动输入器

任务 4.5 自动化生产线联机测试

任务提出

根据系统的控制要求，已经完成了自动化生产线各单元的控制程序，并通过编程电缆下载到各个 PLC 模块中。自动化生产线的每一个工作单元都可自成一个独立的系统。同时也可以通过网络互连构成一个分布式的控制系统。为了确保所编制的程序能够完全实现所要求的功能，需要根据不同的选择由各个工作单元按钮/指示灯模块中的选择开关，并且结合人机界面触摸屏上的模式选择来实现。

任务分析

1. 知识目标

了解自动化生产线的基本结构组成，理解在工作过程中各种传感器、气动单元和 PLC 的工作原理及应用，掌握 PLC 的程序设计及调试方法。

2. 技能目标

能够熟练调试自动化生产线的机械组件、气动元件并对其进行调整；能够熟练调试自动化生产线的电气控制电路；能够根据功能要求调试自动化生产线，并根据调试情况实时修改 PLC 程序。

3. 情感目标

培养学生团队合作精神。

根据任务驱动，培养学生分析问题、解决问题的能力。

任务实施

根据自动化生产线联机测试的任务分析，将任务分为两个模块，一是自动化生产线单机运行模式测试，二是自动化生产线全线运行模式测试，三是自动化生产线异常工作状态测试。

4.5.1　自动化生产线单机运行模式测试

单机运行模式下，各单元工作的主令信号和工作状态显示信号来自其 PLC 旁边的按钮/指示灯模块，并且按钮/指示灯模块上的工作方式选择开关 SA 应置于“单机方式”位置。

1. 供料单元单机运行工作要求

（1）设备上电和气源接通后，若工作单元的两个气缸满足初始位置要求，且料仓内有足够的待加工工件，则“正常工作”指示灯 HL1 长亮，表示设备准备好，否则，该指示灯以 1 Hz 频率闪烁。

（2）若设备准备好，按下启动按钮，工作单元启动，“设备运行”指示灯 HL2 长亮。启动后，若物料台上没有工件，则应把工件推到物料台上。物料台上的工件被人工取出后，若没有停止信号，则进行下一次推出工件操作。

（3）若在运行中按下停止按钮，则在完成本工作周期任务后，各工作单元停止工作，HL2 指示灯熄灭。

（4）若在运行中料仓内工件不足，则工作单元继续工作，但“正常工作”指示灯 HL1 以 1 Hz 的频率闪烁，“设备运行”指示灯 HL2 保持长亮。若料仓内没有工件，则 HL1 指示灯和 HL2 指示灯均以 2 Hz 频率闪烁。工作单元在完成本周期任务后停止。除非向料仓补充足够的工件，工作单元不能再启动。

2. 加工单元单机运行工作要求

（1）上电和气源接通后，若各气缸满足初始位置要求，则“正常工作”指示灯 HL1 长亮，表示设备准备好，否则，该指示灯以 1 Hz 频率闪烁。

（2）若设备准备好，按下启动按钮，设备启动，“设备运行”指示灯 HL2 长亮。当待加工工件送到加工台上并被检出后，设备执行将工件夹紧送往加工区域冲压，完成冲压动作后返回待料位置的工件加工工序。如果没有停止信号输入，当再有待加工工件送到加工台上时，加工单元又开始下一周期工作。

（3）在工作过程中，若按下停止按钮，加工单元在完成本周期的动作后停止工作，HL2 指示灯熄灭。

（4）当待加工工件被检出而加工过程开始后，如果按下急停按钮，本单元所有机构应立即停止运行，HL2 指示灯以 1 Hz 频率闪烁。急停按钮复位后，设备从急停前的断点开始继续运行。

3. 装配单元单机运行工作要求

（1）设备上电和气源接通后，若各气缸满足初始位置要求，料仓上已经有足够的小圆柱零件；工件装配台上没有待装配工件，则“正常工作”指示灯 HL1 长亮，表示设备准备好。否则，该指示灯以 1 Hz 频率闪烁。

（2）若设备准备好，按下启动按钮，装配单元启动，“设备运行”指示灯 HL2 长亮。如果回转台上的左料盘内没有小圆柱零件，就执行下料操作；如果左料盘内有零件，而右料盘内没有零件，执行回转台回转操作。

（3）如果回转台上的右料盘内有小圆柱零件且装配台上有待装配工件，执行装配机械手抓取小圆柱零件，放入待装配工件中的控制。

（4）完成装配任务后，装配机械手应返回初始位置，等待下一次装配。

（5）若在运行过程中按下停止按钮，则供料机构应立即停止供料，在装配条件满足的情况下，装配单元在完成本次装配后停止工作。

（6）在运行中发生“零件不足”报警时，指示灯 HL3 以 1 Hz 的频率闪烁，HL1 和 HL2 灯长亮；在运行中发生“零件没有”报警时，指示灯 HL3 以亮 1 s、灭 0.5 s 的方式闪烁，HL2 熄灭，HL1 长亮。

4. 分拣单元单机运行工作要求

（1）初始状态：设备上电和气源接通后，若工作单元的三个气缸满足初始位置要求，则“正常工作”指示灯 HL1 长亮，表示设备准备好，否则，该指示灯以 1 Hz 频率闪烁。

（2）若设备准备好，按下启动按钮，系统启动，“设备运行”指示灯 HL2 长亮。当传送带入料口人工放下已装配的工件时，变频器即启动，驱动传动电动机以频率为 30 Hz 的速度把工件带往分拣区。

（3）如果金属工件上的小圆柱工件为白色，则该工件对到达 1 号滑槽中间，传送带停止，工件对被推到 1 号槽中；如果塑料工件上的小圆柱工件为白色，则该工件对到达 2 号滑槽中间，传送带停止，工件对被推到 2 号槽中；如果工件上的小圆柱工件为黑色，则该工件对到达 3 号滑槽中间，传送带停止，工件对被推到 3 号槽中。工件被推出滑槽后，该工作单元的一个工作周期结束。仅当工件被推出滑槽后，才能再次向传送带下料。

如果在运行期间按下停止按钮，该工作单元在本工作周期结束后停止运行。

5. 输送单元单机运行工作要求

单机运行的目标是测试设备传送工件的功能。要求其他各工作单元已经就位，并且在供料单元的物料台上放置了工件。具体测试过程要求如下：

（1）输送单元在通电后，按下复位按钮 SB1，执行复位操作，使抓取机械手装置回到原点位置。在复位过程中，“正常工作”指示灯 HL1 以 1 Hz 的频率闪烁。当抓取机械手装置回到原点位置，且输送单元各个气缸满足初始位置的要求，则复位完成，“正常工作”指示灯 HL1 长亮。按下启动按钮 SB2，设备启动，“设备运行”指示灯 HL2 也长亮，开始功能测试过程。

（2）抓取机械手装置从供料单元物料台抓取工件，抓取的顺序是：手臂伸出→手爪夹紧抓取工件→提升台上升→手臂缩回。

（3）抓取动作完成后，伺服电动机驱动机械手装置向加工单元移动，移动速度不小于 300 mm/s。

（4）机械手装置移动到加工单元物料台的正前方后，即把工件放到加工单元物料台上。抓取机械手装置在加工单元放下工件的顺序是：手臂伸出→提升台下降→手爪松开放下工件→手臂缩回。

（5）放下工件动作完成 2 s 后，抓取机械手装置执行抓取加工单元工件的操作。抓取的顺序与供料单元抓取工件的顺序相同。

（6）抓取动作完成后，伺服电动机驱动机械手装置移动到装配单元物料台的正前方。然后把工件放到装配单元物料台上。其动作顺序与加工单元放下工件的顺序相同。

（7）放下工件动作完成 2 s 后，抓取机械手装置执行抓取装配单元工件的操作。抓取的顺序与供料单元抓取工件的顺序相同。

（8）机械手手臂缩回后，摆台逆时针旋转 90°，伺服电动机驱动机械手装置从装配单元向分拣单元运送工件，到达分拣单元传送带上方入料口后把工件放下，动作顺序与加工单元放下工件的顺序相同。

（9）放下工件动作完成后，机械手手臂缩回，然后执行返回原点的操作。伺服电动机驱动机械手装置以 400 mm/s 的速度返回，返回 900 mm 后，摆动气缸顺时针旋转 90°，然后以 100 mm/s 的速度低速返回原点停止。

当抓取机械手装置返回原点后，一个测试周期结束。当供料单元的物料台上放置了工件时，再按一次启动按钮 SB2，开始新一轮的测试。

4.5.2 自动化生产线全线运行模式测试

全线运行模式下各工作单元部件的工作顺序以及对输送单元机械手装置运行速度的要求，与单机运行模式一致。全线运行步骤如下：

（1）系统在上电，N：N 网络正常后开始工作。触摸人机界面上的复位按钮，执行复位操作，在复位过程中，绿色警示灯以 2 Hz 的频率闪烁，红色和黄色灯均熄灭。复位过程包括：使输送单元机械手装置回到原点位置和检查各工作单元是否处于初始状态。

各工作单元初始状态是指：

①各工作单元气动执行元件均处于初始位置。

②供料单元料仓内有足够的待加工工件。

③装配单元料仓内有足够的小圆柱零件。

④输送单元的紧急停止按钮未按下。

当输送单元机械手装置回到原点位置，且各工作单元均处于初始状态，则复位完成，绿色警示灯长亮，表示允许启动系统。这时若触摸人机界面上的启动按钮，系统启动，绿色和黄色警示灯均长亮。

（2）供料单元的运行。

系统启动后，若供料单元的物料台上没有工件，则应把工件推到物料台上，并向系统发出物料台上有工件信号。若供料单元的料仓内没有工件或工件不足，则向系统发出报警或预警信号。物料台上的工件被输送单元机械手取出后，若系统仍然需要推出工件进行加工，则进行下一次推出工件操作。

（3）输送单元运行 1。

当工件推到供料单元物料台后，输送单元抓取机械手装置应执行抓取供料单元工件的操作。动作完成后，伺服电动机驱动机械手装置移动到加工单元加工物料台的正前方，把工件放到加工单元的加工台上。

(4) 加工单元运行。

加工单元加工台的工件被检出后，执行加工过程。当加工好的工件重新送回待料位置时，向系统发出冲压加工完成信号。

(5) 输送单元运行2。

系统接收到加工完成信号后，输送单元机械手应执行抓取已加工工件的操作。抓取动作完成后，伺服电动机驱动机械手装置移动到装配单元物料台的正前方，然后把工件放到装配单元物料台上。

(6) 装配单元运行。

装配单元物料台的传感器检测到工件到来后，开始执行装配过程。装入动作完成后，向系统发出装配完成信号。

如果装配单元的料仓或料槽内没有小圆柱工件或工件不足，应向系统发出报警或预警信号。

(7) 输送单元运行3。

系统接收到装配完成信号后，输送单元机械手应抓取已装配的工件，然后从装配单元向分拣单元运送工件，到达分拣单元传送带上方入料口后把工件放下，然后执行返回原点的操作。

(8) 分拣单元运行。

输送单元机械手装置放下工件、缩回到位后，分拣单元的变频器即启动，驱动传动电动机以80%最高运行频率（由人机界面指定）的速度，把工件带入分拣区进行分拣，工件分拣原则与单机运行相同。当分拣气缸活塞杆推出工件并返回后，应向系统发出分拣完成信号。

(9) 仅当分拣单元分拣工作完成，并且输送单元机械手装置回到原点，系统的一个工作周期才认为结束。如果在工作周期期间没有触摸过停止按钮，系统在延时1 s后开始下一周期工作。如果在工作周期期间曾经触摸过停止按钮，系统工作结束，警示灯中黄色灯熄灭，绿色灯仍保持长亮。系统工作结束后若再按下启动按钮，则系统又重新工作。

4.5.3 自动化生产线异常工作状态测试

1. 工件供给状态的信号警示

如果发生来自供料单元或装配单元的“工件不足够”的预报警信号或“工件没有”的报警信号，则系统动作如下：

(1) 如果发生“工件不足够”的预报警信号警示灯中红色灯以1 Hz的频率闪烁，绿色和黄色灯保持长亮，系统继续工作。

(2) 如果发生“工件没有”的报警信号，警示灯中红色灯以亮1 s，灭0.5 s的方式闪烁；黄色灯熄灭，绿色灯保持长亮。

若“工件没有”的报警信号来自供料单元，且供料单元物料台上已推出工件，系统继续运行，直至完成该工作周期尚未完成的工作。当该工作周期工作结束，系统将停止工作，除非“工件没有”的报警信号消失，系统不能再启动。

若“工件没有”的报警信号来自装配单元，且装配单元回转台上已落下小圆柱工件，系统继续运行，直至完成该工作周期尚未完成的工作。当该工作周期工作结束，系统将停止工作，除非“工件没有”的报警信号消失，系统不能再启动。

2. 急停与复位

系统工作过程中按下输送单元的急停按钮，则输送单元立即停车。在急停复位后，应从急停前的断点开始继续运行。但若急停按钮按下时，机械手装置正在向某一目标点移动，则急停复位后输送单元机械手装置应首先返回原点位置，然后再向原目标点运动。

项目五　自动化生产线拓展知识

任务5.1　工业组态

任务提出

组态软件是工业控制应用软件的开发平台，它提供了一个良好的开发环境，如各种绘图元素、控件、报表格式、报警方式等，使开发人员不必把精力集中在绘制人机界面上，而专心考虑如何实现系统的功能，使开发工作变得轻松容易、简单高效。本项目的工作任务是学习组态王软件基本知识，利用组态软件编写应用程序，完成简单的任务。

任务分析

1. 知识目标

了解工业组态的概念，掌握组态王软件的概念以及组成，掌握组态王软件的各种功能及其应用，掌握建立应用工程的一般过程，熟悉组态王软件的简单操作。

2. 技能目标

利用组态王软件编制监控系统图形画面，简单控制程序编写，设定动画连接等功能，进行程序的运行、调试与改进。

3. 情感目标

培养学生团队合作精神。

根据任务驱动，培养学生分析问题、解决问题的能力。

任务实施

根据工业组态软件单元的任务分析，将任务分为两个模块，一是组态王软件介绍，二是组态王软件的应用。

5.1.1 组态王软件介绍

组态：就是应用软件中提供的工具、方法，完成工程中某一具体任务的过程。

组态软件：又称监控组态软件，译自英文 SCADA，即 Supervision Control and Data Acquisition（数据采集与监视控制）。组态软件指一些数据采集与过程控制的专用软件，它们是在自动控制系统监控层一级的软件平台和开发环境，使用灵活的组态方式，为用户提供快速构建工业自动控制系统监控功能、通用层次的软件工具。

国内常用的组态软件有：组态王 KingView、三维力控、世纪星等。

国外常用的组态软件有：InTouch、IFix、Citech、WinCC、Movicon 等。

1. 组态王软件概念

组态王软件是一种通用的工业监控软件，它融过程控制设计、现场操作以及工厂资源管理于一体，将一个企业内部的各种生产系统和应用以及信息交流汇集在一起，实现最优化管理。组态王 6.5 是运行于 Microsoft Windows98/2000/NT/XP 中文平台的中文界面的人机界面软件，采用了多线程、COM + 组件等新技术，实现了实时多任务，软件运行稳定可靠。

2. 组态王软件组成

组态王 6.5 软件由工程浏览器（Touch Explorer）、工程管理器（Micromanage）和画面运行系统（Touche）三部分组成。

工程浏览器是一个工程开发设计工具，用于创建监控画面、监控的设备及相关变量、动画链接、命令语言以及设定运行系统配置等的系统组态工具。

工程管理器是内嵌画面管理系统，用于新工程的创建和已有工程的管理，对已有工程进行搜索、添加、备份、恢复以及实现数据词典的导入和导出等功能。

运行系统是工程运行画面，从采集设备中获得通信数据，并依据工程浏览器的动画设计显示动态画面，实现人与控制设备的相互交互。

3. 组态王软件功能

1）工程管理

组态王的工程管理器是一个功能强大的工程管理工具，可以集中管理用户本机上的所有工程，可对工程进行新建、删除、搜索、备份等操作，同时也可进行数据词典的 DB 导入、DB 导出操作，如图 5 - 1 所示。

2）画面制作系统

具有功能强大的工具箱，支持无限色和过渡色，能够轻松构造逼真美观的监控画面，如图 5 - 2 所示。另外，有着丰富的图库以及方便易用的图库精灵，工程人员可生成自己的个性化图形库，如图 5 - 3 所示。

3）报警和事件管理系统

分布式报警和事件管理系统提供多种管理功能，包括：基于事件的报警、报警分组管理、报警优先级、报警过滤以及通过网络的远程报警管理，如图 5 - 4 所示。多种记录保存方式：文件、数据库、打印机等。多种提示方式：画面、语音、短信、E - mail 等。

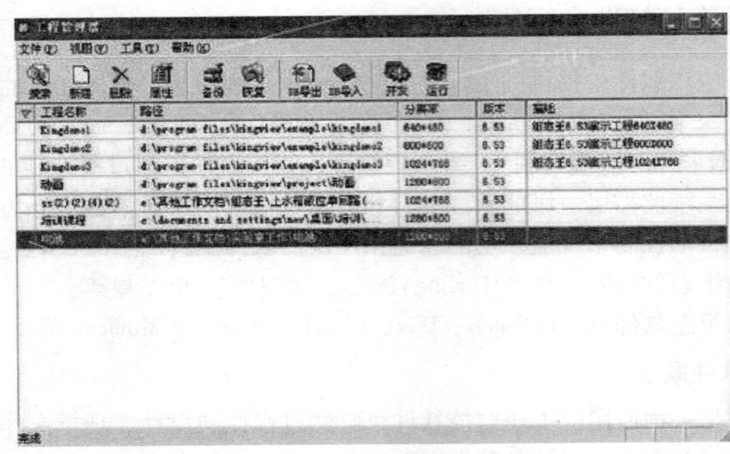

图 5－1　工程管理器窗口

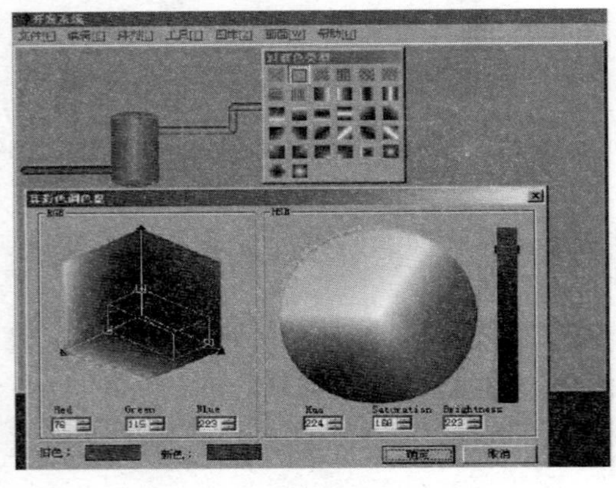

图 5－2　工具箱

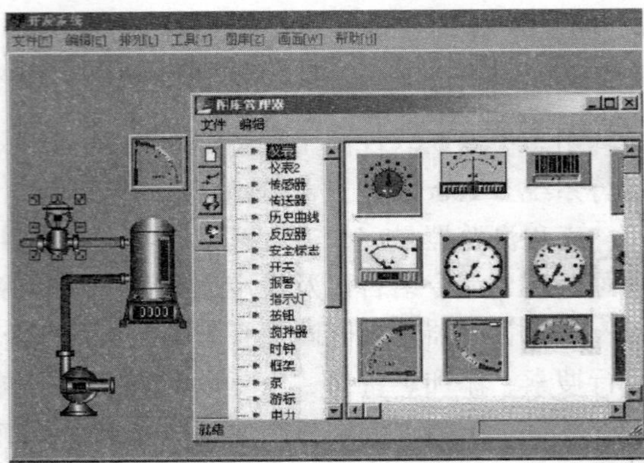

图 5－3　图库

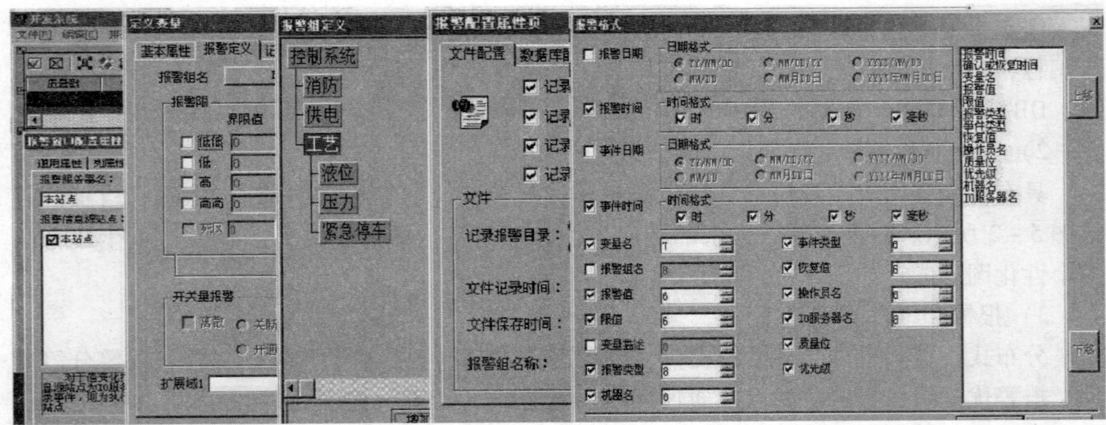

图 5－4　报警设置

4）报表和曲线显示

全新集成式报表系统，提供丰富的报表函数，有专用报表工具条，操作简单明了，开发和运行状态下均可进行预览和打印设置，轻松制作各种报表，具有动态增加、删除曲线，多种曲线绘制方式，如图 5－5～图 5－7 所示。

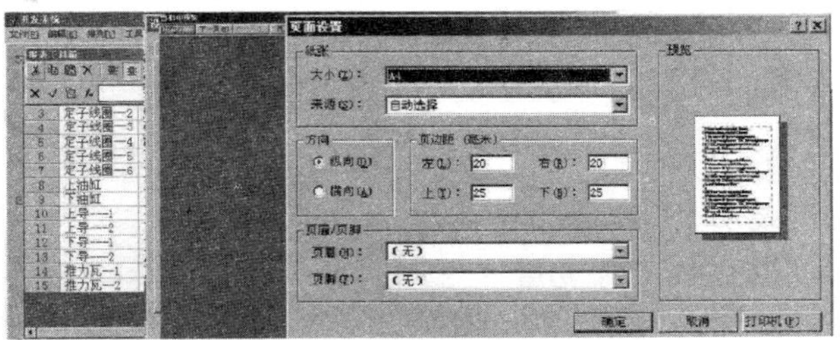

图 5－5　报表系统设置

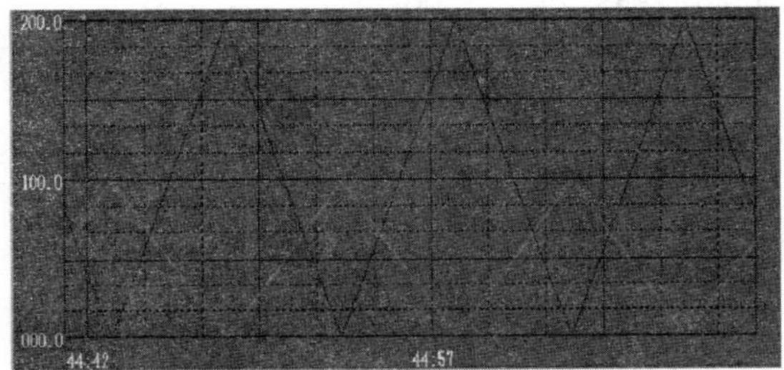

图 5－6　实时趋势曲线

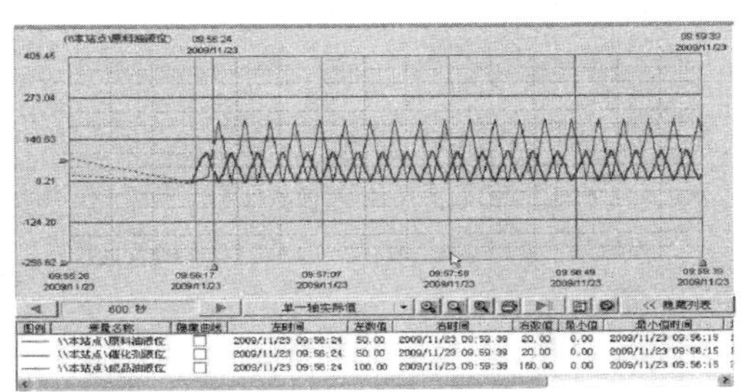

图 5－7　历史趋势曲线

5）内嵌控件功能

组态王软件内置了多种曲线控件、多媒体视频控件以及窗口控件，如图 5－8 所示。可以灵活编制自身需要的控件或者调用一个标准控件来完成复杂任务，无须大量烦琐工作。

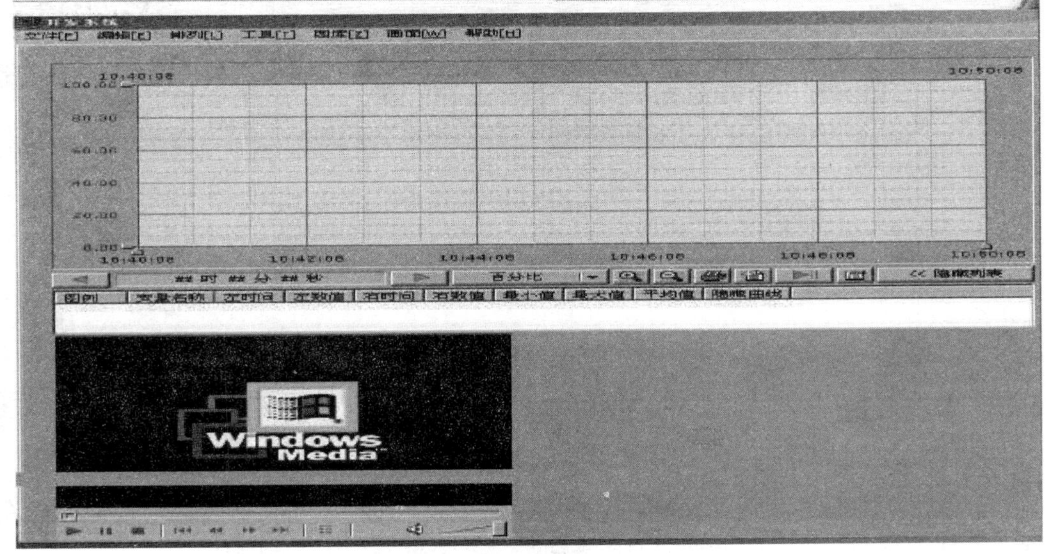

图 5－8　内置多媒体视频控件

5.1.2 组态王软件的应用

1. 训练目标

利用组态王软件编制监控系统图形画面，简单控制程序编写，设定动画连接等功能，进行程序的运行、调试与改进。

2. 建立一个应用工程步骤

（1）创建新工程。

为工程创建一个目录用来存放与工程相关的文件。

（2）定义硬件设备并添加工程变量。

添加工程中需要的硬件设备和工程中使用的变量，包括内存变量和I/O变量。

（3）制作图形画面并定义动画连接。

按照实际工程的要求绘制监控画面并使静态画面随着过程控制对象产生动态效果。

（4）编写命令语言。

通过脚本程序的编写以完成较复杂的操作上位控制。

（5）进行运行系统的配置。

对运行系统、报警、历史数据记录、网络、用户等进行设置，是系统完成用于现场前的必备工作。

（6）保存工程并运行。

完成以上步骤后，工程就制作完成并可以运行。

3. 制作简单实例：整数累加

1）建立新工程

（1）运行组态王软件，出现组态王工程管理器界面，如图5－9所示。

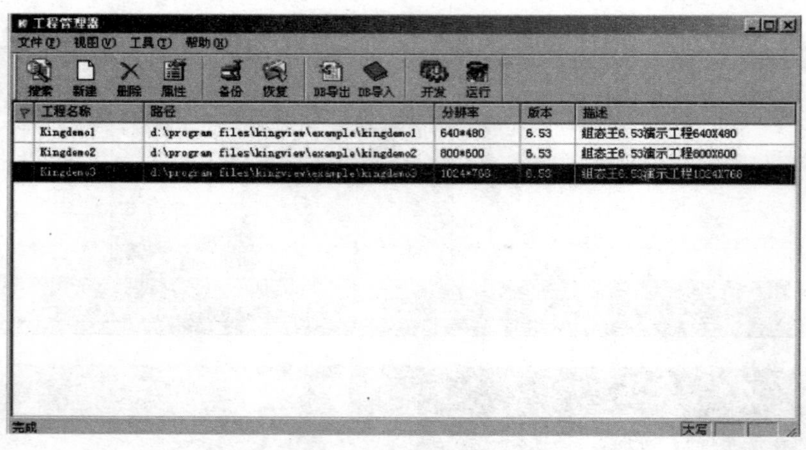

图5－9 组态王工程管理器界面

（2）在工程管理器中选择菜单“文件→新建工程”或单击快捷工具栏“新建”命令，出现“新建工程向导之一——欢迎使用本向导”对话框，如图5－10所示。

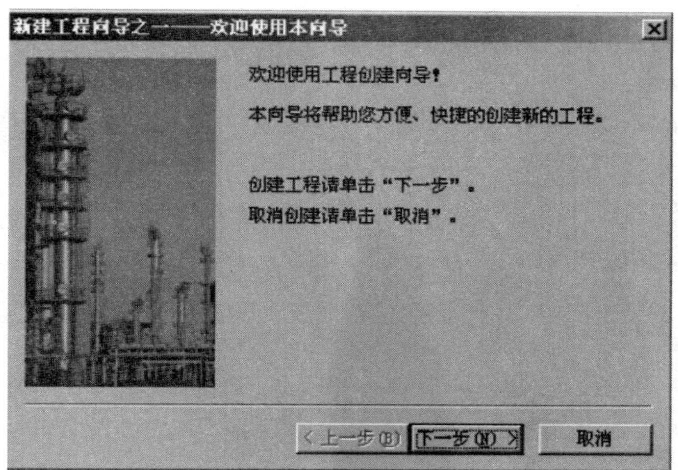

图 5－10　“新建工程向导之一——欢迎使用本向导”对话框

（3）单击“下一步”按钮出现“新建工程向导之二——选择工程所在路径”对话框。选择或指定工程所在路径，单击“浏览”按钮可以更改工程路径，如图 5－11 所示。如果路径或文件夹不存在，需提前创建。

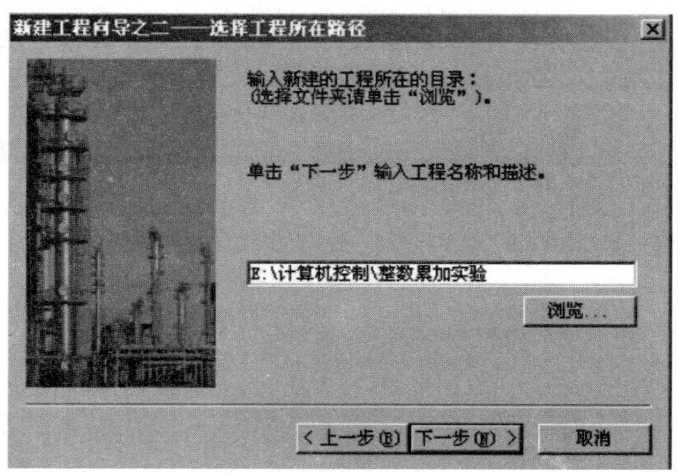

图 5－11　“新建工程向导之二——选择工程所在路径”对话框

（4）单击“下一步”按钮出现“新建工程向导之三——工程名称和描述”对话框，如图 5－12 所示。在对话框中输入工程名称“整数累加”，在工程描述中输入“一个整数从零开始每隔 1 s 加 1”。

（5）单击“完成”按钮，新工程建立，单击“是”按钮，确认将新建的工程设为组态王当前工程，此时组态王工程管理器中出现新建的工程，如图 5－13 所示。

（6）双击新建的工程名，出现演示方式“提示”对话框，单击“确认”按钮，进入工程浏览器对话框，如图 5－14 所示。

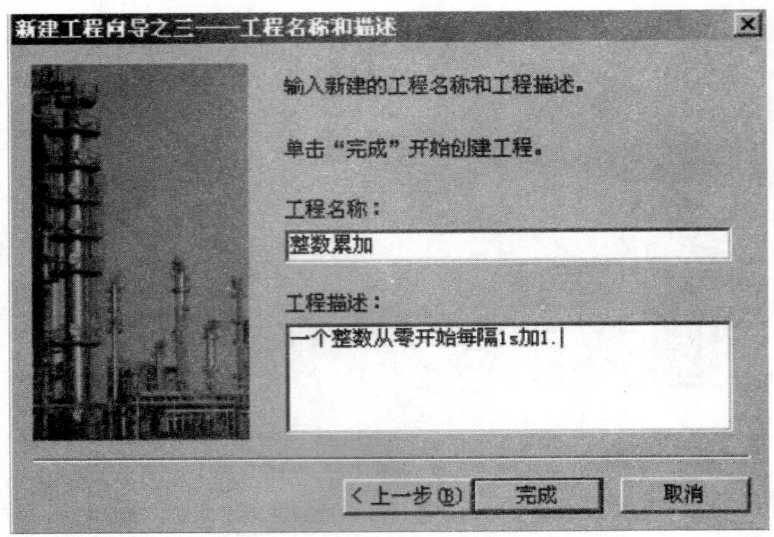

图 5 – 12 “新建工程向导之三——工程名称和描述”对话框

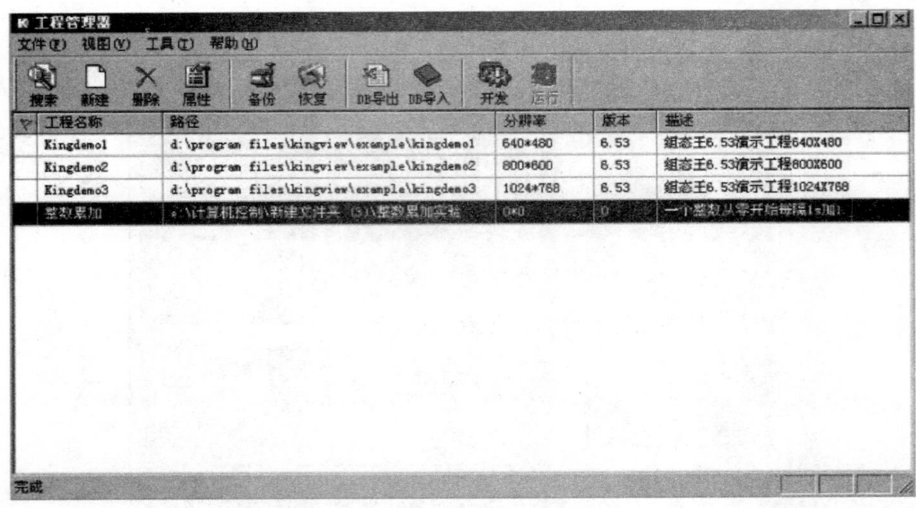

图 5 – 13　新工程建立

2）制作图形画面

（1）在工程浏览器左侧树形菜单中选择“文件→画面”，在右侧视图中双击“新建”，出现画面属性对话框输入画面名称“整数累加”，设置画面位置、大小等参数，如图 5 – 15 所示。然后单击“确认”按钮，进入组态王画面开发系统，此时工具箱自动加载，如图 5 – 16 所示。

（2）用鼠标单击工具箱中的文本工具按钮“T”，然后将鼠标移动到画面上适当位置单击，用户便可以在画面中输入文字“000”。输入完毕后，单击鼠标右键，文字输入完成，如图 5 – 17 所示。

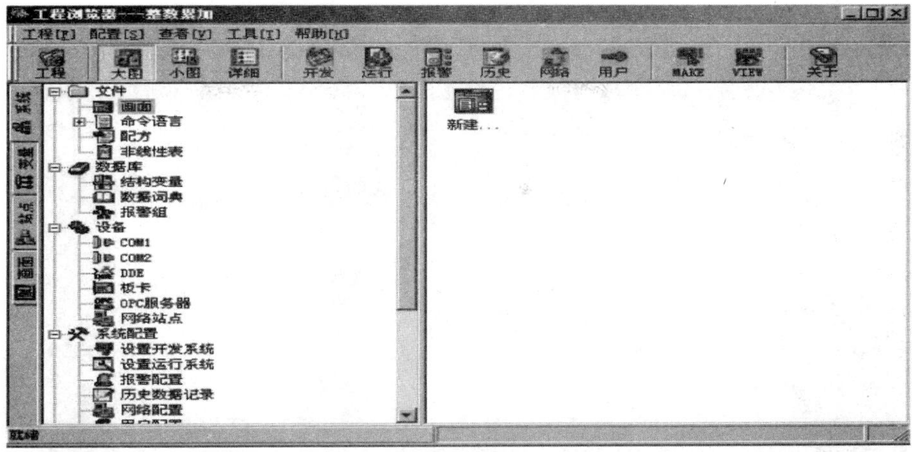

图 5－14　“工程浏览器”对话框

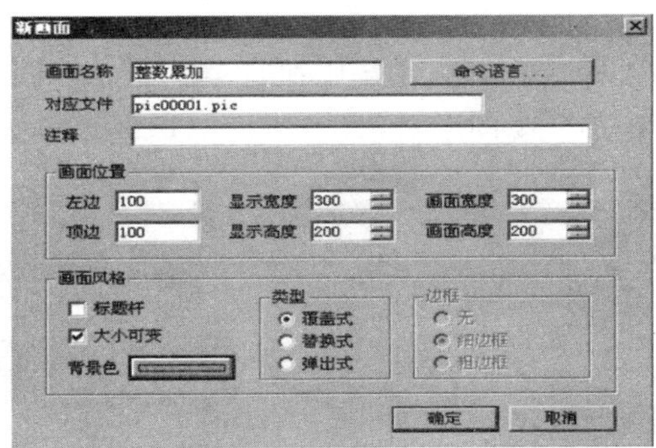

图 5－15　画面属性对话框

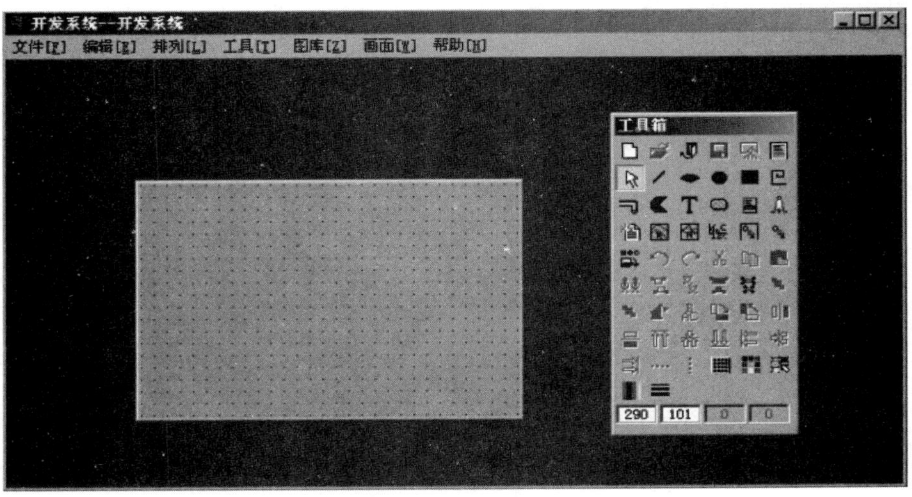

图 5－16　画面开发系统

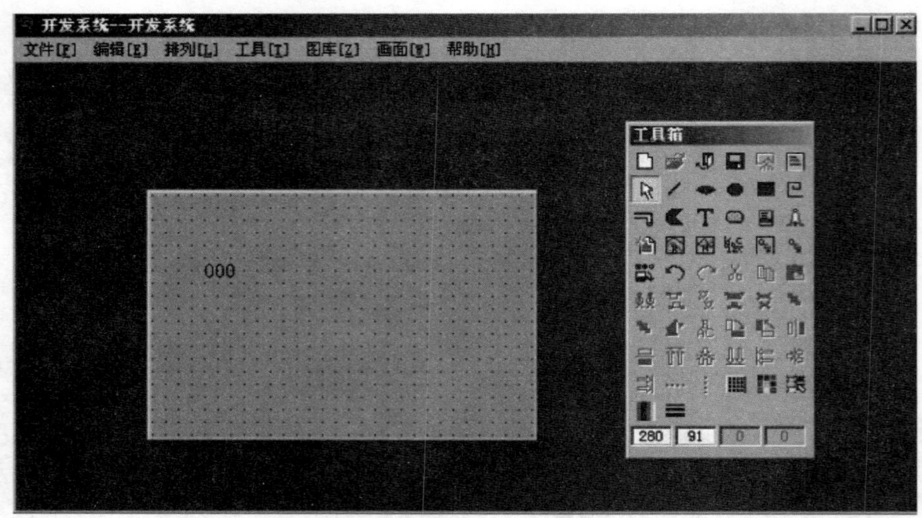

图 5－17 文字输入

(3) 添加一个指示灯对象。在开发系统中执行菜单命令“图库→打开图库”，进入图库管理器，选择指示灯库中的一个图形对象，如图 5－18 所示。

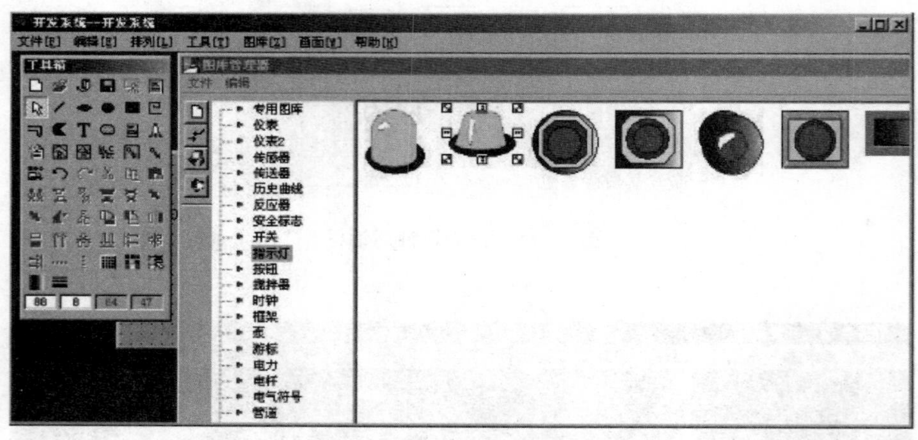

图 5－18 图库管理器

双击选择的指示灯图形，此时图库管理器消失，显示开发系统画面窗口，在开发系统画面空白处单击并拖动鼠标，画面中会出现选择的指示灯图形，如图 5－19 所示。

(4) 在工具箱中选择“按钮”控件添加到画面中，然后选中该按钮，单击鼠标右键，选择“字符串替换”，将按钮“文本”改为“关闭”。设计好的图形画面如图 5－20 所示。

3) 定义变量

定义变量在工程浏览器的“数据库数据词典”中进行，如图 5－21 所示。

图 5 – 19　“指示灯”对象

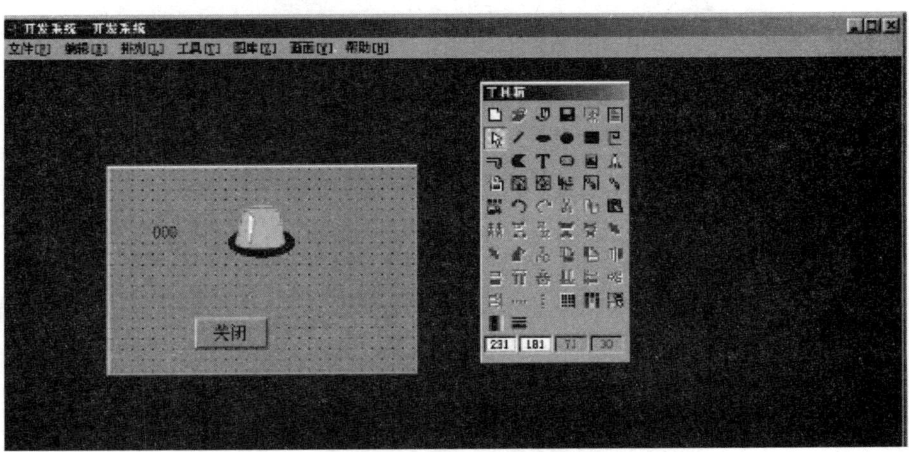

图 5 – 20　设计好的图形画面

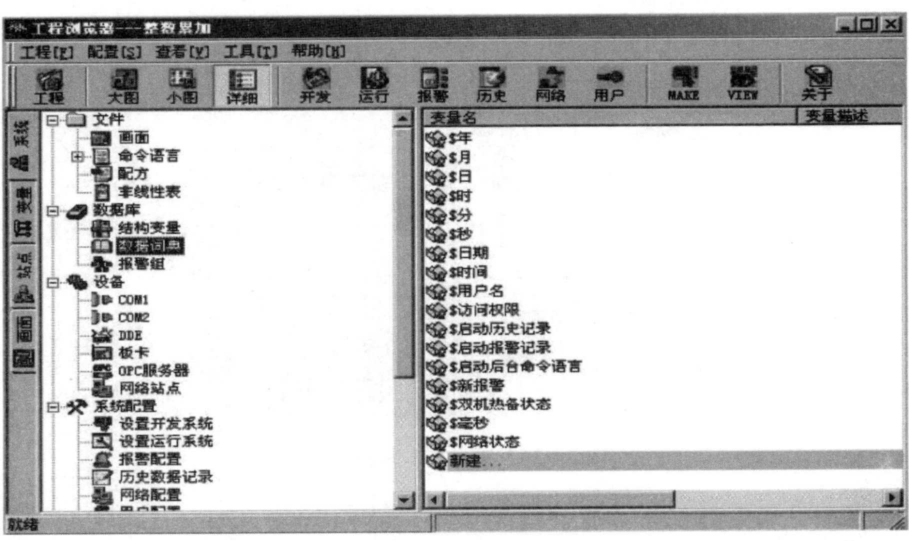

图 5 – 21　数据库数据词典

（1）定义1个内存整型变量。变量名设为“num”，变量类型选“内存整数”，初始值设为“0”，最小值设为“0”，最大值设为“1000”，如图5-22所示。定义完成后，单击“确定”按钮，则在数据词典中增加1个内存整型变量num。

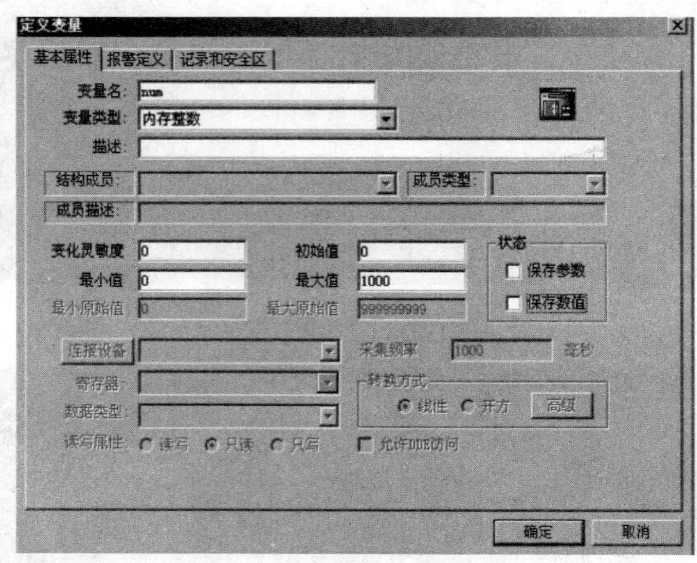

图5-22　定义内存整型变量

（3）定义1个内存离散变量。变量名设为“deng”，变量类型选为“内存离散”，初始值选“关”，如图5-23所示。

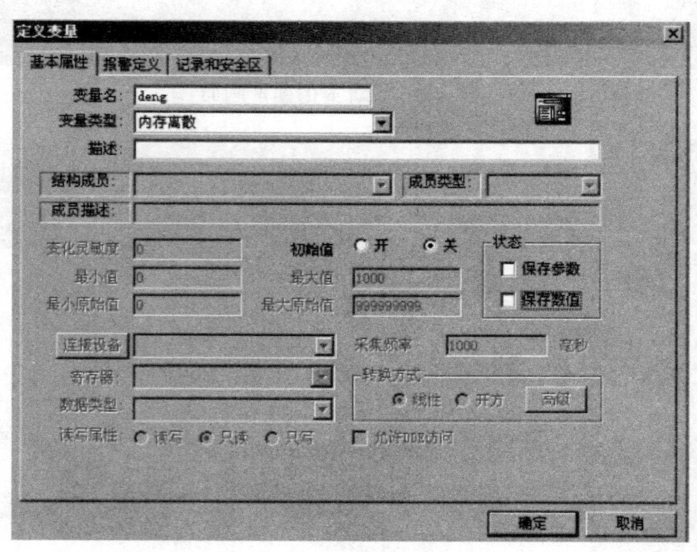

图5-23　定义内存离散变量

4）建立动画连接

（1）建立显示文本对象“000”的动画连接。双击画面中文本对象“000”，出现“动画连接”对话框，单击“模拟值输出”按钮，则弹出“模拟值输出连接”对话框，将其中的表达式设置为“\\本站点\num”（可以直接输入，也可以单击表达式文本框右边的“?”，选择已定义好的变量名“num”，单击“确定”按钮，文本框中会出现“\\本站点\num”表达式），整数位数设为3，小数位数设为0，单击“确认”按钮，动画连接设置完成，如图5-24所示。

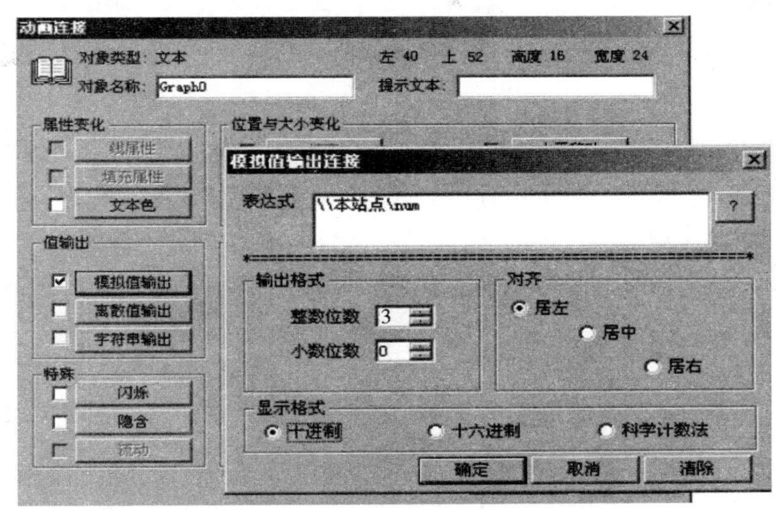

图5-24　文本对象动画连接设置

（2）建立指示灯对象的动画连接。双击画面中指示灯对象，出现“指示灯向导”对话框，如图5-25所示。将变量名设为“\\本站点\deng”（可以直接输入，也可以单击变量名文本框右边的“?”，选择已定义好的变量名“deng”），如图5-26所示。将正常色设置为绿色，报警色设置为红色。设置完毕单击“确认”按钮，则“指示灯”对象动画连接完成。

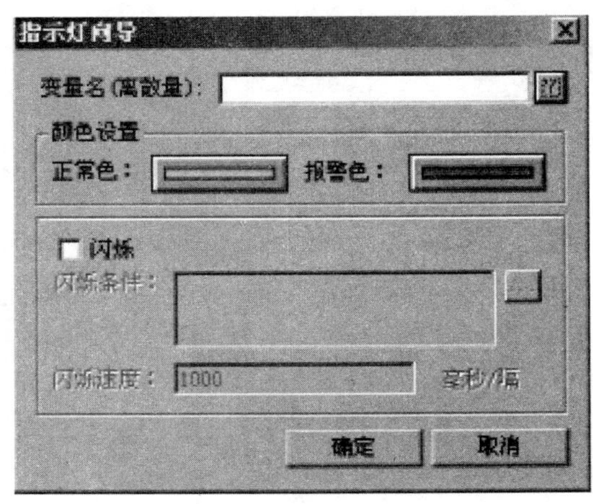

图5-25　“指示灯”动画连接对话框

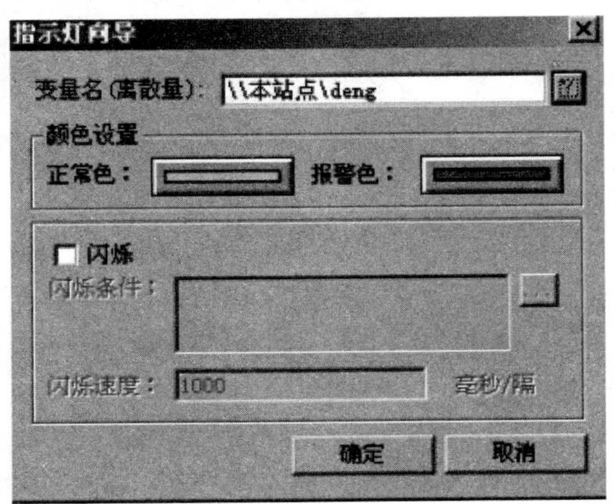

图5-26　“指示灯”对象动画连接设置

（3）建立按钮对象的动画连接。双击“关闭”按钮对象，出现“动画连接”对话框，如图 5 – 27（a）所示。单击命令语言连接中的“弹起时”按钮，出现“命令语言”窗口，在编辑栏中输入以下命令：“Exit［0］;”，如图 5 – 27（b）所示。

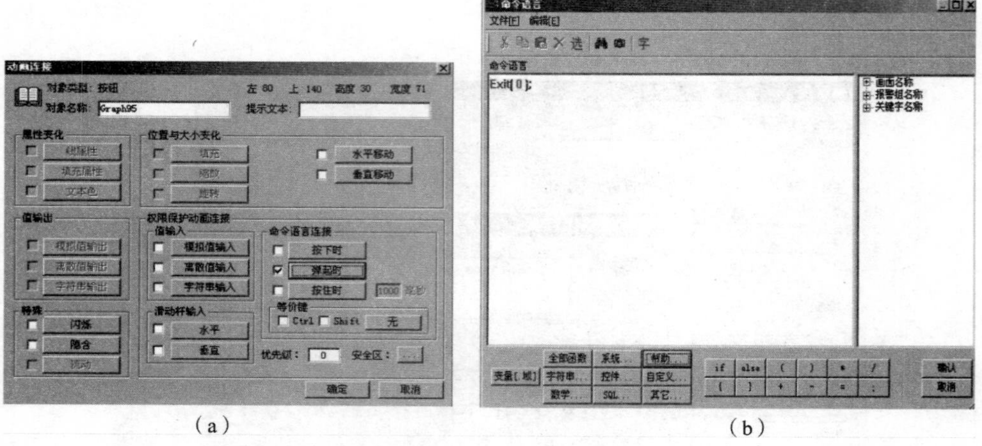

（a）　　　　　　　　　　　　　　　　（b）

图 5 – 27　“关闭”按钮动画连接设置

（a）“动画连接”对话框；（b）“命令语言”窗口

单击“确认”按钮，返回到“动画连接”对话框，再单击“确认”按钮，则“关闭”按钮的动画连接完成。

5）命令语言编程

在工程浏览器左侧树形菜单中双击命令语言“应用程序命令语言”项，出现“应用程序命令语言”编辑对话框，单击“运行时”，将循环执行时间设定为 100 ms，然后在命令语言编辑框中输入控制程序，如图 5 – 28 所示。最后单击“确认”按钮，完成命令语言的输入。

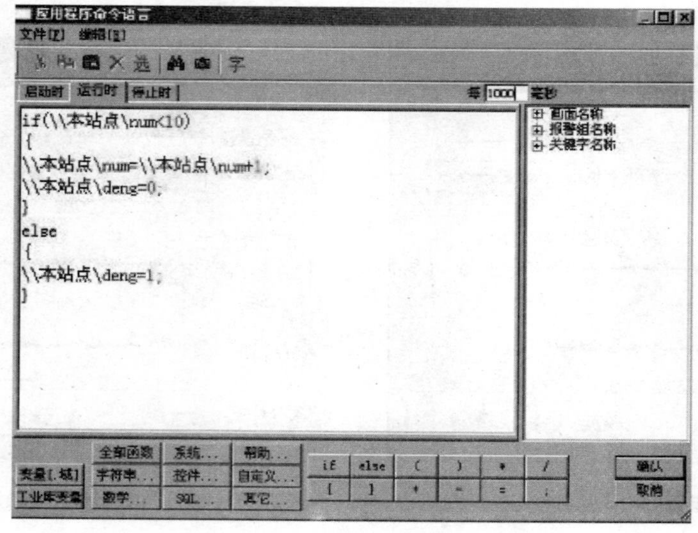

图 5 – 28　编写命令语言

6）程序运行

（1）画面存储：画面设计完成后，单击开发系统“文件”菜单中执行“全部存”命令将设计的画面和程序全部存储。

（2）配置主画面：在工程浏览器中，单击快捷键工具栏上“运行”按钮，出现“运行系统设置”对话框，如图5－29所示。单击“主画面配置”选项卡，选中制作的图形画面名称“整数累加”画面，无须再进行画面选择。

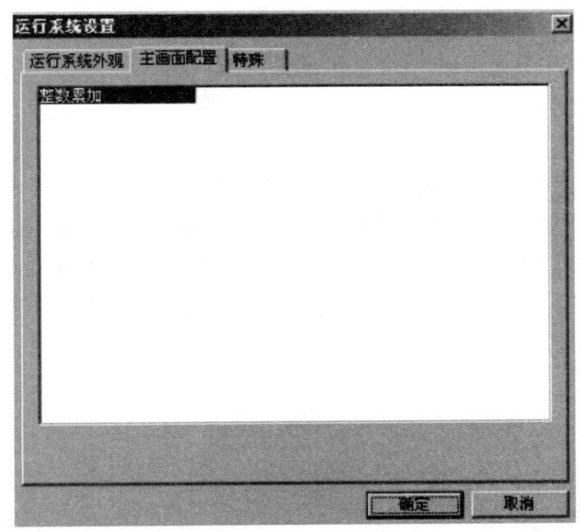

图5－29 配置主画面

（3）程序运行：在工程浏览器中，单击快捷工具栏上“view”按钮或在开发系统中执行“文件→切换到view”命令，启动运行系统。

画面中文本对象中的数字开始累加，累加到10时停止累加，指示灯颜色变化，如图5－30所示。单击“关闭”按钮，程序退出。

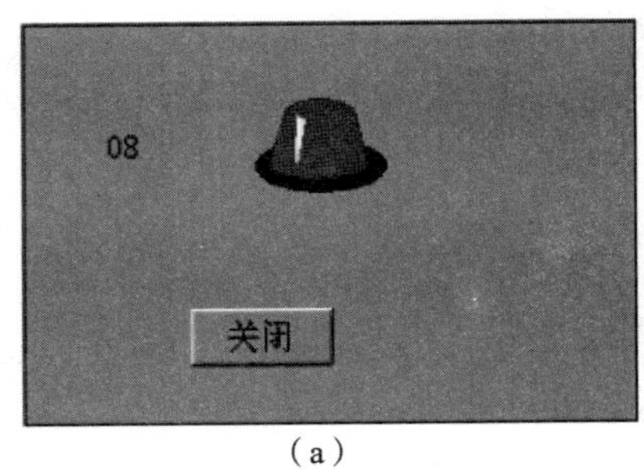

（a）

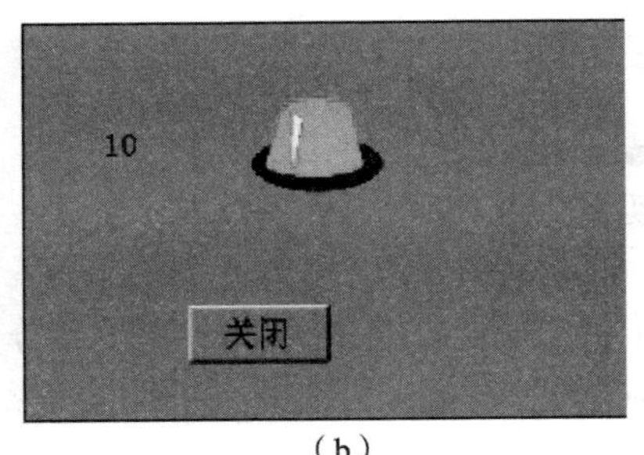

（b）

图5－30 程序运行画面

◈任务总结

通过对组态王软件概念、结构、功能的学习以及整数累加简单实例的制作，使学生了解工业组态概念以及工业组态软件的构成，熟悉组态王软件的开发环境，掌握利用组态王软件创建工程的过程。

拓展案例

1. 如何运用组态王软件实现车间监控系统的组态设计？
2. 如何运用组态王软件完成机械手的模拟操作？

任务 5.2　工业机器人

任务提出

近年来，随着现代科学技术的迅猛发展，工业机器人作为一项全新的技术形式出现在人们视野中，并给人类生产活动带来了极大便利，特别是在促进工业生产自动化方面，更是发挥出了重要作用与价值。基于此，该项目的主要工作任务是了解工业机器人的概念、组成与分类等基础知识，熟悉工业机器人技术在现代自动化控制领域的应用。

任务分析

1. 知识目标

了解工业机器人的概念与分类，掌握工业机器人的机构组成及各部分的功能，熟悉工业机器人的应用现状与发展趋势。

2. 技能目标

能阐述工业机器人的分类、应用、发展趋势；能列举工业机器人的基本组成部分及各部分的功能。

3. 情感目标

增长见识、激发兴趣。

根据任务驱动，培养学生分析问题、解决问题的能力。

任务实施

根据工业机器人的任务分析，将任务分为两个模块：一是工业机器人介绍，二是工业机器人的应用。

5.2.1　工业机器人介绍

1. 工业机器人概念

工业机器人（Industrial Robot，IR）是用于工业生产环境的机器人总称。我国的 GB/T 12643—2013 标准参照 ISO（国际标准化组织）、RIA（美国机器人协会）的相关标准，将其定义为：工业机器人是一种“能够自动定位控制，可重复编程的、多功能的、多自由度的操作机，能搬运材料、零件或操持工具，用于完成各种作业”。

用工业机器人代替人工操作，不仅可保障人身安全、改善劳动环境、减轻劳动强度、提高劳动生产率，而且还能够起到提高产品质量、节约原材料消耗及降低生产成本等多方面作用。因而，它在工业生产各领域的应用也越来越广泛。工业机器人可以在工业生产线中自动完成点焊、弧焊、喷漆、切割、装配、搬运、包装、码垛等作业。工业机器人的主要特点如下：

（1）能高强度地、持久地在各种生产和工作环境中从事单调重复的劳动；

（2）对工作环境有很强的适应能力，能代替人在有害和危险场所工作；

（3）动作准确性高，可保证产品质量的稳定性；

（4）具有很广泛的通用性和独特的柔性，比一般自动化设备有更广的用途，既能满足大批量生产的需要，也可以灵活、迅速地实现多品种、小批量的生产；

（5）能显著地提高生产率和大幅降低产品成本。

2. 工业机器人的基本组成

工业机器人是一种模拟人手臂、手腕和手功能的机电一体化装置。一台通用的工业机器人从体系结构来看，可以分为三大部分：机器人本体、控制器与控制系统（包括示教器），具体结构如图 5－31 所示。

1）机器人本体

（1）机械臂。

大部分工业机器人为关节型机器人，关节型机器人的机械臂是由若干个机械关节连接在一起的集合体。图 5－32 所示为典型的六关节工业机器人，由机座、腰部（关节 1）、大臂（关节 2）、肘部（关节 3）、小臂（关节 4）、腕部（关节 5）和手部（关节 6）构成。

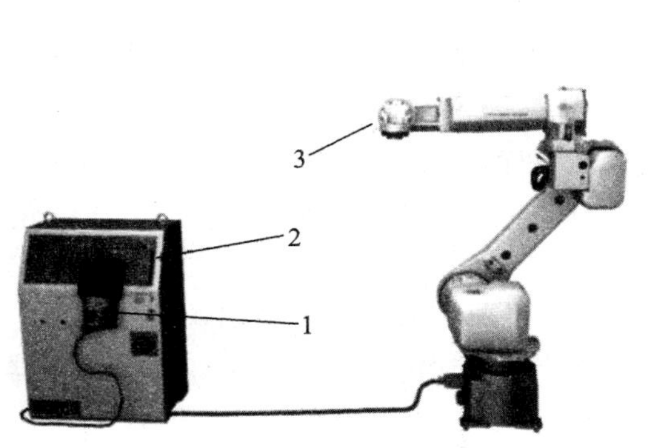

图 5－31 工业机器人的基本组成

1—示教器；2—控制器；3—机器人本体

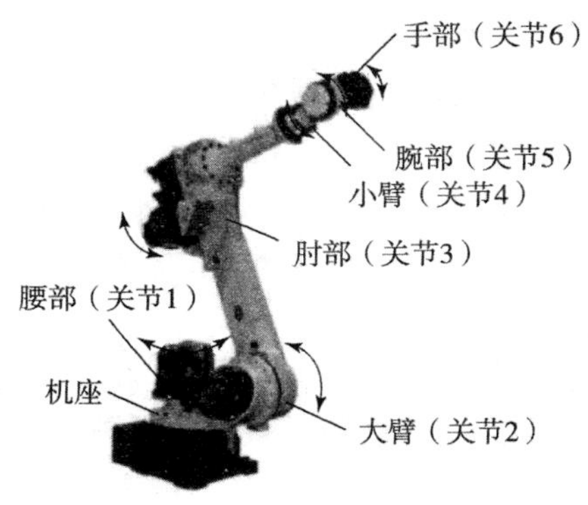

图 5－32 典型六关节工业机器人

①机座。

机座是机器人的支承部分，内部安装有机器人的执行机构和驱动装置。

②腰部。

腰部是连接机器人机座和大臂的中间支承部分。工作时，腰部可以通过关节 1 在机座上转动。

③臂部。

六关节机器人的臂部一般由大臂和小臂构成，大臂通过关节2与腰部相连，小臂通过肘关节3与大臂相连。工作时，大、小臂各自通过关节电动机转动，实现移动或转动。

④手腕。

手腕包括手部和腕部，是连接小臂和末端执行器的部分，主要用于改变末端执行器的空间位姿，联合机器人的所有关节实现机器人的动作和状态。

（2）驱动与传动装置。

工业机器人的机座、腰部关节、大臂关节、肘部关节、小臂关节、腕部关节和手部关节构成了机器人的外部结构或机械结构。机器人运动时，每个关节的运动通过驱动装置和传动机构实现。图5－33所示为机器人运动关节的组成，要构成多关节机器人，其每个关节的驱动及传动装置缺一不可。

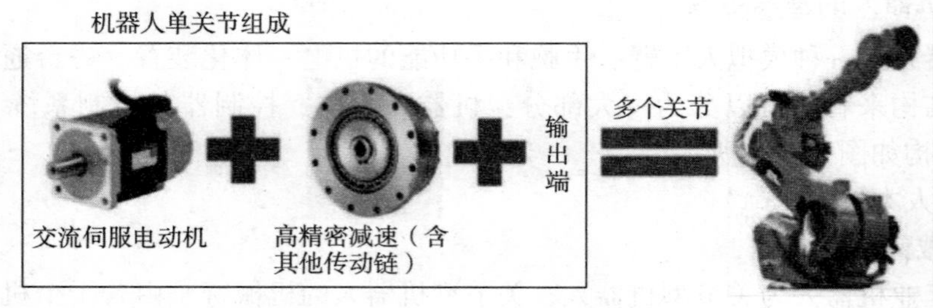

图5－33　机器人运动关节的组成

驱动装置是向机器人各机械臂提供动力和运动的装置；传动装置则是向机器人各机械臂提供扭矩和转速的装置。不同类型的机器人，采用的动力源不同，驱动系统的传动方式也不同。驱动系统的传动方式主要有液压式、气压式、电力式和机械式四种。其中，电力驱动是目前使用最多的一种驱动方式，其特点是电源取用方便，响应快，驱动力大以及信号传递、检测、处理方便，并可以采用多种灵活的控制方式。驱动电动机一般采用步进电动机或伺服电动机，目前也有采用力矩电动机的案例，但是造价较高，控制也较为复杂。和电动机相配的减速器一般采用谐波减速器、摆线针轮减速器或行星轮减速器。

为了检测作业对象及工作环境，研制人员在工业机器人上安装了诸如触觉传感器、视觉传感器、力觉传感器、接近传感器、超声波传感器和听觉传感器等设备。这些传感器可以大大改善机器人的工作状况和工作质量，使它能充分地完成复杂的工作。

2）控制器及控制系统

控制系统是工业机器人的神经中枢，由计算机硬件、软件和一些专用电路、控制器、驱动器等构成。工作时，机器人本体根据控制系统中编写的指令以及传感信息的内容，完成一定的动作或路径。因此，控制系统主要用于处理机器人工作的全部信息。控制柜内部结构如图5－34所示。

要实现对机器人的控制，除了需要计算机硬件系统外，还必须有相应的软件控制系统。通过软件控制系统，我们可以方便地建立、编辑机器人控制程序。目前，世界各大机器人公司都已经拥有自己完善的软件控制系统。

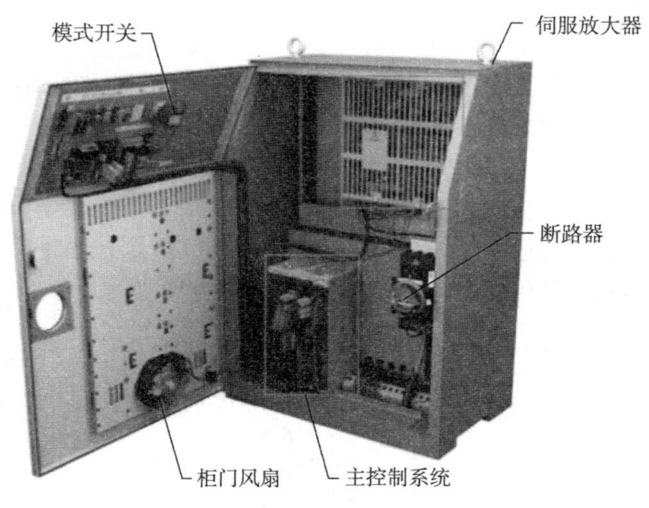

图 5－34　控制柜内部结构

3）示教器

示教器是人机交互的一个端口，也称示教盒或示教编程器，主要由液晶屏和可供触摸的操作按键组成。操作时由控制者手持设备，通过按键将需要控制的全部信息通过与控制器连接的电缆送入控制柜的存储器中，实现对机器人的控制。示教器是机器人控制系统的重要组成部分，操作者不仅可以通过示教器进行手动示教，控制机器人到达不同位姿，并记录各位姿点的坐标；还可以利用机器人编程语言进行在线编程，实现程序回放，让机器人按照编写好的程序完成轨迹运动。

示教器上设有对机器人进行示教和编程所需的操作键和按钮。一般情况下，不同机器人厂商的示教器的外观各不相同，但一般都包含中间的液晶显示区、功能按键区、急停按钮和出入线口。图 5－35 所示为某品牌机器人的示教器外观。

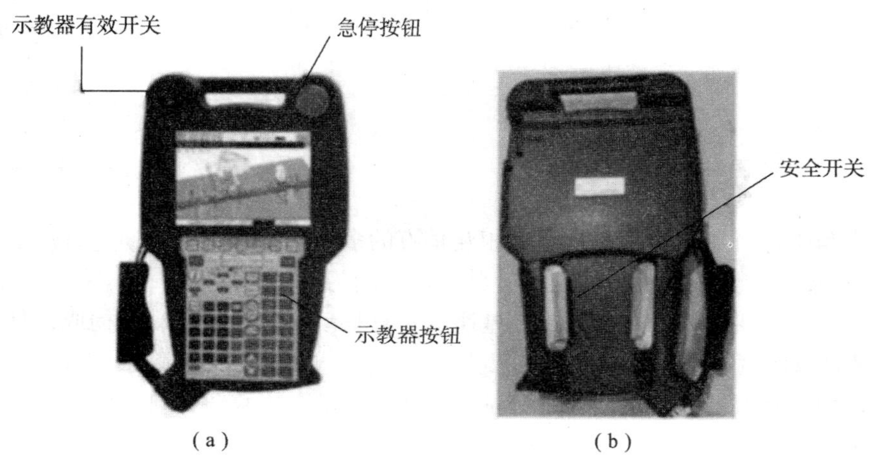

图 5－35　某品牌机器人的示教器外观

（a）正面；（b）背面

3. 工业机器人的分类

工业机器人的种类很多，其功能、特征、驱动方式、应用场合等参数不尽相同。目前，国际上还没有形成机器人的统一划分标准。一般通过机器人的结构特征、控制方式、驱动方式等几个方面对机器人进行分类。

1）按结构特征划分

机器人的结构形式多种多样，机器人的典型运动特征是通过其坐标特性来描述的。按结构特征来分，工业机器人通常可以分为直角坐标机器人、圆柱坐标机器人、球面坐标机器人、关节型机器人和并联机器人，如图 5－36～图 5－40 所示。

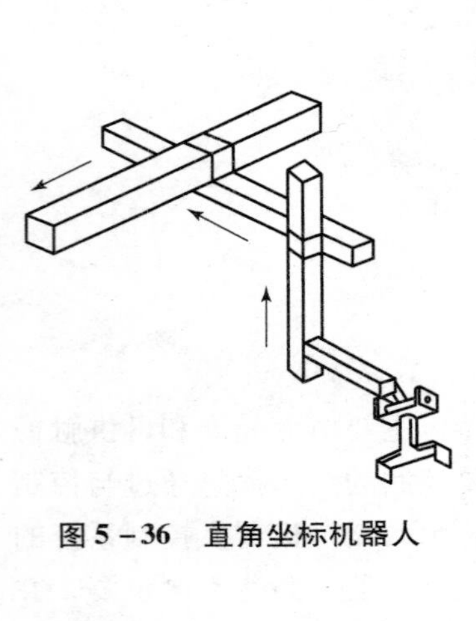

图 5－36　直角坐标机器人

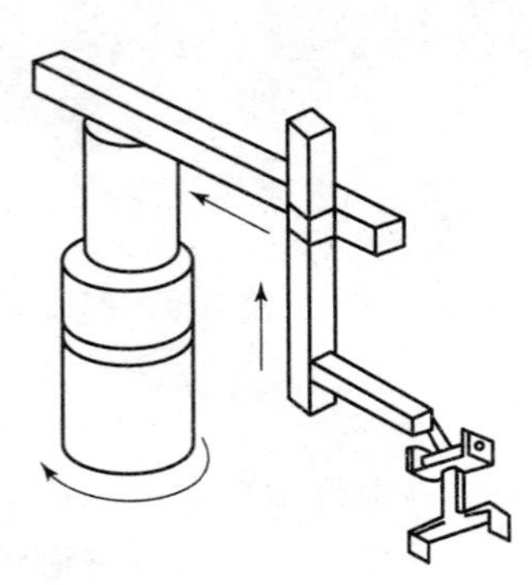

图 5－37　圆柱坐标机器人

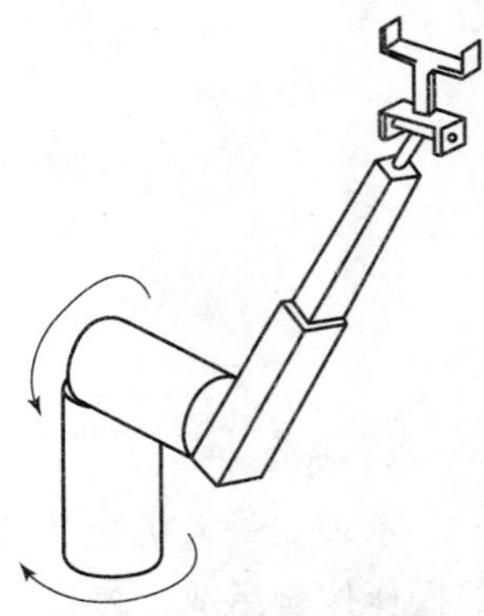

图 5－38　球面坐标机器人

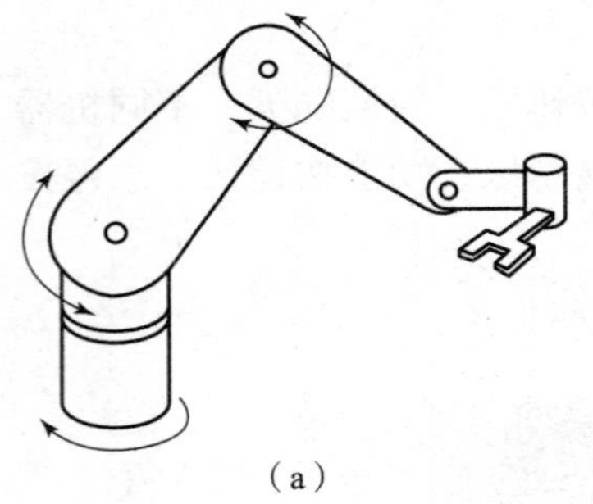

（a）

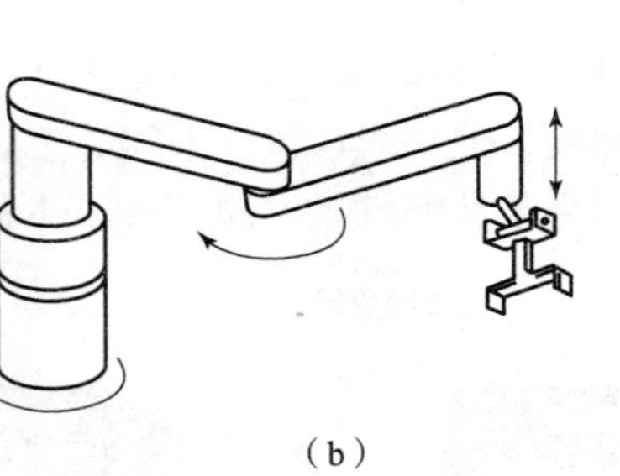

（b）

图 5－39　关节型机器人

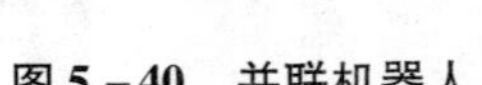

图 5－40　并联机器人

（1）直角坐标机器人：具有空间上相互垂直的多个直线移动轴，通过直角坐标方向的 3 个独立自由度确定其手部的空间位置，其动作空间为一长方体。

（2）圆柱坐标机器人：主要由旋转基座、垂直移动轴和水平移动轴构成，具有一个回转和两个平移自由度，其动作空间呈圆柱形。

（3）球面坐标机器人：空间位置分别由旋转、摆动和平移 3 个自由度确定，动作空间形成球面的一部分。

（4）柱面坐标机器人：主要由旋转基座、垂直移动轴和水平移动轴构成，具有一个回转和两个平移自由度，其动作空间呈圆柱形。地面的腰部旋转轴，带动小臂旋转的肘部旋转轴度，其动作空间呈圆柱形。

（5）并联机器人：因其形似八脚蜘蛛又被称为蜘蛛手机器人，是近些年来发展起来的。它是一种由固定机座和若干自由度的末端执行器，以不少于两条独立运动链连接形成的新型机器人。

2）按控制方式划分

工业机器人根据控制方式的不同，可以分为伺服控制机器人和非伺服控制机器人两种。机器人运动控制系统最常见的方式就是伺服系统。伺服系统是指精确地跟随或复现某个过程的反馈控制系统。在很多情况下，机器人伺服系统的作用是驱动机器人的机械手准确地跟随系统输出位移指令，达到位置的精确控制和轨迹的准确跟踪。

伺服控制机器人又可细分为连续轨迹控制机器人和点位控制机器人。点位控制机器人的运动为空间中点到点之间的直线运动。连续轨迹控制机器人的运动轨迹则可以是空间的任意连续曲线。

3）按驱动方式划分

根据能量转换方式的不同，工业机器人驱动类型可以划分为气压驱动、液压驱动、电力驱动和新型驱动四种类型。

（1）气压驱动。

气压驱动机器人是以压缩空气来驱动执行机构的，这种驱动方式的优点是：空气来源方便，动作迅速，结构简单。其缺点是：工作的稳定性与定位精度不高，抓力较小，所以常用于负载较小的场合。

（2）液压驱动。

液压驱动是使用液体油液来驱动执行机构的。与气压驱动相比，液压驱动机器人具有大得多的负载能力，其结构紧凑，传动平稳，但液体容易泄漏，不宜在高温或低温场合作业。

（3）电力驱动。

电力驱动是指利用电动机产生的力矩驱动执行机构的。目前，越来越多的机器人采用电力驱动的驱动方式，电力驱动易于控制，运动精度高，成本低。

电力驱动又可分为步进电动机驱动、直流伺服电动机驱动及无刷伺服电动机驱动等方式。

（4）新型驱动。

伴随着机器人技术的发展，出现了利用新的工作原理制造的新型驱动器，如静电驱动器、压电驱动器、形状记忆合金驱动器、人工肌肉及光驱动器等。

5.2.2 工业机器人的应用

1. 工业机器人的应用现状

在当今科学技术飞速发展的背景下，工业机器人技术的应用渐趋普及，特别是在工业自动化控制领域，该技术的应用发挥出了不可替代的重要作用与价值。

1）加工类

加工机器人是直接用于工业产品加工作业的工业机器人，目前主要有焊接、切割、折弯、冲压、研磨、抛光等类别。此外，也有部分用于建筑、木材、石材、玻璃等行业进行切割、研磨、抛光的加工机器人。

焊接、切割、研磨、抛光加工的环境恶劣。加工时所产生的强弧光、高温、烟尘、飞溅、电磁干扰等都不利于人体健康。这些行业采用机器人自动作业，不仅可改善工作环境，避免加工过程对人体造成伤害，而且机器人还可自动连续工作，提高工作效率和改善优化加工质量。

焊接机器人（Welding Robot）是目前工业机器人中产量最大、应用最广的产品，被广泛用于汽车、铁路、航空航天、军工、冶金、电气等行业。自 1969 年美国 GM（通用汽车）公司在 Lordstown 汽车组装生产线上装备首台汽车点焊机器人以来，机器人焊接技术已日臻成熟。机器人的自动化焊接作业，可提高生产效率、确保焊接质量、改善劳动环境，也是当前工业机器人应用的主要方向之一。

材料切割是工业生产不可缺少的加工过程，从传统的金属材料火焰切割、等离子切割到可用于多种材料的激光切割加工都可以通过机器人完成。目前，薄板类材料的切割大多采用数控火焰切割机、数控等离子切割机和数控激光切割机等数控机床加工。但异形、大型材料或船舶、车辆等大型废旧设备的切割，已开始逐步使用工业机器人。

研磨、抛光机器人主要用于汽车、摩托车、工程机械、家具建材、电子电气、陶瓷卫浴等行业的表面处理。使用研磨、抛光机器人不仅能使操作者远离高温、粉尘、有毒、易燃、易爆的工作环境，而且能够提高加工质量和生产效率。

2）装配类

装配机器人（Assembly Robot）是将不同零件组合成部件或成品的工业机器人，常用的主要有装配和涂装两大类。

计算机（Computer）、通信（Communication）和消费性电子（Consumer Electronic）行业（简称 3C 行业）是目前装配机器人最大的应用市场。3C 行业是典型的劳动密集型产业，采用人工装配，不仅需要使用大量的员工，而且操作工人的工作重复、频繁，劳动强度极大，致使人力难以承受。此外，随着电子产品不断趋向于轻薄化、精细化，产品对零部件装配的精细程度日益提高，部分作业人力已经无法完成。

涂装类机器人用于部件或成品的油漆、喷涂等表面处理，这类处理通常含有危害人体健康的气体。采用机器人自动作业后，不仅可改善工作环境，避免有害、有毒气体的危害，其还可自动连续工作，提高工作效率和优化加工质量。

3）搬运类

搬运机器人（Transfer Robot）是从事物体移动作业的工业机器人的总称，主要有输送机器人和装卸机器人两大类。

工业生产中的输送机器人以无人搬运车（Automated Guided Vehicle，AGV）为主。AGV 具有自身计算机控制系统和路径识别传感器，能够自动行走和定位停止，可广泛应用于机械、电子、纺织、卷烟、医疗、食品、造纸等行业的物品搬运和输送。在机械加工行业，AGV 大多用于无人化工厂、柔性制造系统（Flexible Manufacturing System，FMS）的工件、刀具搬运和输送。它通常需要与自动化仓库、刀具中心、数控加工设备及柔性加工单元（Flexible Manufacturing Cell，FMC）的控制系统互连，以构成无人化工厂、柔性制造系统的自动化物流系统。

装卸机器人多用于机械加工设备的上下料，它常和数控机床组合，以构成柔性加工单元（FMC），从而成为无人化工厂、柔性制造系统（FMS）的一部分。装卸机器人还经常用于冲剪、锻压、铸造等设备的上下料，以替代人工完成高风险、高温等恶劣环境下的作业。

4）包装类

包装机器人（Packaging Robot）是用于物品分类、成品包装、码垛的工业机器人，主要有分拣、包装和码垛3类。

计算机、通信和消费性电子行业（3C行业）和化工、食品、饮料、药品工业是包装机器人的主要应用领域。3C行业的产品产量大、周转速度快，成品包装任务繁重；化工、食品、饮料、药品包装由于行业特殊性，人工作业涉及安全、卫生、清洁、防水、防菌等方面的问题。因此，这些行业需要大量地应用装配机器人，来完成物品的分拣、包装和码垛作业。

5）检测类

检测机器人在应用过程中所承担的任务就是针对已生产出的各种产品或零件进行合格检查，像测量生产零件尺寸是否合乎标准、对零件进行质量检测等，通过一系列的规范化检测过程，保证企业整个生产过程的精确性。而且，机器人检测与传统人工检测相比，精准度更高，即使是一点差错也会被检测出来，从而有效降低了人工检测的误差。

2. 工业机器人的应用领域

根据国际机器人联合会（IFR）等部门的最新统计，当前工业机器人的应用行业分布情况大致如图5-41所示。其中，汽车制造业、电子电气工业、金属制品及加工业是目前工业机器人的主要应用领域。

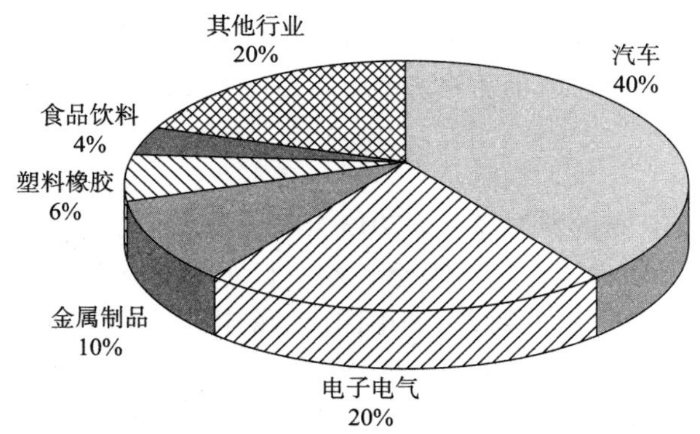

图5-41 工业机器人的应用

汽车及汽车零部件制造业历来是工业机器人用量最大的行业，其使用量长期保持在工业机器人总用量的40%以上。使用的种类以加工、装配类机器人为主，是焊接、研磨、抛光及装配、涂装机器人的主要应用领域。

电子电气（包括计算机、通信、家电、仪器仪表等）是工业机器人应用的另一主要行业，其使用量也保持在工业机器人总量的20%以上，使用的主要种类为装配、包装类机器人。

金属制品及加工业的机器人用量大致在工业机器人总量的10%左右，使用的种类主要为搬运类的输送机器人和装卸机器人。

建筑、化工、橡胶、塑料以及食品、饮料、药品等其他行业的机器人用量都在工业机器人总用量的10%以下；橡胶、塑料、化工、建筑行业使用的机器人种类较多；食品、饮料、药品行业使用的机器人通常以加工、包装类为主。

3. 工业机器人的发展趋势

工业机器人在许多生产领域的应用实践证明，它在提高生产自动化水平、提高劳动生产率、产品质量、经济效益以及改善工人劳动条件等方面，有着令世人瞩目的作用。随着科学技术的进步，机器人产业必将得到更快速的发展，工业机器人也将得到更广泛的应用。

1）技术发展趋势

在技术发展方面，工业机器人正向结构轻量化、智能化、模块化和系统化的方向发展。未来主要的发展趋势如下：

（1）机器人结构的模块化和可重构化。

（2）控制技术的高性能化和网络化。

（3）控制软件架构的开放化和高级语言化。

（4）伺服驱动技术的高集成度和一体化。

（5）多传感器融合技术的集成化和智能化。

（6）人机交互界面的简单化和协同化。

2）应用发展趋势

自工业机器人诞生以来，汽车行业一直是其应用的主要领域。2014年，北美机器人工业协会在年度报告中指出，截至2013年年底，汽车行业仍然是北美机器人最大的应用市场，但其在电子、电气、金属加工、化工、食品等行业的出货量也增速迅猛。由此可见，未来工业机器人的应用将依托汽车产业，迅速向各行业延伸。对于机器人行业而言，这是一个非常积极的信号。

3）产业发展趋势

国际机器人联合会公布的数据显示，2013年，全球机器人装机量达到17.9万台。亚洲、澳洲占10万台，其中中国占36 560台，整个行业产值300亿美元；2014年全球机器人销量22.5万台，亚洲的销量占到2/3，中国市场的机器人销量近45 500台，增长35%。到目前为止，全球的主要机器人市场集中在亚洲、澳洲、欧洲及北美，累计安装量已达200万台。工业机器人的时代即将来临，并将在智能制造领域掀起一场变革。

◈ 任务总结

通过学习工业机器人相关基础知识，使学生认识工业机器人，熟悉工业机器人的相关基础知识，拓宽专业知识面。

◈ 拓展案例

1. 国内外工业机器人的发展历程与现状？
2. 工业机器人的主要参数有哪些？
3. 工业机器人的编程方法有哪些？

任务5.3　机器视觉系统

任务提出

在现代企业生产中，会有各种各样的产品需要测量和检测，例如包装产品上文字印刷质量的检查，机械加工尺寸的检测等。这种生产技术应用有着共同点，就是产品会大批量生产、而生产过程质量的要求严格。现在企业对这样重复性和精确性的工作岗位都是靠人工检测完成，所以在一些企业生产线上都会看到很多检测工人在进行产品的检测工作，这不单为企业添加了用工的成本和管理成本，同时还不能保证产品的100%合格率。因此在现代工业自动化生产线上引入机器视觉技术是很有必要的。基于此，该项目的主要工作任务是了解机器视觉系统概述、组成等基本知识，了解机器视觉系统在现代工业自动化生产线上的应用。

任务分析

1. 知识目标

了解机器视觉系统的概述、组成；熟悉机器视觉系统的硬件构成；掌握机器视觉系统在工业中的应用与功能。

2. 技能目标

能阐述机器视觉系统的概念与组成；能描述机器视觉系统在工业上的应用价值；能列举机器视觉系统在工业应用中的主要功能。

3. 情感目标

增长见识、激发兴趣。

根据任务驱动，培养学生分析问题、解决问题的能力。

任务实施

根据工业机器人的任务分析，将任务分为二个模块：一是机器视觉系统介绍，二是机器视觉系统的应用。

5.3.1　机器视觉系统介绍

1. 机器视觉系统概述

机器视觉系统是指通过机器视觉产品（图像采集装置）获取图像，然后将获得的图像传送至处理单元，通过数字化图像处理进行目标尺寸、形状、颜色等的判别，进而根据判别的结果控制现场设备。

机器视觉技术起源于20世纪50年代。最初机器视觉主要用于二维图像的研究，例如对字符的识别等。到了20世纪60年代，Robert开创了以理解三维场景为目标的三维机器视觉研究。机器视觉应用系统在70年代出现并提出了较为完整的机器视觉理论——Marr视觉理论。90年代至今，机器视觉发展为一门有计算机技术、控制理论、模式识别、人工智能和生物技术等众多学科交叉的新学科。

机器视觉系统在工业上的应用是以提高生产的柔性和自动化程度为目的。在一些不适合于人工作业的危险工作环境或人工视觉难以满足要求的场合，常用机器视觉来替代人工视觉；同时在大批量工业生产过程中，用人工视觉检查产品质量效率低且精度不高，用机器视觉检测方法可以大大提高生产效率和生产的自动化程度，而且机器视觉易于实现信息集成，是实现计算机集成制造的基础技术。正是由于机器视觉系统可以快速获取大量信息，而且易于自动处理，也易于同设计信息以及加工控制信息集成，因此，在现代自动化生产过程中，人们将机器视觉系统广泛地用于工况监视、成品检验和质量控制等领域。

2. 机器视觉系统的组成

一个典型的机器视觉系统涉及多个领域的技术交叉与融合，包括光源照明技术、光学成像技术、传感器技术、数字图像处理技术、模拟与数字视频技术、机械工程技术、控制技术、计算机软硬件技术、人机端口技术等。

机器视觉系统由获取图像信息的图像测量子系统与决策分类或跟踪对象的控制子系统两部分组成。图像测量系统又可分为图像获取和图像处理两大部分。图像测量子系统包括照相机、摄像系统和光源设备等，例如观测微小细胞的显微图像摄像系统、考察地球表面的卫星多光谱扫描成像系统、在工业生产流水线上的工业机器人监控视觉系统、医学层析成像系统（CT）等。图像测量子系统使用的光波段可以从可见光、红外线、X射线、微波、超声波到γ射线等。从图像测量子系统所获取的图像可以是静止图像，如文字、照片等；也可以是运动图像，如视频图像等；既可以是二维图像，也可以是三维图像。图像处理就是利用数字计算机或其他高速、大规模集成数字硬件设备，对从图像测量子系统获取的信息进行数字运算和处理，进而达到人们所要求的效果。决策分类或跟踪对象的控制系统主要由对象驱动和执行机构组成，它根据对图像信息处理的结果实施决策控制，如在线视觉测控系统对产品NG判定分类的去向控制、自动跟踪目标动态视觉测量系统的实时跟踪控制以及机器人视觉的模识控制等。

1）系统硬件

目前市场上的智能视觉系统可以按结构分为两大类：基于PC的智能视觉系统和嵌入式智能视觉系统。基于PC的智能视觉系统是传统的结构类型，硬件包括CCD相机、视觉采集卡和PC等，目前居于市场应用的主导地位，但价格贵，对工业环境的适应性较弱。嵌入式智能视觉系统将所需要的大部分硬件如CCD、内存、处理器以及通信端口等压缩在一个“黑箱”式的模块里，又称之为智能相机，其优点是结构紧凑、性价比高、使用方便、对环境的适应性强，是机器视觉系统的发展趋势。

典型的机器视觉系统硬件结构如图5-42所示。

2）机器视觉软件

作为机器视觉系统的重要组成部分，机器视觉软件主要通过对图像的分析和处理，实现对待测目标特定参数的检测和识别。机器视觉软件主要完成图像增强，图像分割（特征抽取、模式识别），图像压缩与传输等算法内容，有些还具有数据存储和网络通信功能。

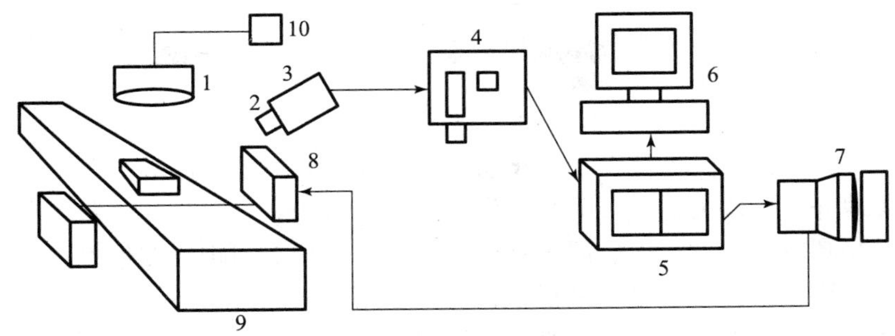

图 5-42　典型的机器视觉系统硬件结构

1—光源；2—光学镜头；3—摄像机；4—图像采集卡；5—图像处理系统；
6—显示设备；7—驱动单元；8—执行机构；9—测试台与被测对象；10—光源电源

智能视觉系统可以根据图像处理结果和一定的判决条件方便地实现产品自动化检测与管理。

根据软件的规模和功能，现有的智能视觉系统软件可以分为单任务的专用软件和集成式通用组态软件两大类：专用软件是专门针对某一测试任务研制开发的，其待测目标已知，测量算法不具有通用性，如投影电视会聚特性检测调整系统和电子枪扭弯曲度智能检测系统。集成式通用组态软件是将众多通用的图像处理与模式识别算法编制成函数库，并向用户提供一个开放的通用平台，用户可以在这种平台上选择组合自己需要的函数，快速灵活的通过组态实现一个具体的视觉检测任务。

目前机器视觉软件主要向高性能与可组态两方面发展：一方面，机器视觉软件的竞争已从过去单纯追求软件多功能化转向对检测算法的准确性、高效性的竞争。优秀的机器视觉软件可以对图像中的目标特征进行快速而准确的检测，并最大限度地减少对硬件系统的依赖性；另一方面，机器视觉软件正由定制方式朝着通用、可视化组态方式发展。由于图像处理算法具有一定通用性，用户可以在通用平台上进行二次组态开发，快速实现多种工业测量、检测和识别功能。

5.3.2　机器视觉系统的应用

机器视觉技术的引进，减少了传统的人工检测的劳动强度，极大地提高了产品的生产率和产品的质量。因为机器视觉系统可以准确而快速地获取大量信息，也易于和设计信息以及加工控制信息集成化，当信息进入到计算机后方便处理。所以在现代自动化生产过程里面，人们把机器视觉系统广泛的作用于质量控制、工况监视和成品检测、包装和物料控制等方面，用机器视觉检测，并引导机器人作业的方法可以大大提高生产效率和生产的自动化程度。而且机器视觉系统容易实现信息集成，实现计算机集成制造的基础技术，在一些危险的工作环境和人眼难以做出判断的环境和场合，我们就要采用机器视觉来代替人眼作用。同时在大批量生产、传送、装配等的过程中，用人工检测、控制产品的精度不高而且效率低。

机器视觉技术已经运用在许多领域中，包括在工业、科研、军事等方面。机器视觉在工业方面应用是十分常见的。各种产品质量的控制和测量方面，产品的分类和包装，机器人的视觉引导等方面，涉及许多行业：电子、半导体、医用、食品、汽车、印刷等。科研方面也应用到机器视觉，例如生物研究和化学药物等研究。军事方面例如宇航工程、军事目标打击（识别和跟踪）及各种测量。

1）机器视觉系统在电子行业的应用

机器视觉传感技术在半导体工业上的应用早在 20 年前就已开始，半导体设备是机器视觉技术发源地并一直成为机器视觉赖以生存的巨大市场之一。半导体制造业每一次技术上的飞跃，如晶圆越做越大，而内部线路越做越细，向超细间距式器件挺进；每分钟生产线上需要检测、测量器件的数量越来越多，都将伴随着新一轮半导体、电子生产装备的诞生。随之必将产生新的质量保证系统改善其生产率和保证零次品率，进而促使机器视觉市场不断发展壮大。机器视觉技术本身也随着电子行业以及光学、自动化等技术的发展而不断完善、发展。

2）机器视觉系统在印刷包装中应用

自动印刷品质量检测设备采用的检测系统多是先利用高清晰度、高速摄像镜头拍摄标准图像，在此基础上设定一定标准；然后拍摄被检测的图像，再将两者进行对比。CCD 线性传感器将每一个像素的光量变化转换成电子信号，对比之后只要发现被检测图像与标准图像有不同之处，系统就认为这个被检测图像为不合格品。印刷过程中产生的各种错误，对计算机来说只是标准图像与被检测图像对比后的不同，如污迹、墨点色差等缺陷都包含在其中。最早用于印刷品质量检测的是将标准影像与被检测影像进行灰度对比的技术，现在较先进的技术是以 RGB 三原色为基础进行对比。

概括来讲，机器视觉系统之所以被广泛应用于工业领域，主要具有四个功能：

（1）引导和定位：视觉定位要求机器视觉系统能够快速准确地找到被测零件并确认其位置，上下料使用机器视觉来定位，引导机械手臂准确抓取。在半导体封装领域，设备需要根据机器视觉取得的芯片位置信息调整拾取头，准确拾取芯片并进行绑定，这就是视觉定位在机器视觉工业领域最基本的应用。

（2）外观检测：检测生产线上产品有无质量问题，该环节也是取代人工最多的环节。例如机器视觉涉及的医药领域，其主要检测包括尺寸检测、瓶身外观缺陷检测、瓶肩部缺陷检测、瓶口检测等。

（3）高精度检测：有些产品的精密度较高，达到 0.01 ~ 0.02 m 甚至到 μ 级，人眼无法检测必须使用机器完成。

（4）识别：就是利用机器视觉对图像进行处理、分析和理解，以识别各种不同模式的目标和对象，可以达到数据的追溯和采集，在汽车零部件、食品、药品等应用较多。

◈ 任务总结

通过学习机器视觉系统的相关基础知识，使学生了解机器视觉系统，熟悉机器视觉系统在工业中的应用与功能，拓宽专业知识面。

◈ 拓展案例

1. 国内外机器视觉技术的发展现状？
2. 机器视觉系统的发展趋势？
3. 机器视觉系统在自动化行业生产中还有哪些应用？

任务 5.4　柔性生产线

任务提出

随着科学技术的发展，人类社会对产品的功能与质量的要求越来越高，产品更新换代的周期越来越短，产品的复杂程度也随之增高，传统的大批量生产方式受到了挑战。这种挑战不仅对中小企业形成了威胁，而且也困扰着国有大中型企业。为了同时提高制造工业的柔性和生产效率，使之在保证产品质量的前提下，缩短产品生产周期，降低产品成本，柔性自动化生产线便应运而生。本项目的主要工作任务是对柔性生产线的基本知识介绍以及案例的分析，其目的是让学生了解柔性生产线以及熟悉柔性生产线的工艺设计主要原则，进一步开拓学生的视野。

任务分析

1. 知识目标

了解柔性生产线优点以及未来的发展趋势，理解柔性生产线的基本概念、构成，掌握柔性生产线的工艺设计原则。

2. 技能目标

能够掌握柔性生产线工艺设计，能够了解柔性生产线组成的配置方案，掌握从站参数设定、主从站连线通信以及机床动作功能调试等。

3. 情感目标

培养学生团队合作精神。

根据任务驱动，培养学生分析问题、解决问题的能力。

任务实施

根据自动化生产线供料单元的任务分析，将任务分为两个模块，一是柔性生产线介绍，二是柔性生产线工艺设计的主要原则。

5.4.1　柔性生产线介绍

1. 柔性生产线概念

柔性生产线是把多台可以调整的机床（能同时实现多种功能）连接起来，配以自动运送装置组成的生产线。它依靠计算机管理，并将多种生产模式结合，从而能够减少生产成本做到物尽其用，缩短生产时间，提高生产效率，主要包括自动加工系统、物流、信息、软件系统等。

2. 柔性生产线构成

1）自动加工系统

自动加工系统是指以成组技术为基础，把材料相同，外形尺寸（形状不必完全一致）、质量大致相似，工艺相似的零件集中在一台或数台数控机床或专用机床等设备上加工的系统。

2）物流系统

物流系统指由多种运输装置构成，如传送带、传送链以及机械手等，完成物料的传送等功能，它是柔性生产线主要的组成部分。

3）信息系统

信息系统指对加工和运输过程中所需各种信息收集、处理、反馈，并通过电子计算机或其他控制装置（液压、气压装置等），对机床或运输设备实行分级控制的系统。

4）软件系统

软件系统指保证柔性生产线用电子计算机进行有效管理，是必不可少的组成部分。

3. 柔性生产线的优点

柔性生产线是一种高度自动化、技术复杂的系统，它将电子学、PC 机和工业工程等技术有机地结合起来，有效地解决了机械制造及加工中的高自动化与高柔性化之间的矛盾。具体优点如下：

（1）设备利用率高。将不同的机床进行编组整合进柔性生产线中，可有效利用资源，减少工艺流程，缩短生产时间，增大生产效益。

（2）生产能力相对稳定。自动加工系统由一台或多台机床组成，它们之间既有联系又是相互独立的生产模块，发生故障时，系统有自动降级运转的能力，物料传送系统可以避开发生故障的机床继续下一流程的生产。

（3）产品质量高。零件在装卸过程中容易造成损伤，影响质量，然而柔性生产线系统中零件在加工过程中，装卸只需一次，其他操作全部自动完成，加工精度高，加工形式稳定。

（4）运行灵活。柔性生产线集检验、装卡和维护工作于一体，运行非常灵活。只需照看前面的工序就可以，后面的工序完全可以在没有人照看的情况下正常生产。

（5）产品应变能力大。柔性生产线系统中各组成部分都是相对独立的单元，可以根据不同的环境合理地进行调配，充分利用有限的空间完成所赋予的任务。

4. 柔性生产线的发展

柔性生产线的发展趋势大致有两个方面：

（1）与计算机辅助设计和辅助制造系统相结合，利用原有产品系列的典型工艺资料，组合设计不同模块，构成各种不同形式的具有物料流和信息流的模块化柔性系统。

（2）实现从产品决策、产品设计、生产到销售的整个生产过程自动化，特别是管理层次自动化的计算机集成制造系统。在这个大系统中，柔性生产线是它的一个组成部分。

5.4.2　柔性生产线工艺设计的主要原则

1. 设计原则

结合现场实际情况，充分考虑用户的远期发展目标和满足用户近期要求为基本点，从专业和经验的角度出发，遵循经济、合理、先进、实用、可靠的原则，采用科学而先进的方法和理念，进行系统的总体规划和设计。在具体的工艺设计中遵循以下原则：

（1）满足工艺要求，实现柔性化制造；

（2）有限空间最大存储量；

（3）作业流程自动化管理；

（4）操作简便，维护方便；

（5）系统高稳定及可靠性；

（6）可扩展性强；

（7）管理的信息化、网络化、智能化、标准化、柔性化。

2. 柔性生产线设计案例

本案例是以西门子 SIMATIC S7－300 PLC 作为主站，三台 NC 机床、一台机器人、上下料传送带作为从站，通过 FANUC 系统的 PROFIBUS 功能通信连接，构建一条柔性线生产线。

1）柔性生产线结构

柔性生产线整体结构、机器人上料装夹如图 5－43 和图 5－44 所示。

图 5－43　柔性生产线整体结构

2）柔性线的组成技术要求

（1）各 NC 系统及机器人与主站控制器之间通过 PROFIBUS 总线通信，各机床在其机床上增加 PROFIBUS 总线端口。

（2）主站控制器上的触摸屏上实现人工输入刀具补偿数据、程序号检索、将外部坐标偏移数据传送至机床。

图 5-44　机器人上料装夹

(3) 在机器人与机床连线生产时，人工检测到工件加工偏差，在主站触摸屏上输入刀具补偿值传送至 NC，系统对接收的刀补数据进行处理并在下一个加工程序中进行体现。

(4) 系统在手动模式下生产时，NC 机床独立由人工操作，取放件亦由人工完成。在手动模式下生产时，机床需要独立对刀具进行计数管理，刀具寿命到达时需要提醒操作人员进行刀具更换。手动模式下生产如果人工检测到加工偏差，需要在机床上输入刀补数值进行修正。机床采用手动独立操作模式主要是考虑在机器人出现故障时能够保证机床可人工生产。

(5) NC 机床需装有自动开门功能、夹爪自动夹放功能、夹头及刀具加装吹屑装置。

3) 柔性生产线组成的配置方案

设备及配置：

数控系统：0i-MD、0i-TD；

现场总线：PROFIBUS 从站；

主站控制器：SIMATIC S7-300 (CPU 313C-2DP)；

主站人机界面：HITECH；

传输带及驱动设备：上料口、下料口、SIMATIC S7-200；

机器人：瑞典 ABB；

工件类型：汽车铝合金轮毂共四道工序。

4) 柔性生产线调试流程：

(1) PROFIBUS 从站参数设定。

作为从站，需要正确设定从站号和地址。本例中 OIMD 与 OITD 系统均作为从站，故其参数设定需要给主站 S7-300 提供相应的 GSD 文件。由此文件中获取从站的设备版本号、定义支持的协议、设备类型、设备硬件及软件版本号、ID、支持的波特率、信息长度、诊断信息含义、输入\输出模块可选范围等。

①主站校验从站的 ID 号（即：需从站 GSD 文件考入主站设定区）设定从站参数，如图 5-45 和图 5-46 所示。

②主站校验从站模块配置，分配对应的 IO 地址；

③主从站的循环 IO 数据交换。

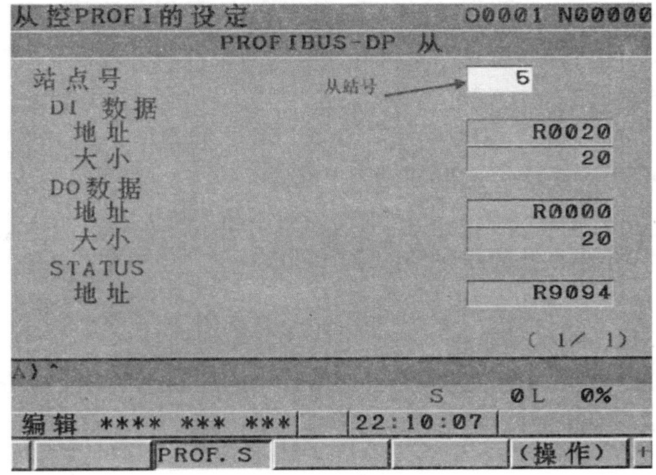

图 5－45　PROFIBUS 从站参数设定

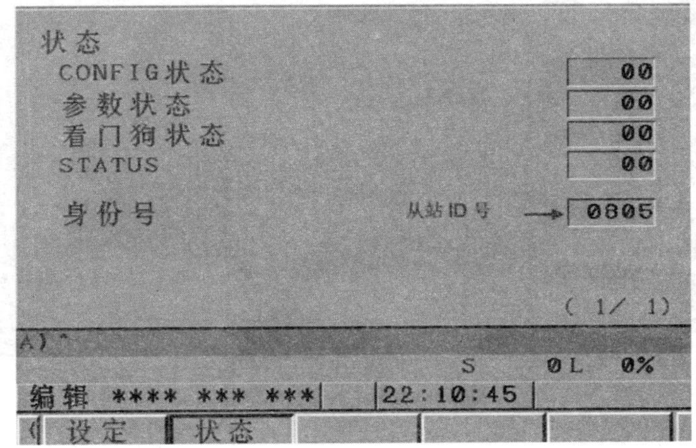

图 5－46　PROFIBUS 从站状态画面

（2）PROFIBUS 主从站连线通信如图 5－47 所示。

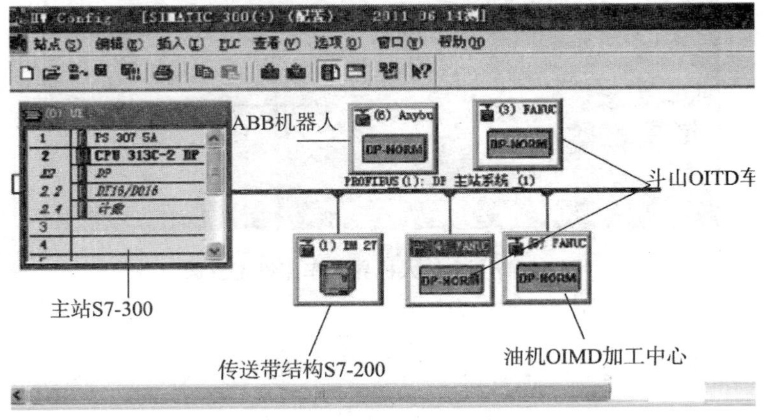

图 5－47　PROFIBUS 主从站连线通信

（3）机床动作功能调试：

建立以上通信功能后，通过主站人机界面实现对柔性线的控制，完成机器人自动上下料、机床自动加工等操作。

其中主站人机界面（HITECH）与 S7－300 PLC 之间通信采用 RS232 连接，在线修改的数据则通过 PROFIBUS 功能传送至各机床单元。

机床动作部分，需结合 FANUC 系统中外部数据输入功能完成在线刀具补偿数据修改、外部工件坐标系偏移补偿、外部程序号检索、刀具寿命管理并配合机器人动作实现不同工序与加工工艺的调用。

以上部分 PMC 程序编制完成后，需要将从站分配的地址与主站的地址进行信息对应，从而使得主站控制的人机界面能够完成对各从站机床的控制。主站控制的人机界面如图 5－48～图 5－50 所示。

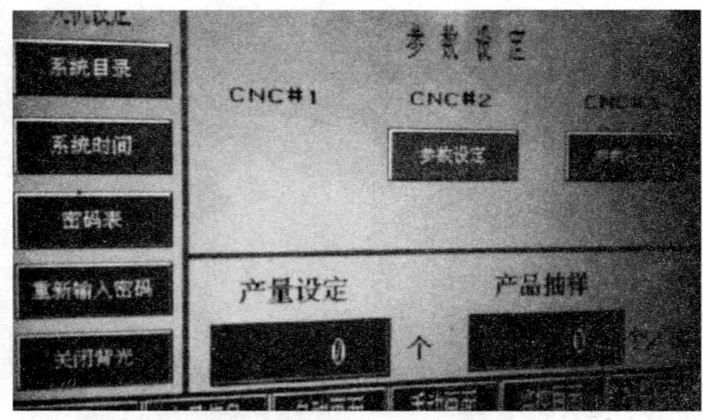

图 5－48　主站人机界面

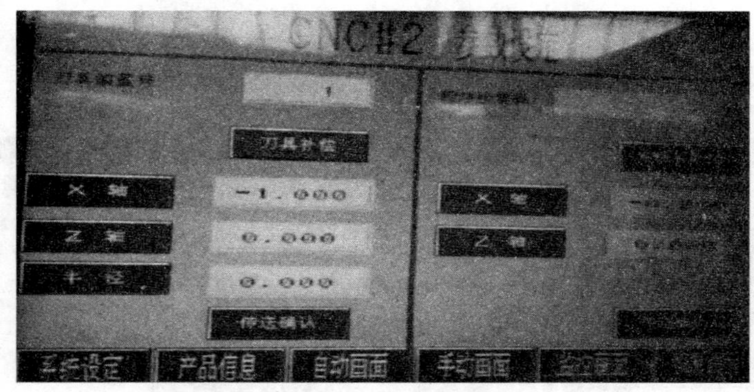

图 5－49　主站人机界面车床设定界面

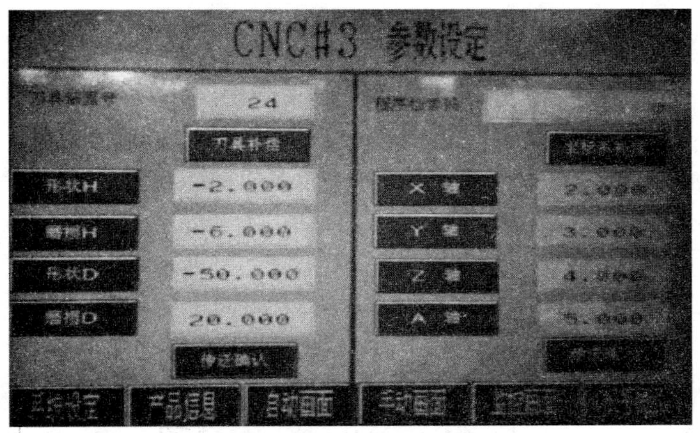

图 5－50　主站人机界面加工中心设定界面

❈ 任务总结

通过对柔性生产线介绍以及柔性生产线设计案例的学习，使学生熟悉柔性生产线的概念、构成、优点以及发展趋势，掌握柔性生产线的工艺设计的主要原则，对柔性生产线在工业生产中的应用有了深刻的理解。

❈ 拓展案例

1. 如何以最简单的方式形成高度柔性生产线?
2. 如何实现柔性化生产线不同零件的共线生产?

参 考 文 献

[1] 亚龙科技集团有限公司 . YL－335B 实训指导书（FX 系列）[Z]. 2015.

[2] 吕景泉 . 自动化生产线安装与调试 [M]. 3 版 . 北京：中国铁道出版社，2017.

[3] 张同苏，徐月华 . 自动化生产线安装与调试（三菱 FX 系列）[M]. 2 版 . 北京：中国铁道出版社，2017.

[4] 乡碧云 . 自动化生产线组建与调试——以亚龙 YL－335B 为例（三菱 PLC 版本）[M]. 2 版. 北京：机械工业出版社，2019.

[5] 徐沛 . 自动化生产线应用技术 [M]. 2 版 . 北京：北京邮电大学出版社，2016.

[6] 雷声勇 . 自动化生产线装调综合实训教程 [M]. 北京：机械工业出版社，2014.

[7] 赵振 王秋敏 . 自动化生产线安装与调试 [M]. 天津：天津大学出版社，2014.